W0258577

uni—texte

Lehrbücher

G. M. Barrow, Physikalische Chemie I, II, III

W. L. Bontsch-Brujewitsch / I. P. Swaigin / I. W. Karpenko / A. G. Mironow,
Aufgabensammlung zur Halbleiterphysik

L. Collatz / J. Albrecht, Aufgaben aus der Angewandten Mathematik I, II

W. Czech, Übungsaufgaben aus der Experimentalphysik

H. Dallmann / K.-H. Elster, Einführung in die höhere Mathematik

M. Denis-Papin / G. Cullmann, Übungsaufgaben zur Informationstheorie

M. J. S. Dewar, Einführung in die moderne Chemie

N. W. Efimow, Höhere Geometrie I, II

A. P. French, Spezielle Relativitätstheorie

J. A. Baden Fuller, Mikrowellen

D. Geist, Halbleiterphysik I, II

W. L. Ginsburg / L. M. Levin / S. P. Strelkow, Aufgabensammlung der Physik I

P. Guillery, Werkstoffkunde für Elektroingenieure

E. Hàla / T. Boublik, Einführung in die statistische Thermodynamik

J. G. Holbrook, Laplace-Transformationen

I. E. Irodov, Aufgaben zur Atom- und Kernphysik

D. Kind, Einführung in die Hochspannungs-Versuchstechnik

S. G. Krein / V. N. Uschakowa, Vorstufe zur höheren Mathematik

H. Lau / W. Hardt, Energieverteilung

R. Ludwig, Methoden der Fehler- und Ausgleichsrechnung

E. Meyer / R. Pottel, Physikalische Grundlagen der Hochfrequenztechnik

E. Poulsen Nautrup, Grundpraktikum der organischen Chemie

L. Prandtl / K. Oswatitsch / K. Wieghardt, Führer durch die Strömungslehre

J. Ruge, Technologie der Werkstoffe

W. Rieder, Plasma und Lichtbogen

D. Schuller, Thermodynamik

F. G. Taegen, Einführung in die Theorie der elektrischen Maschinen I, II

W. Tutschke, Grundlagen der Funktionentheorie

W. Tutschke, Grundlagen der reellen Analysis I, II

H.-G. Unger, Elektromagnetische Wellen I, II

H.-G. Unger, Quantenelektronik

H.-G. Unger, Theorie der Leitungen

H.-G. Unger / W. Schultz, Elektronische Bauelemente und Netzwerke I, II, III

B. Vauquois, Wahrscheinlichkeitsrechnung

W. Wuest, Strömungsmeßtechnik

Skripten

J. Behne / W. Muschik / M. Päsler,
Ringvorlesung zur Theoretischen Physik, Theorie der Elektrizität

H. Feldmann, Einführung in ALGOL 60

O. Hittmair / G. Adam, Ringvorlesung zur Theoretischen Physik, Wärmetheorie

H. Jordan / M. Weis, Asynchronmaschinen

H. Jordan / M. Weis, Synchronmaschinen I, II

H. Kamp / H. Pudlatz, Einführung in die Programmiersprache PL/I

G. Lamprecht, Einführung in die Programmiersprache FORTRAN IV

E. Macherauch, Praktikum in Werkstoffkunde

P. Paetzold, Einführung in die allgemeine Chemie

E.-V. Schlünder, Einführung in die Wärme- und Stoffübertragung

W. Schultz, Einführung in die Quantenmechanik

W. Schultz, Dielektrische und magnetische Eigenschaften der Werkstoffe

Hermann Kamp
Hilmar Pudlatz

Einführung in die Programmiersprache PL/I

uni——texte Programmiersprachen

Harry Feldmann
Einführung in ALGOL 60

Hermann Kamp / Hilmar Pudlatz
Einführung in die Programmiersprache PL/I

Günther Lamprecht
*Einführung in die Programmiersprache
FORTRAN IV*

Hermann Kamp / Hilmar Pudlatz

Einführung in die Programmiersprache PL/I

Skriptum für Hörer
aller Fachrichtungen ab 1. Semester

2., verbesserte Auflage

Friedr. Vieweg + Sohn · Braunschweig

Hermann Kamp ist wissenschaftlicher Mitarbeiter und
Dr. Hilmar Pudlatz ist Akademischer Rat
am Rechenzentrum der Westfälischen Wilhelms-Universität Münster.

1974

ISBN 978-3-528-13316-0   ISBN 978-3-322-85532-9 (eBook)
DOI 10.1007/978-3-322-85532-9

Vorwort

Das vorliegende Buch gibt eine Einführung in die Programmiersprache PL/I; es möchte
dem Benutzer ein Selbststudium ermöglichen, wobei mathematische oder program-
miertechnische Vorkenntnisse nicht erforderlich sind. Die zum Verständnis des
Buches notwendigen Begriffserklärungen werden in der Einleitung sowie in Teilen
von Kapitel I vermittelt, während Kapitel II die Grundelemente der Sprache PL/I
beschreibt. Die folgenden Kapitel wollen den Anfänger auch an kompliziertere Pro-
gramm- und Datenstrukturen heranführen und Grundfragen der Programm-Optimie-
rung behandeln.

Für die Benutzung des Buches möchten wir uns wünschen, daß die beiden ersten
Kapitel besonders gründlich erarbeitet werden, da uns dann bereits ein selbständiges
Programmieren in der Sprache PL/I möglich erscheint. Wir denken dabei nicht nur
an technisch-wissenschaftliche oder kommerzielle Anwendungen, sondern möchten
auch Benutzer aus dem Bereich der Geisteswissenschaften und der Verwaltungen
ansprechen. Dieses Skriptum lehnt sich eng an Vorlesungen und Kurse an, die wir
am Rechenzentrum der Universität Münster abgehalten haben. Eine größere Anzahl
von Beispielprogrammen soll die an ihnen veranschaulichten Sprachelemente erläutern, wobei auch die Daten und Ergebnisse der Programme mitgegeben werden.

Wir danken Frau I. Schulze und Herrn J. van Dyck für das Schreiben des Manus-
kripts sowie den Herren Dipl.-Math. B. Neukäter und Dr. S. Zörkendörfer für das
Lesen der Korrekturen und für zahlreiche Verbesserungsvorschläge. Nicht zuletzt
danken wir dem Verlag für die gute Zusammenarbeit bei der Entstehung dieses
Buches.

Hermann Kamp
Hilmar Pudlatz

Münster, im Juli 1972

Inhaltsverzeichnis

<u>Einleitung</u>

Eine Programmiersprache ist eine Kunstsprache, mit deren
Hilfe die Eingabe einer Folge von Arbeitsanweisungen (Instruktionen) in eine elektronische Datenverarbeitungsanlage
(EDVA) möglich ist. Eine EDVA ist einer Hilfskraft in einem
Büro vergleichbar, die nach einer festen Arbeitsvorschrift
immer wiederkehrende Aufgaben erledigen kann. Dies soll am
folgenden Bild anschaulich erläutert werden:

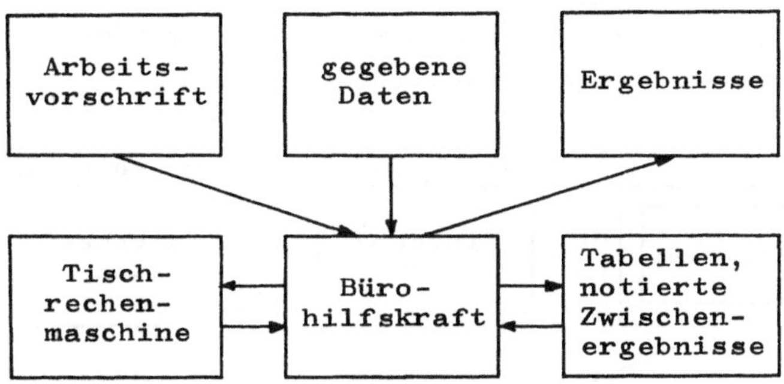

Die Bürohilfskraft erhält eine detaillierte Arbeitsvorschrift, in der die zu bewältigende Aufgabe (z.B. eine Lohnabrechnung) genau beschrieben ist. Nach dieser Arbeitsvorschrift muß sie für eine Anzahl von Personen die Bruttolöhne
aus Stundenlohn und Stundenzahl ermitteln, Steuer- und Sozialversicherungsbeiträge in Tabellen nachschlagen und aus den
Bruttolöhnen und den genannten Abzügen die Nettolöhne ermitteln. Für jede Person müssen also zunächst gewisse Daten
(Personalstammdaten und Arbeitsdaten) gelesen werden. Zur
Durchführung der erforderlichen Rechnungen bedient sich die
Hilfskraft einer Tischrechenmaschine, wobei die anfallenden
Zwischenergebnisse auf Papier notiert werden (Bruttolohn,
Summe der Abzüge). Steuern und Sozialversicherungsbeiträge
werden aus vorhandenen Tabellenheften entnommen. Sie haben
mit den erwähnten Zwischenergebnissen gemein, daß sie auch
auf Papier festgehalten - wir sagen "gespeichert" - sind.

Schließlich werden alle interessierenden Daten als Ergebnis der Lohnabrechnung notiert und abgelegt.

Eine EDVA - wir sagen auch vereinfachend Rechenanlage, Rechner oder "Maschine" - arbeitet im wesentlichen nach dem gleichen Prinzip. Dabei entsprechen den oben angegebenen Kästchen (bis auf das Kästchen für die Arbeitsvorschrift) einzelne Geräte der EDVA, die man als Einheiten bezeichnet. Die gegebenen Daten oder Eingabedaten werden über die Eingabeeinheit "eingelesen", der eigentliche Arbeitsablauf geschieht in der Zentraleinheit, dem Kernstück der Rechenanlage, und die Ergebnisse oder Ausgabedaten werden über eine Ausgabeeinheit sichtbar gemacht:

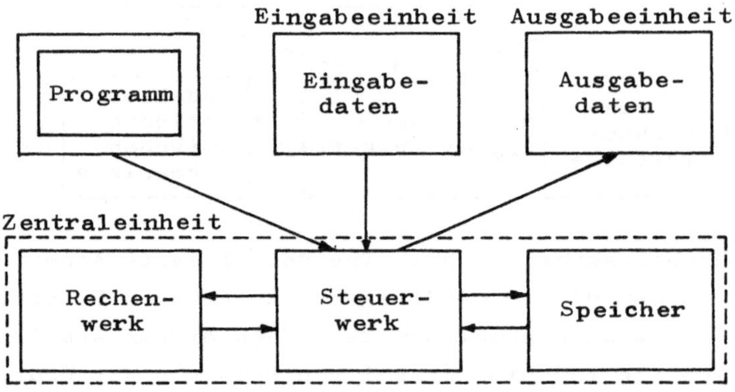

Die Arbeitsvorschrift entspricht bei einer EDVA dem Programm, das in maschinenlesbarer Form etwa als Lochkartenpaket über eine Eingabeeinheit in die Zentraleinheit gebracht wird. Dort wird es zunächst gespeichert. Vom Speicher werden die einzelnen Instruktionen des Programms nach und nach in das Steuerwerk geholt, wo sie interpretiert werden und von wo aus der einzelne Arbeitsschritt z.B. die Ausführung einer Multiplikation (Stundenlohn x Stundenzahl!) im Rechenwerk gesteuert und überwacht wird. Das Steuerwerk, das im obigen Bild der Bürokraft entspricht, übernimmt hier deren zentrale Rolle im Arbeitsablauf. Die Aufgabe der Hilfskraft war im wesentlichen auch eine Steuerfunktion, nämlich für die korrekte Ausführung der einzelnen Instruktionen der Arbeitsvorschrift Sorge zu tragen.

Wenn eben vom Speicher die Rede war, so ist damit der Hauptspeicher der Zentraleinheit gemeint, der wegen seines Aufbaus aus magnetisierbaren Ferrit-Kernen auch Kernspeicher genannt wird. Jeder Ferrit-Kern kann einen von zwei polaren magnetischen Zuständen haben, denen man die Begriffe "Ja" und "Nein" oder die Ziffern "0" und "1" als kleinste Informationseinheiten zuordnen kann. Diese kleinste Informationseinheit nennt man ein <u>Bit</u> (= Bissen, Happen). 8 Bits faßt man zu einem <u>Byte</u> zusammen, und 1024 Bytes nennt man 1 Kilo-Byte (= KB, analoge Bildung wie Kilogramm = 1000 Gramm). Die Größe des Kernspeichers ist ein ungefähres Maß für die Größe und Leistungsfähigkeit einer Rechenanlage: Rechner mit 4-16 KB Kernspeichergröße zählt man zu den kleineren, solche mit 32-128 KB zu den mittleren Anlagen, während man bei EDVA mit über 256 KB von Großrechnern spricht.

Wichtig für die Leistungsfähigkeit von Rechenanlagen ist ferner das Vorhandensein von schnellen <u>externen Speichereinheiten</u> wie Magnetplatten-, Magnettrommel- und Magnetstreifenspeichern. Extern heißen diese Speichertypen deshalb, weil sie räumlich von der Zentraleinheit getrennt sind (im Gegensatz zum internen Kernspeicher), und schnell sind diese Speicher wegen der Möglichkeit, zu einzelnen auf ihnen gespeicherten Daten in kurzer Zeit wahlfrei zugreifen zu können, wobei je Sekunde mehrere 100000 Bytes in den Kernspeicher überführt werden können. In diesem Sinne sind Magnetbandeinheiten langsame Externspeicher, weil hier die Übertragungsgeschwindigkeit von Daten in den Kernspeicher langsamer als bei den oben genannten Typen ist und der Zugriffsmechanismus nicht wahlfrei sein kann (bei einem Magnetband kann es Sekunden, ja Minuten dauern, bis das Band soweit abgespult ist, daß die gewünschten Daten abgerufen werden können).

Trotz der z.T. extrem niedrigen Zugriffsgeschwindigkeit zu Daten, die sich auf externen Speichern befinden, sind letztere doch wichtige Komponenten einer EDVA aus folgenden Gründen:

1. ihre Speicherkapazität übertrifft die des Kernspeichers um das 100-1000 fache;

2. der Speicherinhalt kann in Form von Magnetbändern oder -platten physikalisch leicht ausgewechselt werden.

Das bisher gebräuchlichste Eingabemedium für Programme und Rechendaten in eine EDVA ist die Lochkarte. Die zugeordnete <u>Eingabeeinheit</u> ist der Lochkartenleser, der etwa 1000 Karten in der Minute einlesen kann. Die <u>Lochkarte</u> besteht aus 80 Spalten, in jeder dieser Spalten kann ein Zeichen (eine Ziffer, ein Buchstabe oder ein "Sonderzeichen") abgelocht werden, wobei jedes dieser Zeichen durch ein, zwei oder drei Löcher pro Spalte dargestellt wird. Das Lochen geschieht automatisch durch Drücken der dem jeweiligen Zeichen zugeordneten Taste auf einem der Schreibmaschinentastatur ähnlichen Tastenfeld eines Kartenlochers. Dieser hat darüber hinaus die Möglichkeit, am oberen Rand der Lochkarte das jeder Lochung entsprechende Zeichen zu drucken (vgl. die folgende Abbildung):

Die wichtigste <u>Ausgabeeinheit</u> ist der Schnelldrucker.
Durch eine besondere Mechanik (Druckkette oder Druckwalze)
ist er in der Lage, bis 1100 Zeilen in der Minute zu drucken.
Das Druckpapier ist eine mit seitlichen Transportlöchern
versehene Endlosbahn, die seitenweise in wechselnden Rich-
tungen gefaltet ist; dabei besteht ein gebräuchliches Sei-
tenformat aus 72 Zeilen zu je 132 Zeichen.

Die Auswahl und Benutzung einer Programmiersprache - in
unserem Fall: PL/I - ist nur eine der Tätigkeiten, die im
Komplex "Programmieren" zusammengefaßt werden. Das <u>Program-
mieren</u> umfaßt folgende Arbeitsstufen:

1. Umgangssprachliche Fixierung des Problems, einschließlich der gewünschten Ergebnisse

2. Logische Gliederung des Problems in Einzelschritte
   (wenn nötig: mathematische Umformulierung)

3. Auswahl eines geeigneten Lösungsverfahrens (Algorithmus), Programmablaufplan

4. Auswahl einer geeigneten Programmiersprache

5. Kodierung des Programms in dieser Sprache

6. Ablochen des Programms

7. Testen des Programms auf Syntaxfehler (von der Rechenanlage)

8. Testen des (syntaktisch fehlerfreien) Programms mit
   signifikanten Beispielwerten

Hierzu einige Erläuterungen:

zu 1. Es ist genau zu beschreiben, welcher Art das Problem
      ist und welche Ergebnisse von der Rechenanlage ausge-
      druckt werden sollen. Unklare Formulierungen und Ziel-
      vorstellungen erfordern später häufig Um- oder gar
      Neuprogrammierungen. Dieser Punkt ist besonders dann
      zu beachten, wenn Problemsteller und Problembearbeiter
      nicht dieselbe Person sind.

zu 2. War die obige Stufe mehr qualitativer Art, so hat hier
eine quantitative Gliederung einzusetzen, der gegebenenfalls die Bereitstellung eines mathematischen Mo-
dells des gegebenen Problems vorausgehen muß. Dies ist
notwendig, weil die Rechenmaschine intern "nur" mit
Zahlen rechnet, wobei - wie wir später sehen werden -
auch logische Operationen wie Vergleichen und Ordnen
auf Rechenoperationen zurückgeführt werden.
Die logische Gliederung des Problems in Einzelschritte
ist eine wichtige Vorstufe für die spätere Kodierung
in PL/I, wobei das Auffinden identischer Schrittfolgen
wichtig für ein effektives Programmieren sein kann
(Einsatz von Unterprogrammen).

zu 3. Wird das Lösungsverfahren für das Problem nicht schon
durch eine geschickte Behandlung des Punktes 2. erle-
digt, so muß es hier gefunden werden. Dies ist meist
der aufwendigste Abschnitt der Programmierung, bei
dessen Bewältigung häufig die graphische Veranschau-
lichung des Lösungsweges mit Hilfe eines Programmablaufplans hilfreich ist.

zu 4. Dieser Punkt ist für Programmierer, die mehrere Programmiersprachen beherrschen (wie etwa Assembler,
ALGOL, FORTRAN, PL/I u.s.w.), ein durchaus wichtiges
Problem. Hier sei erwähnt, daß PL/I als eine der höchst-
entwickelten Sprachen zwar "fast alles kann", jedoch
gibt es Ausnahmefälle, in denen man besser die maschi-
nenorientierte Assemblersprache heranzieht. Wir wollen
uns natürlich hier nur mit der Programmierung in PL/I
befassen.

zu 7. Wird das gelochte Programm in die Rechenanlage eingegeben, so wird es zunächst von einem anderen Programm
(dem PL/I-Compiler) in ein Maschinenprogramm umgewandelt. Gleichzeitig druckt der Compiler etwaige Fehler-
meldungen aus, wenn das PL/I-Programm noch Syntaxfehler enthält. Diese Fehler sind zu berichtigen, und das
Programm muß erneut eingegeben werden.

zu 8. In diesem letzten Teststadium wird die Programmlogik
untersucht, indem das syntaktisch einwandfreie Programm in der Form des vom Compiler erzeugten Maschi-
nenprogramms mit Beispieldaten, die alle bei der Produktion auftretenden Sonderfälle berücksichtigen sollten, zum Lauf gebracht wird. So ist etwa die Befehlsfolge

$$\text{"Lies a,b;"}$$
$$\text{"c=a/b;"}$$

nicht hinreichend getestet, wenn beim Probelauf des
Programms nur von Null verschiedene Werte von b eingelesen werden. Für b=0 würde nämlich ein Fehler in
der Programmausführung auftreten, der zum Abbruch des
Programms führt. Treten während der Ausführung des
Programms Fehler auf, so muß der Programmiervorgang
ein oder mehrere Schritte davor wieder einsetzen (im
einfachsten Fall wieder zurückgehen nach Punkt 5, in
kritischeren Fällen aber auch nach Punkt 2 oder 3).
Verläuft der letzte Test zufriedenstellend, so wird
gegebenenfalls nach Ablochen der Eingabedaten zur
Produktion übergegangen.

PL/I (Abkürzung für engl. _Programming Language I_) gehört
zu den höheren Programmiersprachen, die dem Benutzer ein
besonders einfaches und leicht durchschaubares Arbeiten mit
einer modernen Rechenanlage erlauben. Der Computer selbst
kann nur Befehle in der eigentlichen Maschinensprache ausführen, die relativ schwierig zu erlernen und zum Austesten
von Programmen recht mühsam ist. In einer höheren Programmiersprache dagegen kann man symbolische Befehle geben, die
dann von einem automatischen Übersetzer in die eigentlichen
Maschinenbefehle übertragen werden. Ein kurzes Beispiel mag
das Gesagte verdeutlichen: wenn zum Ausdrucken einer im
Speicher der Maschine stehenden Zahl z.B. sechs Elementar-
befehle notwendig sind, so ist in der höheren Programmier-

sprache nur ein einziger, symbolischer Druckbefehl zu geben, und der automatische Übersetzer überträgt diesen in die erforderlichen sechs Befehle der Maschinensprache. Allgemeiner gesagt kann man sich bei Verwendung einer höheren Programmiersprache mehr auf die Lösung seines Problems konzentrieren und braucht weniger zu beachten, was maschinenintern vor sich geht.

Der genannte automatische Übersetzer ist ein Programmsystem, das wir den <u>Compiler</u> nennen; er prüft bei der Übersetzung zugleich, ob Regelverstöße gegen die Grammatik vorliegen und dadurch ein korrektes Ausführen des Programms unmöglich wird. Ist dies der Fall, wird der Übersetzungsvorgang abgebrochen und der Benutzer über die aufgetretenen Fehler informiert. Diese Fehlerdiagnostik gilt beim PL/I-Compiler als besonders gut und ausführlich; sie ist für den Programmierer sehr vorteilhaft, da er sofort erfährt, an welchen Stellen seines Programms Irrtümer aufgetreten sind. Leichtere Fehler - wie etwa eine vergessene Klammer - versucht der Compiler zu korrigieren und den Rechengang normal zu beenden; eine Benachrichtigung des Benutzers erfolgt jedoch in jedem Fall.

I. Grundbegriffe der Programmierung

1. Ein einfaches Programm

```
01    PROG1: PROCEDURE OPTIONS (MAIN);
02           I = 2;
03           K = 5;
04           M = I + K;
05           PUT LIST (I, K, M);
06    END;
```

Ausgabe:

```
     2    5    7
```

Erläuterungen:

Das Beispiel zeigt die Addition zweier Zahlen, die zusammen
mit der sich ergebenden Summe auf Papier ausgedruckt werden.
Die Befehle sind am linken Rand durchnumeriert und werden in
dieser Reihenfolge besprochen.
Allgemein gelten folgende Regeln: die Programme werden über
Lochkarten eingegeben, dabei darf frühestens in Spalte 2 und
maximal bis Spalte 72 geschrieben werden. Die Spalten 73-80
bleiben frei, um hier etwa die Karten durchzunumerieren, damit sie nach einem Hinfallen auf den Boden leicht wieder in
ihre ursprüngliche Reihenfolge einsortiert werden können.
Jeder Befehl wird durch ein Semikolon abgeschlossen. Auf einer Lochkarte können wahlweise ein oder mehrere Befehle stehen; das Programm könnte z.B. auch in folgender Form abgelocht sein:

```
01    PROG1: PROCEDURE OPTIONS (MAIN);
02       I = 2;  K = 5;  M = I + K;  PUT LIST(I,K,M);  END;
```

Im ersten Befehl wird das Programm eröffnet; es wird ihm ein
Name zugeordnet, der aus maximal 7 Zeichen bestehen darf. Am
Anfang muß ein alphabetisches Zeichen stehen, dem 6 weitere
Buchstaben oder Ziffern folgen dürfen. Andere gültige Pro-

grammeröffnungen wären z.B.: VERSUCH: PROCEDURE OPTIONS(MAIN);
oder ERST: PROCEDURE OPTIONS(MAIN); falsch wäre:
1.VERS: PROCEDURE OPTIONS(MAIN);, da als erstes Zeichen kein
Buchstabe steht, noch das zweite Zeichen ein Buchstabe oder
eine Ziffer ist. Zu den alphabetischen Zeichen gehören außer
den Buchstaben von A bis Z noch $ # ∂   . Nach dem Namen des
Programms steht ein Doppelpunkt, worauf die Worte
PROCEDURE OPTIONS(MAIN); folgen; sie besagen, daß das auszu-
führende Programm eine Hauptprozedur (= ein Hauptprogramm)
ist.

In Befehl 2 wird einem Speicher, den wir I nennen, der Wert 2
zugeordnet.

In einem anderen Speicher namens K wird der Wert 5 eingespeichert.

Befehl 4 sagt aus, daß die Werte, die in I und K gespeichert
sind, addiert werden sollen und die Summe in einem weiteren
Speicher namens M übertragen werden soll; es wird also zunächst der Ausdruck auf der rechten Seite des Gleichheitszeichens ausgewertet und dann sein Ergebnis dem auf der linken Seite des Gleichheitszeichens genannten Speicher überwiesen. In M steht jetzt die Zahl 7.

Befehl 5 bewirkt ein Ausdrucken der Speicherinhalte von I,
K und M auf Papier. In einem vorgegebenen Abstand werden die
Zahlen 2, 5 und 7 auf Papier ausgedruckt (s.o. unter Aus-
gabe). Das Wort "PUT" besagt dabei, daß es sich um eine <u>Aus-
gabe</u> handelt, während das Wort "LIST" bedeutet, daß diese
Ausgabe in einer Standard-Form auf Papier erfolgen soll. In
Klammern stehen die Namen der Speicher, die auszugeben sind.

Der Eröffnung des Programms entspricht sein Abschluß; er
wird hier durch den Befehl END; bewirkt.

2. Ein- und Ausgabeoperationen, Sprungbefehl

Das folgende Programm soll von einer Lochkarte (positive
oder negative) ganze Zahlen einlesen und sie addieren. Das
Ergebnis ist auszudrucken. Die Zahlen sind auf Lochkarten
abgelocht, zwei aufeinander folgende Zahlen sind durch ein
Komma oder ein Leerzeichen voneinander getrennt.

```
01    PROG2: PROCEDURE OPTIONS (MAIN);
02           ON ENDFILE GO TO AUSGEBEN;
03           N = 0;
04    L:     GET LIST(I);
05           N = N + I;
06           GO TO L;
07    AUSGEBEN: PUT LIST(N);
08    END;
```

Eingabedaten:

    17   129   85   -113   32

Ausgabe:

      150

Erläuterungen:

Eröffnung des Programms in Zeile 1.

Wenn alle abgelochten Zahlen verarbeitet sind und trotzdem
ein weiterer Einlesebefehl erfolgt, würde die Maschine den
Rechenvorgang als fehlerhaft abbrechen; dies kann jedoch
durch die Bedingung ON ENDFILE vermieden werden, die spezifiziert, was bei Ende der Eingabedaten erfolgen soll. In
unserem Beispiel folgt ihr ein Sprungbefehl, der durch die
Schlüsselwörter GO TO ausgedrückt wird. Diese Schlüsselwörter dürfen auch zusammengezogen werden zu GOTO. Nach ihnen
steht die Kennmarke (engl. Label), zu der gesprungen werden
soll. Bei Ende der Eingabedaten wird daher das Programm bei
dem Befehl fortgesetzt, vor dem die Kennmarke AUSGEBEN, ge-

folgt von einem Doppelpunkt, steht (Befehl 7).

In der Speicherzelle N soll die Summe der verarbeiteten Zahlen gespeichert sein; als Anfangswert wird ihr die Zahl 0 zugewiesen (Zeile 3).

In der folgenden Zeile soll zunächst nur der nach dem Doppelpunkt stehende Befehl GET LIST(I); erläutert werden; er bewirkt das Einlesen einer Zahl von der Datenkarte in eine Speicherzelle I.

Die Inhalte von N und I werden addiert und das Ergebnis wieder in den links vom Gleichheitszeichen stehenden Speicher N übertragen (Zeile 5). Der Inhalt von N hat sich dadurch verändert: er war vorher 0 und ist jetzt 17. Da man den Inhalt eines Speichers verändern kann, bezeichnet man ihn auch als eine <u>Variable</u>.

Befehl 6 bewirkt einen Sprung zum Label L; es wird also Befehl 4 erneut ausgeführt, wodurch die Zahl 129 nach I eingelesen wird. N (das 17 war) wird in Befehl 5 um den Wert von I (129) erhöht, so daß jetzt in N die Zahl 146 gespeichert ist. Danach wird wieder zu Befehl 4 gesprungen u.s.w. Nach Verarbeitung aller Zahlen wird die Bedingung von Befehl 2 wirksam, d.h. es wird Befehl 7 angesprungen. Er bewirkt das Ausdrucken der in N gespeicherten Summe. Befehl 8 beendet das Programm.

Die eben besprochene Form des Sprungbefehls ist zwar die einfachere, aber weniger gebräuchliche. In der Regel wird man Programmverzweigungen vom Eintreffen einer bestimmten Bedingung abhängig machen. Man spricht dann von <u>bedingten Sprungbefehlen</u>.

Das folgende Programmbeispiel soll die Zahlen von 1 bis 100 addieren und deren Summe auf Papier drucken.

```
01   PROG3:       PROC OPTIONS (MAIN);
02                /* PROC IST DIE ERLAUBTE ABKUERZUNG FUER PROCEDURE */
03                K = 1;
04                N = 0;
05   SUMME:       N = N + K;
06                K = K + 1;
07                IF K = 101
08                     THEN GO TO ERGEBNIS; /* BEDINGTER SPRUNGBEFEHL*/
09                GO TO SUMME; /* SPRUNGBEFEHL */
10   ERGEBNIS:PUT DATA (N);
11                END;
```

Ausgabe:

N=   5050;

Eröffnung des Programms in Zeile 1. In der folgenden Zeile
steht ein Kommentar, der über eine oder mehrere Lochkarten
gehen darf. Er wird für die Übersetzung des Programms ignoriert und dient vor allem einer Dokumentation der angegebenen Befehle. Der Beginn des Kommentars wird durch die Zeichen /* markiert, am Ende stehen */ .

Der Speicherzelle K wird in Zeile 3 der Wert 1 zugeordnet.
In den Anfängen der elektronischen Datenverarbeitung war es
nötig, jedes Mal anzugeben, mit welcher der durchnumerierten
Zellen des Kernspeichers eine bestimmte Operation ausgeführt
werden sollte; in den höheren Programmiersprachen dagegen
genügt es, eine Speicherzelle durch einen Namen anzusprechen, und die Maschine führt selbst die Zuordnung durch,
welcher Speicherinhalt zu dem betreffenden Namen gehört.
Die Länge dieser Namen ist in der Sprache PL/I auf maximal
31 Zeichen festgelegt; am Anfang muß ein Buchstabe stehen,
danach können bis zu 30 weitere Buchstaben, Ziffern oder
Unterbrechungszeichen folgen; 4 Beispiele für gültige Namen
sind: I, N, NEUE_ZAHL, X1.

Anschließend wird in die Speicherzelle, die wir durch den

Namen N ansprechen, der Wert 0 übertragen.

Für die folgende Zeile sei zunächst nur der nach dem Doppelpunkt stehende Befehl N = N + K; erläutert; er besagt, daß
die Inhalte von N und K zu addieren sind und das Ergebnis
wieder in den links vom Gleichheitszeichen stehenden Speicher N zu übertragen ist.

Der Inhalt der Variablen K wird im nächsten Befehl um 1 erhöht.

In Zeile 7 erfolgt die Abfrage, ob K schon den Wert 101 erreicht hat; die Abfrage wird durch das Schlüsselwort IF
(deutsch: wenn) eingeleitet. Ist die abgefragte Bedingung
erfüllt, wird der in Zeile 8 nach dem Schlüsselwort THEN
(deutsch: dann) stehende Befehl ausgeführt. Er bedeutet,
daß im Programm als nächstes der Befehl ausgeführt würde,
vor dem die Kennmarke ERGEBNIS steht; dies wäre der Befehl
in Zeile 10. Beim ersten Durchlaufen der Abfrage 7 hat K
jedoch den Wert 2; damit ist die Bedingung IF K = 101
nicht erfüllt, so daß Befehl 8 nicht ausgeführt wird.

Das Programm arbeitet in Zeile 9 mit einem Sprungbefehl zum
Label SUMME weiter, d.h. der Summenspeicher N wird um den
Inhalt von K erhöht. Danach werden die Befehle 6, 7 und 9
wiederholt, solange bis die Bedingung IF K = 101 erfüllt
ist. Dann nämlich wird Befehl 8 ausgeführt. Das Programm
überspringt jetzt Befehl 9, da die Kennmarke ERGEBNIS vor
Befehl 10 steht. Er bewirkt das Ausdrucken der Summe auf
Papier; im Gegensatz zu PUT LIST(N); wird bei der Verwendung von PUT DATA(N); vor dem Wert der Variablen ihr Name
mit einem folgenden Gleichheitszeichen ausgeschrieben.

Programmende in Zeile 11.

3. Verarbeitung von Zeichenketten

```
01      PROG4: PROC OPTIONS (MAIN);
02             DECLARE W1 CHARACTER (7),
03                     W2 CHARACTER (5),
04                     W3 CHARACTER (15);
05             W1 = 'DELIKAT';
06             W2 = 'ESSEN';
07             W3 = W1 || W2;
08             PUT DATA (W1,W2);
09             PUT LIST (W3) SKIP;
10              /* ODER: PUT SKIP LIST (W3);   */
11             END;
```

Ausgabe:

```
W1='DELIKAT'              W2='ESSEN';
DELIKATESSEN
```

Mit dem Schlüsselwort DECLARE beginnt die Vereinbarung,
welche Variablen ein Programm benutzen möchte und welche
Art von Daten darin gespeichert werden sollen. In den vorhergehenden Programmbeispielen waren solche Vereinbarungen
nicht unbedingt erforderlich, da der Compiler von allen
nicht erklärten Variablen annimmt, daß sie zur Speicherung
von Zahlen verwendet werden. Sollen dagegen Zeichenketten
(engl. character strings) verarbeitet werden, muß dies
durch eine vorhergehende DECLARE-Anweisung mitgeteilt werden, in der nach dem Namen der Variablen das Schlüsselwort
CHARACTER folgt. Die aktuelle Länge der Zeichenkette wird
durch die in Klammern gesetzte nachfolgende Zahl angegeben.
In unserem Beispiel können also in W1 maximal 7, in W2 5
und in W3 15 Zeichen gespeichert werden. Die einzelnen Elemente eines DECLARE-Befehls werden durch Komma voneinander
abgetrennt, am Schluß steht jedoch das Semikolon.

Dem Speicher W1 wird die Zeichenkonstante DELIKAT zugewiesen. Zeichenkonstanten müssen immer in Hochkomma eingeschlossen sein; enthalten sie selbst ebenfalls Hochkomma,
sind diese in der Anweisung zu doppeln. Beispiel: Ein Spei-

cher W4 sei als CHARACTER(11) erklärt; soll in ihm die Zeichenkonstante GRASS' BUCH gespeichert werden, müßte die Zuweisung lauten: W4='GRASS'' BUCH';.

In Zeile 6 wird in W2 die Zeichenkette ESSEN gespeichert.

Durch den Verkettungsoperator ‖ werden die Inhalte von W1 und W2 miteinander verkettet und das Ergebnis in W3 abgespeichert. Da W3 mehr Zeichen enthalten kann als ihm zugewiesen sind, wird der Rest automatisch rechts mit Leerzeichen gefüllt. Würden dagegen mehr Zeichen zugewiesen als die angegebene Maximallänge von W3 erlaubt, würde der Rest abgeschnitten.

Das Ausdrucken von W1 und W2 erfolgt in Zeile 8 mit vorgestellten Variablennamen. Dagegen bedeutet der nächste Befehl nur das Ausdrucken des Speicherinhaltes von W3 nach dem Vorschub auf eine neue Zeile. Der Zeilenvorschub wird durch das Wort SKIP bewirkt; ihm kann in Klammern eine Zahl folgen, die die Anzahl der Zeilenvorschube bestimmt. Erlaubt ist auch die Stellung von SKIP in der in der Kommentarzeile 10 angedeuteten Form. In beiden Formen darf die SKIP-Klausel auch bei der DATA-Ausgabe verwendet werden.

4. DO-Schleife, Felder

Mit den bisher dargestellten Mitteln kann man schon eine Reihe einfacher Probleme lösen, z.B. das Auffinden aller Primzahlen zwischen 1 und 100, d.h. also derjenigen Zahlen im genannten Zahlenbereich, die außer durch 1 und sich selbst durch keine weitere positive Zahl ohne Rest teilbar sind. Dieses Problem soll hier mit Hilfe der bereits bekannten PL/I-Regeln gelöst werden, wobei jedoch eine weitere Möglichkeit, die PL/I bietet, hinzugezogen werden soll, nämlich die automatische Berechnung der Quadratwurzel: Für die

Quadratwurzel einer Zahl i ist das Symbol $\sqrt{i}$ bekannt. Da das Wurzelzeichen nicht gelocht werden kann, schreibt man in PL/I hierfür SQRT (engl. square root = Quadratwurzel) und setzt das Argument i in Klammern hinter diesen symbolischen Namen: SQRT(I).

J heißt ein Teiler der ganzen Zahl I, wenn I durch J ohne Rest teilbar ist, und J heißt echter Teiler, wenn J von 1 und I verschieden ist. Die Lösungsmethode für unser Problem ist durch die obige Definition einer Primzahl gegeben: Man probiere, ob die Zahlen 2, 3, 4,... u.s.w. Teiler von I sind. Dabei braucht man nur die Zahlen 2, 3, 4,..., K auf ihre Teilereigenschaft für I zu untersuchen, wobei K die größte ganze Zahl ist, die kleiner oder gleich der Quadratwurzel von I ist. Man macht sich leicht klar, daß, wenn I überhaupt echte Teiler hat, mindestens ein Teiler J existiert, für den $J \leq K$ gilt.

Das Verfahren soll zunächst als Programmablaufplan skizziert werden. Dabei werden Beginn und Ende des Programms durch Ovale angedeutet, Ein- und Ausgabebefehle durch schräge Parallelogramme, Abfragen für Programmverzweigungen durch auf einer Spitze stehende Rauten und "normale" Verarbeitungsbefehle z.B. Zuweisungen durch Rechtecke (dabei deutet der Zuweisungspfeil $\leftarrow$ die Art der Operation besser an als das zugehörige Gleichheitszeichen im Programm). Die Pfeile zwischen den Kästchen veranschaulichen die Richtung des Programmflusses:

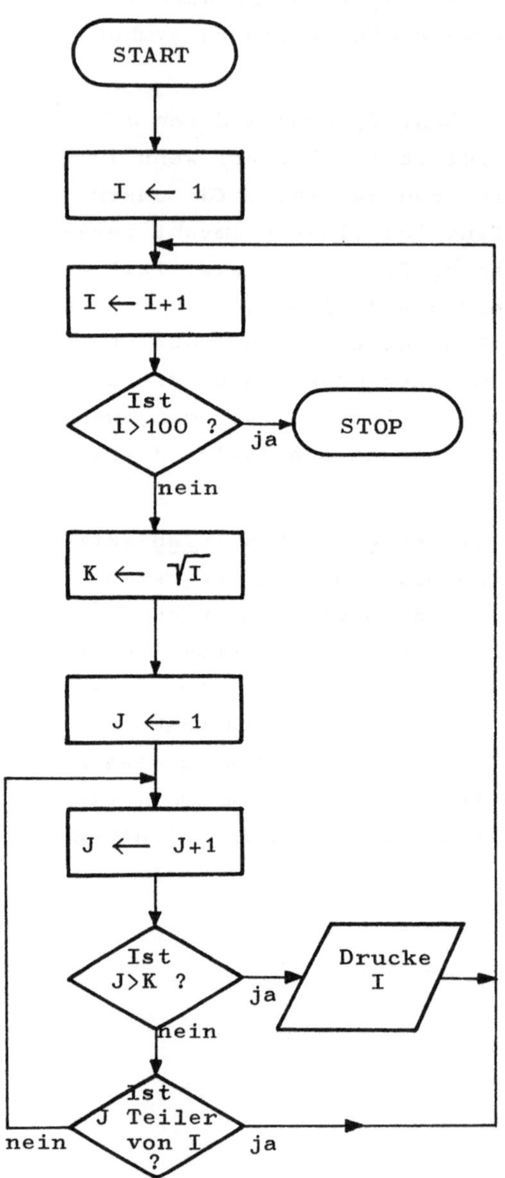

Hier durchläuft I die Zahlen 2,3,4,...,100, während J nacheinander die Werte 2,3,4,...,K annimmt, um einen möglichen echten Teiler von I zu finden. Die schrittweise Erhöhung der Größen I bzw. J jeweils um 1 bestimmt zwei zyklische Programmverzweigungen, die im Programmablaufplan deutlich hervortreten: Im rechten "äußeren" Programmzyklus - auch Programmschleife oder kurz Schleife genannt - wird I schrittweise um 1 erhöht, in der linken ("inneren") Schleife geschieht entsprechendes mit der Größe J.

Bei der Kodierung dieses Programmablaufplans im folgenden PL/I-Programm begegnen uns neben dem bereits bekannten Additionsoperator (+) die Operatoren * für die Multiplikation und / für die Division. Es sei vorweggenommen, daß für die Potenzierung ebenfalls ein besonderer Operator existiert, der aus zwei aufeinanderfolgenden * besteht (der Ausdruck a^2 schreibt sich in PL/I also als A**2).

```
01    PRIM:/* PRIMZAHLEN ZWISCHEN 1 UND 100 (1. PROGRAMM) */
02         PROC OPTIONS(MAIN);
03         I=1;
04    WDH1:    I=I+1;
05             IF I>100 THEN GOTO STOP;
06             K=SQRT(I);
07             J=1;
08    WDH2:    J=J+1;
09             IF J>K THEN GOTO HIER;
10             L=I/J;
11             IF J*L=I THEN GOTO WDH1;
12             GOTO WDH2;
13    HIER:  PUT SKIP LIST(I);
14           GOTO WDH1;
15    STOP: END;
```

Ausgabe:

2
3
5
7
11
13
17
19
23
29
31
37
41
43
47
53
59
61
67
71
73
79
83
89
97

Im obigen Programm steht die Marke WDH1 in Zeile 4 für den wiederholten Rücksprung zwecks Inkrementierung (= schrittweise Erhöhung) der Größe I, während die Marke WDH2 in Zeile 8 dieselbe Bedeutung für J hat. Die Marke HIER zeigt an, daß hier eine Primzahl gefunden wurde und gedruckt werden soll. Das Divisionsergebnis in Zeile 10 wird als ganze Zahl ermittelt (zur Erklärung dieses Sachverhaltes sei auf den folgenden Paragraphen verwiesen), und zwar wird die größte ganze Zahl L bestimmt, die nicht größer als der wahre Wert von I/J ist. Dies sei an zwei Beispielen erläutert:

a. I=10, J=4, I/J=2,5: L=2

b. I=10, J=5, I/J=2:   L=2

Man sieht daraus, daß L genau dann mit dem wahren Wert von I/J übereinstimmt, wenn J ein Teiler von I ist, andernfalls ist L stets kleiner als der wahre Wert von I/J.

Die Teilbarkeit von I und J kann nun durch den Vergleich des Produktes J*L mit dem Wert von I ermittelt werden. Gerade dies ist in Zeile 11 kodiert. Die Anweisungen der äußeren Programmschleife (Zeile 4-14) sind zur Verdeut-

lichung nach rechts ausgerückt, desgleichen die Anweisungen
der inneren Programmschleife (Zeile 8-12).

Man beachte, daß die Programmierung beider Schleifen den
gleichen logischen Aufbau zeigt. Dies sei durch Gegenüberstellung der entsprechenden Anweisungsgruppen verdeutlicht:

```
        I=1;                              J=1;
WDH1:   I=I+1;                    WDH2:   J=J+1;
        IF I>100 THEN GOTO STOP;          IF J>K THEN GOTO HIER;
        .                                 .
        .                                 .
        .                                 .
        GOTO WDH1;                        GOTO WDH2;
STOP: END;                        HIER: PUT SKIP LIST(I);
Wirkung:                          Wirkung:
Der Index I durchläuft            Der Index J durchläuft
die Zahlen 2 bis 100              die Zahlen 2 bis K
```

Für die Programmierung von Programmschleifen gibt es in
PL/I eine abkürzende Schreibweise, die sogenannte DO-Schleife.
Sie hat die Form

```
        DO I = K [TO L] [BY M];
        .
        .       (Anweisungen, die zur DO-Schleife gehören)
        .
        END;
```

Der in eckigen Klammern stehende Text heißt hier und im folgenden, daß er wahlweise geschrieben oder auch fortgelassen
werden kann.
Es bedeutet I der sogenannte Laufindex, K der Startwert, L
der Endwert und M das Inkrement der DO-Schleife. I wird nach
jedem Durchlauf der Schleife, beginnend mit I=K um den Wert M
erhöht (inkrementiert). Falls der das Inkrement M bestimmende
Teil BY M der DO-Schleife fortgelassen wird, wird I jeweils
im 1 inkrementiert. Das Inkrement M kann auch negativ sein.
In diesem Fall fällt der Laufindex jeweils um den Betrag von
M. Die Schleife wird solange durchlaufen, wie I kleiner oder
gleich L ist bei positivem M, bzw. größer oder gleich L bei
negativem M. Das bedeutet z.B., daß eine Schleife

```
DO I = 10 TO 5;
      .
      .
      .
END;
```

überhaupt nicht durchlaufen wird, weil schon für das anfängliche I=10 die Beziehung I>5 besteht. Das Programm über-
schlägt die Anweisungen der DO-Schleife und fährt mit der
dem END; folgenden Anweisung fort. Läßt man in der obigen
Definition den Teil TO L fort, so könnte I im Prinzip beliebig oft inkrementiert werden. Der Sprung aus der DO-
Schleife heraus muß dann von einer besonderen Bedingung innerhalb der DO-Schleife abhängig gemacht werden.

Der Laufindex I muß eine Variable sein, während die
Größen K, L und M auch Konstanten und Ausdrücke sein dürfen. Die Größen K, L und M werden vor Eintritt in die DO-
Schleife ausgewertet und dann auf bestimmte feste Plätze
abgespeichert. Das bedeutet, daß Wertzuweisungen an K, L
oder M innerhalb der DO-Schleife keinen Einfluß auf die
Schleifenorganisation haben.

Die beiden oben herausgeschriebenen Schleifen sehen bei
Verwendung von DO-Schleifen wie folgt aus:

```
      DO I = 2 TO 100;              DO J = 2 TO K;
         .                             .
         .                             .
         .                             .
      END;                          END;
STOP: END;                    HIER: PUT SKIP LIST(I);
```

und das entsprechende Programm schreibt sich kürzer und
übersichtlicher:

```
01    PRIM:/* PRIMZAHLEN ZWISCHEN 1 UND 100 (2. PROGRAMM) */
02         PROC OPTIONS(MAIN);
03         DO I=2 TO 100;
04            K=SQRT(I);
05            DO J=2 TO K;
06               L=I/J;
07               IF J*L=I THEN GOTO WDH;
08            END;
09            PUT SKIP LIST(I);
10    WDH:   END;
11         END;
```

Auch hier sind die äußere und innere Schleife der Deutlichkeit halber eingerückt. Die Druckausgabe ist die gleiche
wie beim obigen Programm.

Wie das obige Beispiel zeigt, können DO-Schleifen mehrfach ineinandergeschachtelt sein. Dabei ist jedoch zu beachten, daß die Laufindizes (oben I und J) verschieden bezeichnet werden und sinnvollerweise innerhalb der DO-Schleife durch Wertzuweisungen nicht verändert werden sollten. Im
allgemeinen korrespondiert zu jedem eröffnenden DO einer
Schleife ein schließendes END, jedoch besteht die Möglichkeit, durch eine "END-Anweisung mit Marke" mehrere DO-
Schleifen durch <u>eine</u> END-Anweisung gleichzeitig abzuschlies-
sen, z.B.

```
SCHLEIFEN: DO I = 1 TO 99 BY 2;
              .
           DO J = 99 TO I BY -2;
              .
           DO K = I TO J;
              .
              .
              .
           END SCHLEIFEN;
```

Hier korrespondiert das Wort SCHLEIFEN in der Anweisung
END SCHLEIFEN; zur Marke SCHLEIFEN, die den Beginn der äuße-
ren DO-Schleife kennzeichnet. Dadurch beendet die Anweisung
END SCHLEIFEN; alle drei DO-Schleifen.

Im obigen Programmbeispiel wird durch die in Zeile 5 begonnene DO-Schleife unnötig viel nach Teilern J von I gesucht. Ein sinnvolles Verfahren wäre es, die Teilereigenschaften nur für die Primzahlen zwischen 2 und K (beide Grenzen einschließlich) zu prüfen. Diese Primzahlen wurden zwar vom Programm vorher berechnet, sind aber, da sie nicht gespeichert wurden, der Maschine nicht mehr bekannt. Hier sei auf das folgende Programm verwiesen.

An dieser Stelle sei aber auf folgende Möglichkeit aufmerksam gemacht: man prüfe, ob I durch 2 teilbar ist und dann, ob die Zahlen 3, 5, 7,... Teiler von I sind. Dafür gibt es in PL/I folgende Schreibweise der DO-Anweisung 5:

```
DO J = 2,3 TO K BY 2;
```

Das bedeutet etwa für K=8, daß die Schleife zunächst für J=2 und dann für J=3,5,7 durchlaufen wird. (Der nochmals um 2 erhöhte Laufindex J=9 liegt jenseits der Grenze K=8. Die Prüfung der Zahl 8 auf Teilereigenschaft für I unterbleibt hier sinnvollerweise, da I im Falle der Teilbarkeit durch 8 bereits durch 2 teilbar ist.)

Zur obigen Form der DO-Schleife ist zu sagen, daß der Laufindex I von mehreren durch Kommata getrennte _Lauflisten_ der Form K [TO L] [BY M] gefolgt sein kann, die nacheinander durchlaufen werden, wobei eine Laufliste, die nur aus K besteht, nur einmal und zwar für I=K durchlaufen wird.

Als dritte Möglichkeit, die Primzahlen zwischen 1 und 100 zu berechnen, soll noch ein Programm angegeben werden, bei dem jede gefundene Primzahl im Kernspeicher festgehalten werden soll. Dies hat zweierlei Vorteile:

1. genügt es, als mögliche Teiler einer zu untersuchenden Zahl nur die bereits gefundenen (und gespeicherten!) Primzahlen zu untersuchen, und

2. kann man die gefundenen Primzahlen am Ende des Programms mit _einem_ Ausgabebefehl zeilenweise ausdrucken.

Um die 25 Primzahlen zwischen 1 und 100 hintereinander speichern zu können, definieren wir ein <u>Variablen-Feld</u>
(engl. array) für 25 Zahlen durch die folgende DECLARE-Anweisung:

$$DCL\ IP(25);$$

DCL ist die in PL/I erlaubte Abkürzung von DECLARE. Ferner
ist IP der Feldname und die in Klammern stehende Zahl 25 die
Feldlänge, d.h. die Anzahl von Variablen, die in diesem Feld
unter <u>einem</u> Namen zusammengefaßt sind. Im Programm kann man
etwa die 7. Zahl des Feldes IP durch IP(7) ansprechen. Die
7 bezeichnet man als Index der Variablen IP(7) im Feld IP.
Er kann auch eine Variable oder ein Ausdruck sein. Diese
Indizierung von Variablen ist in der Mathematik eine gebräuchliche Methode, nur daß man dort die Größe A(I) mit a_i bezeichnet.

Im folgenden Programm soll die Optimalität nun noch weiter gesteigert werden, dadurch, daß nicht <u>alle</u> Zahlen der
Folge

$$2,\ 3,\ 5,\ 7,\ 9,\ 11,\ 13,\ 15,\ 17,\ \dots$$

auf Primzahleigenschaft untersucht werden, vielmehr werden
hier auch alle durch 3 teilbaren Zahlen fortgelassen
(außer der 3 selber):

$$2,\ 3,\ 5,\ 7,\ \quad 11,\ 13,\ \quad 17,\ 19,\ \dots$$

Läßt man die Zahlen 2 und 3 außer Betracht, so sieht man,
daß in dieser mit 5 beginnenden Folge das Inkrement abwechselnd 2 oder 4 ist. Nach dem oben Gesagten ist es aber nicht
möglich, diesen Sachverhalt mit Hilfe einer DO-Schleife
auszudrücken. Hier müssen wir die Schleife in der vom
ersten Primzahlprogramm her bekannten Art programmieren:

```
01    PRIM:/* PRIMZAHLEN ZWISCHEN 1 UND 100 (3. PROGRAMM) */
02          PROC OPTIONS(MAIN);
03    DCL   IP(25); /* SPEICHERRESERVIERUNG FUER 25 PRIMZAHLEN  */
04             IP(1)=2;
05          N, IP(2)=3;
06          I, IP(3)=5;  INCR=4;
07    WDH:     INCR=6-INCR;
08             I=I+INCR;
09             IF I>100 THEN GOTO STOP;
10             K=SQRT(I);
11             DO J=1 TO N WHILE(IP(J)<=K);
12                L=I/IP(J);
13                IF IP(J)*L=I THEN GOTO WDH;
14             END;
15             N=N+1; IP(N)=I;
16             IF N<25 THEN GOTO WDH;
17    STOP: PUT SKIP LIST((IP(I) DO I=1 TO N));
18          END;
```

Die Zeilen 5 und 6 enthalten je eine <u>Mehrfachzuweisung</u>, d.h.
alle links vom Gleichheitszeichen stehenden, durch Kommata
getrennten Variablen erhalten denselben, rechts vom Gleichheitszeichen stehenden Wert zugewiesen. Dadurch sind in
IP(1), IP(2) und IP(3) die ersten drei Primzahlen 2, 3 und
5 gespeichert. Die Größe N=3 gibt die Anzahl der schon gefundenen Primzahlen an, während I=5 in der die Zeilen 7 bis
16 umfassenden Schleife jeweils um den Wert von INCR erhöht
wird. Durch die Anweisungen

```
          INCR=4;
     WDH: INCR=6-INCR;
             .
             .
             .
          GOTO WDH;
```

erhält INCR abwechselnd den Wert 2 und 4.
In der mit Zeile 11 beginnenden inneren Schleife wird eine
weitere Möglichkeit der Programmierung von DO-Schleifen vor-
gestellt, die sogenannte <u>WHILE-Klausel</u>. In den runden Klammern hinter dem Schlüsselwort WHILE (= während, solange)
steht ein uns von der IF-Anweisung her bekannter Vergleichs-
ausdruck, der im gleichen Sinne wie dort zu verstehen ist.

Für jeden Durchlauf der Schleife wird geprüft, ob die in
der WHILE-Klausel stehende Bedingung noch erfüllt ist (hier:
ob die j. Primzahl noch kleiner als oder höchstens gleich K
ist). Trifft die Bedingung nicht mehr zu, so wird die DO-
Schleife abgebrochen und mit der nächsten auf die DO-Schleife folgenden Anweisung fortgefahren. Die obige Schreibweise
ist also eine Vereinfachung der folgenden Anweisungsfolge:

```
        DO J=1 TO N;
           IF IP(J)>K THEN GOTO WEITER;
        .
        .
        .
        END;
WEITER: N=N+1;
```

In Zeile 15 wird eine neue gefundene Primzahl auf den nächsten freien Platz des Feldes IP gespeichert. In Zeile 17
lernen wir eine neue Form der Ausgabe kennen: in einer Anweisung der Art

```
        PUT LIST(X,Y,...,Z);
```

kann jede Variable wiederum eine Datenliste sein, die in der
Form einer "impliziten DO-Anweisung" vorliegt. Diese Datenliste muß in einem Extrapaar runder Klammern stehen, um sie
von den anderen Ausgabedaten abzugrenzen. Eine durch diese
implizite DO-Anweisung gegebene Datenliste kann natürlich
auch die BY- oder WHILE-Klausel enthalten. Zur Verdeutlichung des Gesagten sei erwähnt, daß für N=3 die Anweisung
in Zeile 17 dasselbe bedeutet wie

```
        STOP: PUT SKIP LIST(IP(1),IP(2),IP(3));
```

Bei der genannten Ausgabeanweisung werden die gefundenen
Zahlen nicht mehr wie im ersten Beispiel als senkrechte
Spalte ausgegeben, sondern zeilenweise. Dadurch erreicht
man eine Verbesserung des Druckbildes und - insbesondere
bei größeren Druckausgaben - sparsameren Papierverbrauch.

2	3	5	7	11	13	17
19	23	29	31	37	41	43
47	53	59	61	67	71	73
79	83	89	97			

Im allgemeinen wird bei der LIST- und DATA-gesteuerten Ausgabe die 132 Druckstellen umfassende Ausgabezeile voll ausgenutzt, wobei gewisse Tabulatoren für den Beginn der auszugebenden Werte angesprungen werden. Die Tabulatorsetzung ist an diesem Beispiel speziell gewählt (7 Tabulatoren je Zeile, 10 Stellen Abstand).

Wir haben oben durch

```
DCL   IP(25);
```

ein eindimensionales Zahlenfeld mit den 25 Komponenten

```
IP(1),IP(2),IP(3),...,IP(24),IP(25)
```

definiert, d.h. für den Index waren die ganzen Zahlen 1,2,3,...,24,25 zugelassen. Werden nicht alle Indizes von 1 an benötigt, so kann man etwa durch

```
DCL   VERDIENST(1960:1972);
```

(lies: Verdienst von 1960 bis 1972) gerade die untere und obere Grenze angeben, zwischen denen sich der Index bewegt. Im obigen Zahlenfeld sind 13 Komponenten enthalten, nämlich die Verdienste der Jahre 1960,1961,...,1972, und nur für diese 13 Werte ist durch die obige DCL-Anweisung Speicherplatz definiert, d.h. die Verwendung der Größe VERDIENST(1959) im Programm ist nicht zulässig.
Es sei erwähnt, daß die Indexgrenzen auch Null oder negativ sein können, z.B. in

```
DCL   N(-5:0);
```

es muß jedoch stets die untere Grenze kleiner sein als die obere Grenze. Sind die untere Grenze und der Doppelpunkt in

der Deklaration nicht angegeben, so ist die untere Grenze
stets die Zahl 1.

Ein Zahlenfeld muß nicht eindimensional sein, wie es bei
den bisher genannten Beispielen der Fall war. Häufig verwendet man auch zweidimensionale Felder, die man als Tabellen
schreiben kann; z.B. definiert

        DCL   FELD(2,3);

einen zweidimensionalen Zahlenbereich mit dem Namen FELD.
Für jede der beiden Dimensionen ist hier die obere Index-
grenze (2 bzw. 3) angegeben. Die DCL-Anweisung kann auch
ausführlicher als

        DCL   FELD(1:2,1:3);

geschrieben werden. Die einzelnen (sich auf die verschiedenen Dimensionen beziehenden) Indexgruppen oder Indexgren-
zenpaare sind stets durch Komma voneinander getrennt. Der
Deutlichkeit halber soll der obige Zahlenbereich FELD mit
seinen 6 Komponenten als Tabelle hingeschrieben werden:

        FELD(1,1)   FELD(1,2)   FELD(1,3)
        FELD(2,1)   FELD(2,2)   FELD(2,3)

Der erste Index gibt also jeweils die Zeile und der zweite
Index die Spalte der obigen Tabelle an, in der die zugehörige Komponente steht. Die Speicherungsform in der Maschine
ist jedoch eine andere, es ist die logisch fortlaufende lineare Form

FELD(1,1) FELD(1,2) FELD(1,3) FELD(2,1) FELD(2,2) FELD(2,3)

d.h. der obige Bereich wird "zeilenweise" gespeichert.

Mit solchen Feldern kann man nun nicht nur komponentenweise rechnen, wie es das letzte Programmbeispiel gezeigt
hat (in einzelne Rechnungen gehen die durch Angabe der jeweiligen Indizes ausgewählten Komponenten ein, vgl. Zeile

12 im letzten Programmbeispiel). Man kann auch ganze Felder
links vom Zuweisungszeichen und in arithmetischen Ausdrücken
angeben, z.B.

```
        .
        .
    DCL   F1(3,4),F2(3,4),F3(3,4);
        .
        .
    F3=F1/F2;
        .
        .
```

Auf der rechten Seite der letzten Zuweisung wird zunächst
zeilenweise mit den zugehörigen Komponenten von F1 und F2
die Division $F1(I,J)/F2(I,J)$ für $I=1,2,3$ und $J=1,2,3,4$ ausgeführt, und die Ergebnisse werden den jeweils zugehörigen
Zahlen $F3(I,J)$ zugewiesen. Die obige Operation mit F1 und
F2 ist dann erlaubt, wenn F1 und F2 Felder mit der gleichen
Dimension und den gleichen Indexgrenzen sind oder wenn einer der beteiligten Operanden eine nichtdimensionierte Größe
ist, z.B.

```
    F2=3*F1;
```

Hierbei wird jedes Element von F1 mit der Zahl 3 multipliziert. Schließlich ist die Zuweisung einer nichtdimensio-
nierten Größe an eine dimensionierte möglich, z.B.

```
    F1=1;
```

wobei jeder Konponente des Feldes F1 die Zahl 1 zugewiesen
wird. Auch Mehrfachzuweisungen der Art

```
    F1,F2=F3;
```

sind möglich. Die Zuweisung von F3 nach F1 und von F3
nach F2 geht komponentenweise vor sich. Da die Zuweisung
eines Feldes auf eine nichtdimensionierte Größe X keinen
Sinn gibt, sind Anweisungen der folgenden Art falsch:

$$X = F1;$$
$$F1, X, F2 = 0;$$

Die zweite Zuweisung ist falsch, weil alle Variablen auf der linken Seite entweder einfach oder Felder mit gleichen Indexgrenzen sein müssen.

Als Anwendungsbeispiel für einen 3-dimensionalen Bereich sei das folgende Programm angegeben. Die drei Dimensionen eines Feldes mit Namen INFO werden zur Kennzeichnung von Alter, Geschlecht und Familienstand einer gewissen Gruppe von Menschen verwendet. Während Geschlecht und Familienstand wie folgt verschlüsselt sind:

Geschlecht (GESCH)	Familienstand (FAMST)
1 = männlich (m)	1 = ledig
2 = weiblich (w)	2 = verheiratet
	3 = verwitwet
	4 = geschieden ,

ist aus dem Alter in Jahren ein Altersschlüssel wie folgt zu bestimmen:

Alter	Altersschlüssel (ALTSCHL)
0- 9	0
10-19	1
20-29	2
30-39	3
40-49	4
50-59	5
60 und mehr	6

Pro Person werden nun 3 Zahlen (ALTER, GESCH, FAMST) eingelesen, die zunächst auf Plausibilität geprüft werden sollen. Diese Prüfung beschränkt sich im aktuellen Fall auf die Untersuchung, ob die Schlüsselzahlen in den angegebenen Grenzen liegen. Tritt bei einer Person ein Fehler auf, so ist dieser zu kennzeichnen (im Programm durch Anspringen der Marke FALSCH angedeutet). Im Bereich INFO sind an der Stelle INFO(I,J,K) die Anzahl der Personen mit dem Altersschlüssel I, dem Geschlecht J und Familienstand K zu speichern. Der gesamte Bereich INFO ist am Schluß auszugeben:

```
01    STAT: /* TABELLE: STRUKTUR EINER GRUPPE */
02          PROC OPTIONS(MAIN);
03    DCL   INFO(0:6,2,4); /* 3-DIMENSIONALER BEREICH */
04          INFO=0;
05          ON ENDFILE GOTO DRUCK;
06    LIES: GET LIST(ALTER, GESCH, FAMST);
07          /* PLAUSIBILITAETSKONTROLLE DER EINGABEDATEN */
08             IF ALTER<0 THEN GOTO FALSCH;
09             IF GESCH<1 THEN GOTO FALSCH;
10             IF GESCH>2 THEN GOTO FALSCH;
11             IF FAMST<1 THEN GOTO FALSCH;
12             IF FAMST>4 THEN GOTO FALSCH;
13          /* FORTZAEHLEN DER PERSONEN IN DEN 56 GRUPPEN */
14          ALTSCHL=ALTER/10;
15          IF ALTSCHL>6THEN ALTSCHL=6;
16          INFO(ALTSCHL,GESCH,FAMST)=INFO(ALTSCHL,GESCH,FAMST)+1;
17          GOTO LIES;
18    FALSCH: PUT SKIP LIST('FALSCHE EINGABE:');
19             PUT SKIP DATA(ALTER,GESCH,FAMST);
20          GOTO LIES;
21    DRUCK: PUT PAGE LIST('STRUKTUR EINER GRUPPE'); PUT SKIP; PUT
22          SKIP LIST('ALTER',' ','LEDIG','VERH.','VERW.','GESCHD.');
23          PUT SKIP LIST('  AB', ' ',('----------' DO I=1 TO 4));
24          PUT SKIP LIST((10*I,  'M',(INFO(I,1,J) DO J=1 TO 4),
25                         ' ',   'W',(INFO(I,2,J) DO J=1 TO 4)
26                        DO I=0 TO 6));
27    END;
```

Bei der Plausibilitätsprüfung wurden Personen mit den Angaben

Alter	Geschlecht	Familienstand
25	<u>5</u>	3
65	2	<u>5</u>
47	<u>0</u>	<u>5</u>

(falsche sind unterstrichen) in folgender Form ausgegeben:

```
FALSCHE EINGABE:
ALTER= 2.50000E+01    GESCH= 5.00000E+00    FAMST= 3.00000E+00;
FALSCHE EINGABE:
ALTER= 6.50000E+01    GESCH= 2.00000E+00    FAMST= 5.00000E+00;
FALSCHE EINGABE:
ALTER= 4.70000E+01    GESCH= 0.00000E+00    FAMST= 5.00000E+00;
```

Diese Form der Ausgabe von Zahlen wird uns unter anderem im
folgenden Paragraphen beschäftigen (an dieser Stelle sei
nur darauf hingewiesen).
In der Ausgabe sind die Tabellen für männliche (m) und weib-
liche (w) Gruppenmitglieder zeilenweise ineinandergearbeitet:

STRUKTUR EINER GRUPPE

ALTER AB		LEDIG	VERH.	VERW.	GESCHD.
0	M	0	0	0	0
	W	2	0	0	0
10	M	2	0	0	0
	W	3	1	0	0
20	M	2	4	0	0
	W	6	7	1	1
30	M	1	5	0	1
	W	4	3	0	0
40	M	0	4	1	0
	W	1	3	0	1
50	M	0	2	0	0
	W	0	3	2	1
60	M	0	1	1	0
	W	2	0	3	0

In der Ausgabeanweisung (Zeile 24-26) wird die obige Tabelle
mit Hilfe zweier ineinandergeschachtelter impliziter DO-
Schleifen ausgegeben. Man beachte, daß auch hier die Laufindizes verschieden sein müssen (I und J) und daß jede implizite DO-Schleife durch ein Klammerpaar begrenzt wird.

5. Darstellung von Zahlen und Zeichen

Im folgenden wollen wir die maschineninternen Darstel-
lungsformen von Zeichen und Zahlen kennenlernen. Zwar ent-
hebt eine höhere Programmiersprache wie PL/I den Programmierer weitgehend der Notwendigkeit, sich mit dem Innenle-
ben einer Datenverarbeitungsanlage auseinanderzusetzen, jedoch ist eine gute Kenntnis der Speicherungs- und Verarbei-
tungsformen für ein besseres Verständnis der Sprache und

ein effizienteres Programmieren notwendig. Darum sei dem
Leser empfohlen, diesen Paragraphen gut zu erarbeiten.

Im letzten Paragraphen haben wir gesehen, daß die Zahl 25
einmal als 25 ausgegeben wird, ein andermal als 2.50000E+01.
Letzteres entspricht der in der Technik üblichen "halbloga-
rithmischen" Schreibweise 2.5×10^1. Dies hängt mit zwei verschiedenen internen Darstellungen der Zahl 25 zusammen. Wir
wollen uns zunächst mit der ersten beschäftigen:

Die im <u>dezimalen Stellensystem</u> geschriebene Zahl 25 ist
eine Abkürzung für "zwei Zehner und fünf Einer" oder kurz
$2 \cdot 10 + 5 \cdot 1$, entsprechend bedeutet 1985 genauer

$$1 \cdot 1000 + 9 \cdot 100 + 8 \cdot 10 + 5 \cdot 1$$

Setzen wir für 1000, 100, 10 und 1 die jeweiligen Zehnerpotenzen 10^3, 10^2, 10^1 und 10^0, so haben wir

$$1985 = \underline{1} \cdot 10^3 + \underline{9} \cdot 10^2 + \underline{8} \cdot 10^1 + \underline{5} \cdot 10^0$$

Die Wahl der Basis 10 als Grundlage der Zahlendarstellung
im dezimalen Stellensystem ist zufällig dem Umstand zu ver-
danken, daß wir 10 Finger haben. Einer DVA mit ihren polaren Elementarzuständen "Strom fließt" bzw. "Strom fließt
nicht" wäre ein Zweiersystem oder <u>duales Stellensystem</u>
besser angepaßt als das Dezimalsystem. Die Zahl 25 schreibt
sich als Summe von Zweierpotenzen so:

$$25 = 16 + 8 + 1$$
$$= 1 \cdot 2^4 + 1 \cdot 2^3 + 1 \cdot 2^0$$

Damit wir die Zahl 25 als <u>Dualzahl</u> stellenrichtig hinschrei-
ben können, müssen wir noch die fehlenden Zweierpotenzen
mit dem Faktor 0 hinzufügen:

$$25 = \underline{1} \cdot 2^4 + \underline{1} \cdot 2^3 + \underline{0} \cdot 2^2 + \underline{0} \cdot 2^1 + \underline{1} \cdot 2^0$$

Der Dezimalzahl 25 entspricht also die Dualzahl 11001.
Wir schreiben kürzer

$$25_{10} = 11001_2$$

indem wir die Basis (10 bzw. 2) der jeweiligen Darstellung tiefgestellt an die jeweilige Ziffernfolge anfügen. Jede ganze Zahl, die größer als 1 ist, kann als Basis eines Zahlensystems verwendet werden.

Für die Darstellung einer Zahl in einem bestimmten Stellensystem scheint die Kenntnis der Potenzen der jeweiligen Basis erforderlich zu sein. Daß dies nicht der Fall ist, wollen wir durch Angabe eines einfachen Verfahrens zur Gewinnung der Ziffernfolge einer bestimmten Zahlendarstellung zeigen: Gesucht ist die Darstellung der Zahl 93 in einem Vierersystem. Hierzu teilt man 93 durch 4 und erhält

$$93:4 = \underline{23} \quad \text{Rest } 1$$

Nun nimmt man das Divisionsergebnis (den Quotienten) 23 und dividiert erneut durch 4, mit dem erhaltenen Quotienten wiederholt man das Verfahren solange bis ein Quotient Null wird:

$$
\begin{aligned}
93:4 &= 23 \quad &\text{Rest } 1 \\
23:4 &= 5 \quad &\text{Rest } 3 \\
5:4 &= 1 \quad &\text{Rest } 1 \\
1:4 &= 0 \quad &\text{Rest } 1
\end{aligned}
$$

Die Folge der erhaltenen Reste liest man nun rückwärts als die Ziffern einer Viererdarstellung der Zahl 93:

$$93_{10} = 1131_4$$

Man kontrolliert leicht nach:

$$
\begin{aligned}
93 &= \underline{1} \cdot 4^3 + \underline{1} \cdot 4^2 + \underline{3} \cdot 4^1 + \underline{1} \cdot 4^0 \\
&= 1 \cdot 64 + 1 \cdot 16 + 3 \cdot 4 + 1 \cdot 1 \\
&= 64 + 16 + 12 + 1
\end{aligned}
$$

Das Verfahren ist allgemein - d.h. für jede nichtnegative ganze Zahl - brauchbar, auch für andere Basen. Wir kontrol-

lieren es für die Dualdarstellung von 25, die wir schon
kennen:

$$25:2 = 12 \quad \text{Rest } 1$$
$$12:2 = 6 \quad \text{Rest } 0$$
$$6:2 = 3 \quad \text{Rest } 0$$
$$3:2 = 1 \quad \text{Rest } 1$$
$$1:2 = 0 \quad \text{Rest } 1$$

also $25_{10} = 11001_2$

Das Verfahren macht deutlich, daß als Ziffern einer Zahlendarstellung mit einer bestimmten Basis immer nur solche
vorkommen, die <u>kleiner</u> als die jeweilige Basis sind, denn
die Ziffern sind gerade die Divisionsreste im obigen Verfahren. Würde einmal ein Rest auftauchen, der größer oder
gleich der Basis ist, etwa

$$93:\underline{8} = 10 \quad \text{Rest } \underline{13}$$

so hätte man die Division nicht nach der Konvention ausgeführt, vielmehr könnte man dafür

$$93:\underline{8} = 11 \quad \text{Rest } \underline{5}$$

setzen, erhielte also einen Rest (5), der kleiner als die
Basis (8) ist.
Die Ziffern einer Zehnerdarstellung sind bekanntlich

$$0, \ 1, \ 2, \ 3, \ 4, \ 5, \ 6, \ 7, \ 8, \ 9$$

Für die Zahlendarstellungen mit Basen, die kleiner als 10
sind, kann man einen Abschnitt der obigen Dezimalziffern
verwenden, z.B.

Dualdarstellung: Ziffern = 0, 1
4-Darstellung: Ziffern = 0, 1, 2, 3
8-Darstellung: Ziffern = 0, 1, 2, 3, 4, 5, 6, 7

Bei Basen, die größer als 10 sind, muß man besondere Ziffern

für 10, 11,... hinzunehmen. Man benutzt dazu - soweit es
geht - die Buchstaben A, B, C,...
Die Ziffern in einem 16-System oder <u>Hexadezimalsystem</u> sind

$$0, 1, 2, 3, 4, 5, 6, 7, 8, 9, A, B, C, D, E, F ,$$

wobei den Ziffern A bis F der Dezimalwert 10 bis 15 zukommt.
Zur Erläuterung sei eine Tabelle der Zahlen 1 bis 20 und
ihrer jeweiligen Darstellungen im 2-, 4-, 8- und 16-System
angegeben. (Diese Tabelle ist die Ausgabe eines Unterpro-
gramms aus der Beispielsammlung im 6. Kapitel. Das dort angegebene Programm benutzt das oben beschriebene Divisionsver-
fahren.)

DEZIMAL	2-SYSTEM	4-SYSTEM	8-SYSTEM	16-SYSTEM
1	1	1	1	1
2	10	2	2	2
3	11	3	3	3
4	100	10	4	4
5	101	11	5	5
6	110	12	6	6
7	111	13	7	7
8	1000	20	10	8
9	1001	21	11	9
10	1010	22	12	A
11	1011	23	13	B
12	1100	30	14	C
13	1101	31	15	D
14	1110	32	16	E
15	1111	33	17	F
16	10000	100	20	10
17	10001	101	21	11
18	10010	102	22	12
19	10011	103	23	13
20	10100	110	24	14

Wie man aus der Tabelle entnimmt, kann man jede Folge von 4
Dualziffern durch <u>eine</u> Hexadezimalziffer darstellen und ge-
winnt dadurch eine kürzere Schreibweise für die oft recht
langen Dualziffernfolgen. Man macht in der Praxis davon Gebrauch, wenn man einen Speicherauszug (engl. dump) ausdruk-
ken läßt: Es können nur Folgen von Dualziffern 0 und 1 (engl.

binary digi_t, kurz Bit*) gespeichert werden, deren hexadezimale Interpretation den vierten Teil des Platzes bean-
sprucht und dadurch wesentlich übersichtlicher ist. So ist
z.B. die Dezimalzahl 1972 als Dualzahl 11110110100. Faßt
man von rechts beginnend jeweils 4 Ziffern zusammen, wobei
vorn eine Null ergänzt wird, so erhält man

$$0111 \ 1011 \ 0100$$

oder in hexadezimaler Form (vgl. die obige Tabelle)

$$7B4$$

Diese als Zahl gelesen erweist sich auch als die Hexadezimaldarstellung der Zahl 1972:

$$1972_{10} = 7B4_{16}$$

denn es ist $7B4_{16} = 7 \cdot 16^2 + 11 \cdot 16^1 + 4 \cdot 16^0 = 1792+176+4 = 1972$.
Man macht sich diesen Sachverhalt leicht allgemein klar,
wenn man bedenkt, daß man bei Zusammenfassung von jeweils 4
Summanden in der ausführlichen Schreibweise der Dualauftei-
lung - also mit Zweierpotenzen - jeweils Potenzen von 16
ausklammern kann, wobei als Faktoren nur Zahlen von 0 bis
15 (also gerade die Hexadezimalziffern) übrigbleiben.

Im weiteren benötigen wir die folgenden Begriffe:

$$1 \ \underline{Byte} = \ \ 8 \ \text{Bit} \ (= 2 \ \text{Hexadezimalziffern})$$
$$1 \ \underline{Halbwort} = 16 \ \text{Bit} \ (= 2 \ \text{Byte})$$
$$1 \ \underline{Wort} = 32 \ \text{Bit} \ (= 4 \ \text{Byte})$$
$$1 \ \underline{Doppelwort} = 64 \ \text{Bit} \ (= 8 \ \text{Byte})$$

Das Byte ist die kleinste Speichereinheit, die durch Angabe
einer Bezugszahl (<u>Adresse</u>) direkt angesprochen werden kann,

---

* Dies ist die exakte Erkärung für den bereits anfangs genannten Begriff "Bit".

d.h. gerade den Bytes sind eindeutig aufeinanderfolgende
"Hausnummern" (0,1,2,3,...) im Speicher zugeordnet. Man
sagt auch: das Byte ist die kleinste adressierbare Speichereinheit (ein Bit als "Speicheratom" kann nur über das es umfassende Byte angesprochen werden). Es gibt genau $256 = 2^8$
verschiedene 8-Bit-Kombinationen, d.h. in einem Byte kann
man gerade die Zahlen 0 bis 255 dual verschlüsseln (man
denke sich die obige Tabelle bis 255 fortgesetzt!). Will
man größere Zahlen in der Maschine in dualer Form speichern,
so kann man dies dadurch erreichen, daß man bis zu 4 Bytes
(= 1 Wort) nebeneinander benutzt. Theoretisch könnte man
alle Zahlen von 0 bis $2^{32}-1$ speichern, hätte aber keine Möglichkeit für die Kennzeichnung negativer Zahlen. Statt dessen
zieht man es vor, die gleich große Zahlenmenge von -2^{31} bis
$+2^{31}-1$ speichern zu können. Negative Dualzahlen werden dabei
als Differenz zur Zahl 2^{32} dargestellt (vgl. die duale Schreibweise von +17 und -17 in der Programmausgabe am Ende dieses
Kapitels. Man addiere zur Probe die Wortdarstellungen dieser
beiden Dualzahlen. Da der letzte Übertrag von 1+1 = 10 nicht
mehr in die 4 Byte-Darstellung paßt, kommt tatsächlich 0 heraus.)
Es erweist sich, daß positive Zahlen im ersten Bit eine Null,
negative eine Eins besitzen. Es ist $2^{31}-1 = 2.147.483.647$.
Wählt man etwa 2 Bytes für die Darstellung ganzer Zahlen, so
ist hier die entsprechende obere Grenze $2^{15}-1 = 32.767$. Es
sei an dieser Stelle betont, daß wir bisher noch keine Möglichkeit erwähnt haben, gebrochene Zahlen in der Maschine
darzustellen. Ein eventuelles "Dualkomma" kann man sich hier
trotzdem rechts neben der niedrigsten Bitposition vorstellen,
also an einer festen Stelle. Man spricht dann von dualen
(oder binären) <u>Festkommazahlen</u> (engl. binary fixed point
numbers). Die beiden Worte <u>binary</u> und <u>fixed</u> können nun zusammen mit der maximal zur Verfügung stehenden Bitzahl
(oben die Werte 31 bzw. 15) als Attribut einer Zahl in einer
DECLARE-Anweisung in folgender Form verwendet werden:

```
DCL   I   BINARY FIXED (31);
DCL   P(20) BIN FIXED (15);
```

In der zweiten Form lernen wir gleichzeitig die erlaubte
Abkürzung für BINARY kennen. Läßt man oben sogar die Bitan-
gabe fort:

```
DCL   K BIN FIXED;
```

so wird automatisch BIN FIXED(15), also Speicherung in
einem Halbwort, angenommen.

Außer 15 und 31 sind alle anderen positiven Bitzahlen un-
terhalb 31 zugelassen, jedoch werden als Speicherungsformen
für die korrespondierenden Größen stets Worte oder Halbworte
gewählt. Man spart also nicht etwa Speicherplatz, wenn man
für die Speicherung eines Zahlenbereichs

```
DCL   Z(1000) BIN FIXED(5);
```
statt
```
DCL   Z(1000) BIN FIXED(15);
```

schreibt, in beiden Fällen werden 1000 Halbworte (oder 2000
Bytes) benötigt.

In binärer Form können aber auch gebrochene Zahlen gespeichert werden. Wie man beim Dezimalsystem für die Zahl
3,25 auch schreiben kann

$$3,25 = \frac{325}{100} = \frac{325}{10^2}$$

d.h. die zweimalige Division der Zahl 325 durch 10 auch
durch zweimaliges Verschieben des Dezimalkommas um eine
Stelle nach links erreicht, so kann man 3,25 auch über die
folgende Beziehung als gebrochene Dualzahl darstellen:

$$3,25 = \frac{325}{100} = \frac{13}{4} = \frac{13}{2^2}$$

Wegen $13_{10} = 1101_2$ ist dann

$$3,25_{10} = 11,01_2$$

Die Zahl $11,01_2$ hat in PL/I das Attribut BINARY FIXED(4,2);
das bedeutet, daß $11,01_2$ vier Bits benötigt, von denen 2
Bits als Dualstellen nach dem Komma zu interpretieren sind.
In diesem Zusammenhang sei noch bemerkt, daß man z.B. statt
BIN FIXED(15) auch BIN FIXED(15,0) schreiben kann.

Wir wollen einmal versuchen, die Zahl $0,2_{10}$ als
BIN FIXED(15,8)-Größe darzustellen und auszudrucken. Wie
sieht also die Ausgabe des folgenden Programmabschnitts aus?

```
DCL  BRUCH BIN FIXED(15,8);
BRUCH=0.2;
PUT DATA(BRUCH);
```

Dazu muß die Zahl 0,2 zunächst als Dualbruch dargestellt
werden. Bei einem echten Dezimalbruch - etwa 0,375 - kann
man die Ziffern 3,7,5 durch fortgesetzte Multiplikation mit
10 und abschneiden des ganzen Teils der Zahl (also der Ziffer vor dem Komma) erhalten. Die Ziffern des entsprechenden
Dualbruches erhält man durch fortgesetzte Multiplikation
mit 2:

$0,375 \cdot 2 = \underline{0},75$ ergibt   0

$0,75 \ \cdot 2 = \underline{1},5$ ergibt   1   (Abschneiden der 1: 0,5)

$0,5 \ \ \cdot 2 = \underline{1},0$ ergibt   1   (Abschneiden der 1: 0,0)

Somit erhält man ab jetzt nur noch Dezimalziffern 0.
Es ist also

$$0,375_{10} = 0,011_2$$

Auf gleichem Wege erhält man für $0,2_{10}$ den unendlichen
Dualbruch 0,001100110011... Im Speicher sind aber nur für
8 Bits nach dem Komma Plätze reserviert, es muß also not-
gedrungen abgeschnitten werden:

$$\boxed{0,0,0,0,0,0,0,0\,|\,0,0,1,1,0,0,1,1}$$

| 1. Byte | ↑ | 2. Byte |

gedachte
Kommaposition

Hierbei hat man einen <u>Abbruchfehler</u> oder <u>Rundungsfehler</u> gemacht. In Wirklichkeit ist die Zahl

$$0,00110011_2 = 0,33_{16} = \frac{3\cdot 16^1 + 3\cdot 16^0}{16^2} = \frac{51}{256} \approx 0,1992_{10}$$

gespeichert worden. Wir wollen uns an dieser Stelle merken,
daß durch die Speicherung und das Rechnen mit gebrochenen
Dualzahlen Ungenauigkeiten in der Maschine auftreten können.
Die Reduzierung bzw. Ausschaltung solcher Rundungsfehler ist
dem Geschick des Programmierers überlassen.

Wir wollen einmal untersuchen, wie groß eine durch
DCL Z BIN FIXED(31,17); erklärte Festkommazahl Z sein kann
und wieviel gültige <u>Dezimal</u>stellen nach dem Komma bei einer
Druckausgabe dieser Zahl abgelesen werden können. Zunächst
stellen wir fest, daß nach dem Komma 17 Dualstellen und vor
dem Komma $31-17 = 14$ Dualstellen vorhanden sind. Die
größten Dualzahlen, die vor bzw. nach dem Komma stehen können, sind $2^{14}-1$ bzw. $2^{17}-1$. Mit Hilfe der Logarithmenrechnung bestimmt man daraus die Anzahl der Dezimalstellen als

$$^{10}\!\log(2^{14}-1) \approx {}^{10}\!\log 2^{14} \qquad \text{bzw.} \qquad ^{10}\!\log(2^{17}-1) \approx {}^{10}\!\log 2^{17}$$

$$= 14\cdot{}^{10}\!\log 2 = 14/{}^2\!\log 10 \qquad\qquad = 17/3,322 \approx 5,1$$

$$= 14/3,322 \approx 4,2$$

Da es nur ganze Stellenzahlen gibt, hat man für Z grob gesprochen 4 Dezimalstellen vor und 5 nach dem Komma. Man entnimmt daraus, daß Festkommazahlen nur von beschränktem Nutzen sind, denn einerseits möchte man die Genauigkeit (= Anzahl der Stellen nach dem Komma) noch höher treiben, andererseits aber auch die Größenordnung der Zahlen. In Wissenschaft
und Technik benutzt man für sehr große und sehr kleine Zahlen

mit Vorteil die "halblogarithmische" Schreibweise, z.B.

$$6,23 \cdot 10^{23} \text{ oder}$$

$$1,6 \cdot 10^{-19}$$

Hier gibt die Hochzahl (= Logarithmus) der Zehnerpotenz (im ersten Beispiel 23) Auskunft über die Größenordnung der Zahl, während die Vorzahl (= Mantisse) den Wert der Zahl genauer beschreibt. In einer EDVA verfährt man entsprechend, mit dem Unterschied, daß man statt Zehnerpotenzen Sechzehnerpotenzen abspaltet und außerdem die Mantisse normalisiert, d.h. das Komma so verschiebt, daß die Mantisse kleiner als 1, aber nicht kleiner als $^1/16$ wird. Man spricht deswegen von binären (genauer: hexadezimalen) <u>Gleitkommazahlen</u> (engl. binary floating point numbers). Zur Kennzeichnung solcher Zahlen in einer DCL-Anweisung verwendet man die beiden Worte <u>binary</u> und <u>float</u> in folgender Form:

DCL Z BINARY FLOAT;

Daß eine Normalisierung der Mantisse immer in der oben angegebenen Form möglich ist (außer für die Zahl Null), wollen wir uns an einem Beispiel klarmachen:
Die Zahl 29,625 schreibt sich dual als $11101,101_2$. Es ist

$$11101,101_2 = 1D,A_{16} = 1,DA_{16} \cdot 16^1 = 0,1DA_{16} \cdot 16^2 = 0,01DA \cdot 16^3$$

Die vorletzte Form der Mantisse ist die normalisierte, denn es ist

$$0,1DA_{16} \geq 0,1_{16} = \frac{1}{16} \quad \text{und} \quad 0,1DA_{16} < 1,0_{16} = 1$$

Für Gleitkommazahlen gibt es verschiedene Speicherungsformen. Gebräuchlich ist die Speicherung in einem Wort, also in 4 Bytes. Das Vorzeichen der Zahl wird (wie bei den Festkommazahlen) im ersten Bit des ersten Byte festgehalten. Die 7 verbleibenden Bits des ersten Byte dienen der Speicherung der Hochzahl der Sechzehnerpotenz, während die übrigen 3 Bytes die Mantisse als echten Dualbruch aufnehmen. Mit den 7 für die Hochzahl vorgesehenen Bits kann man die Zahlen 0 bis 127 darstellen. Durch gedachtes Abziehen der Zahl 64 interpretiert man dieses Feld aber als von -64 bis +63 laufend, so daß man für Gleitkommazahlen den sehr großen Variabilitätsbereich von

$$\frac{1}{16} \cdot 16^{-64} \quad bis \quad 16^{63}$$

zur Verfügung hat. Das entspricht in Zehnerpotenzen einem Bereich von

$$0,54 \cdot 10^{-78} \quad bis \quad 7,2 \cdot 10^{75}$$

Da für die Mantisse 24 Bits zur Verfügung stehen, errechnet man für solche Zahlen aus

$$\frac{24}{{}^2\log 10} = 24/3,322 \approx 7,23$$

eine mittlere Genauigkeit von 7 Dezimalstellen nach dem Komma. Diese kann bei Verwendung eines Doppelwortes noch erheblich gesteigert werden: man hat dann 4 Bytes = 32 Bits zusätzlich für die Mantisse und aus

$$(24+32)/3,322 \approx 16,8$$

erhält man eine mittlere Genauigkeit von 16 Dezimalstellen nach dem Komma. Wie bei den Festkommazahlen sind auch hier alle positiven Zahlen für die Länge der Mantisse (in Bits) zugelassen und zwar in der Form

DCL   Z BIN FLOAT(21);

Dies ist zugleich die angenommene Bitzahl, wenn eine Bitzahlangabe wie oben fortgelassen wird.

Daß nicht 24 die obere Genauigkeitsgrenze ist, liegt an der hexadezimalen Gleitkommadarstellung: Bei einer solchen Darstellung einer Zahl kann der Fall auftreten, daß die ersten 3 Bits Null sind. Die normierte binäre Gleitkomma-

darstellung hätte dann nur eine Länge von $24-3 = 21$ Binär-
stellen. Aus dem gleichen Grunde ist für die Darstellung
einer Gleitkommazahl in einem Doppelwort ("doppeltgenaue
Gleitkommazahl") als obere Genauigkeitsgrenze $56-3 = 53$
zugelassen.

Die Vielzahl von Möglichkeiten für die Genauigkeitsangabe
hat (wie oben) nur rechentechnische, jedoch keine speicher-
technische Bedeutung: gespeichert wird stets ein Wort oder
ein Doppelwort. Als Beispiel sei schließlich die Speicherung
von $29,625$ in einem Wort angegeben. Wegen
$29,625_{10} = 0,1DA_{16} \cdot 16^2$ steht im Speicher

$$|0,1,0,0,0,0,1,0|0,0,0,1,1,1,0,1|1,0,1,0,0,0,0,0|0,0,0,0,0,0,0,0|$$

oder kürzer hexadezimal $421DA000$.

Im vorletzten Paragraphen wurden bereits Beispiele für
die Verarbeitung von Text in einer EDVA gebracht. Sie muß
also die Möglichkeit besitzen, außer Zahlen auch Buchstaben
und Zeichen zu speichern. Dies geschieht Byte-weise und ist
die primäre Speicherungsform in der Maschine, d.h. daß jede
Lochkarte (80 Zeichen) zunächst in einen 80 Bytes umfassenden Bereich des Kernspeichers transportiert wird, wobei sogar die Leerstelle (engl. blank) in einem Byte (01000000
oder hexadezimal 40) gespeichert wird. Die Byte-Darstellun-
gen der übrigen Zeichen, Buchstaben und Ziffern kann man
der folgenden Tabelle entnehmen, in der zu jedem Zeichen
die interne 8-Bit-Darstellung, die Hexadezimaldarstellung
und der dezimale Wert des als Dualzahl interpretierten Bytes
angegeben ist. An der dezimalen Interpretation sieht man
zweierlei deutlich:
1. Die dezimalen Werte erscheinen in aufsteigender Reihenfolge geordnet. Dies bedeutet insbesondere für die
   gleichsinnig geordneten Buchstaben (2. Spalte der Tabelle), daß es leicht sein muß, ein lexikographisches Sortierprogramm mit Hilfe von PL/I zu schreiben.

2. Von den insgesamt 256 möglichen 8-Bit-Kombinationen werden nur wenige zur Speicherung der insgesamt 62 angegebenen Zeichen verwendet. In der Folge der Dezimalzahlen
sind z.T. größere Lücken.

Ferner fällt auf, daß die Verschlüsselung der Ziffern im
linken Halbbyte stets ein hexadezimales F trägt, während
die hexadezimale Interpretation des 2. Halbbytes den dezimalen Wert der Ziffer liefert.

```
Z BINAER    HEX DEZ      Z BINAER   HEX DEZ      Z BINAER   HEX DEZ
-------------------------------------------------------------------
  01000000  40   64      A 11000001 C1  193      0 11110000 F0  240
. 01001011  4B   75      B 11000010 C2  194      1 11110001 F1  241
< 01001100  4C   76      C 11000011 C3  195      2 11110010 F2  242
( 01001101  4D   77      D 11000100 C4  196      3 11110011 F3  243
+ 01001110  4E   78      E 11000101 C5  197      4 11110100 F4  244
| 01001111  4F   79      F 11000110 C6  198      5 11110101 F5  245
& 01010000  50   80      G 11000111 C7  199      6 11110110 F6  246
! 01011010  5A   90      H 11001000 C8  200      7 11110111 F7  247
$ 01011011  5B   91      I 11001001 C9  201      8 11111000 F8  248
* 01011100  5C   92      J 11010001 D1  209      9 11111001 F9  249
) 01011101  5D   93      K 11010010 D2  210
; 01011110  5E   94      L 11010011 D3  211
¬ 01011111  5F   95      M 11010100 D4  212
- 01100000  60   96      N 11010101 D5  213
/ 01100001  61   97      O 11010110 D6  214
, 01101011  6B  107      P 11010111 D7  215
% 01101100  6C  108      Q 11011000 D8  216
_ 01101101  6D  109      R 11011001 D9  217
> 01101110  6E  110      S 11100010 E2  226
? 01101111  6F  111      T 11100011 E3  227
: 01111010  7A  122      U 11100100 E4  228
# 01111011  7B  123      V 11100101 E5  229
@ 01111100  7C  124      W 11100110 E6  230
' 01111101  7D  125      X 11100111 E7  231
= 01111110  7E  126      Y 11101000 E8  232
" 01111111  7F  127      Z 11101001 E9  233
```

Im folgenden wollen wir Methoden der Zahlenspeicherung
kennenlernen, bei denen die einzelnen Dezimalziffern in gespeicherter Form erhalten bleiben. - Die Zahl 1024 wird in
4 aufeinanderfolgenden Bytes als F1F0F2F4 gespeichert. Für
die Speicherung der einzelnen Dezimalziffer könnte man mit

einem <u>Halbbyte</u> (= 4 Bits) auskommen, so daß man bei großen
Dezimalzahlen mit der Hälfte des Platzes auskäme, wenn man
das linke Halbbyte (den <u>Zonenteil</u> eines Bytes) jeweils fort-
ließe und nur das rechte Halbbyte (den <u>Ziffernteil</u>) benutzte. Dieser Verdichtungsvorgang wird als <u>Packen</u> bezeichnet.
Das Vorzeichen einer Zahl wird im Zonenteil des letzten
Bytes wie folgt verschlüsselt:

$$+ \quad \text{entspricht} \quad C$$
$$- \quad \text{entspricht} \quad D$$

Es muß natürlich beim Packen erhalten bleiben. Am Beispiel
der Zahl -1024 wird das Packen erläutert:

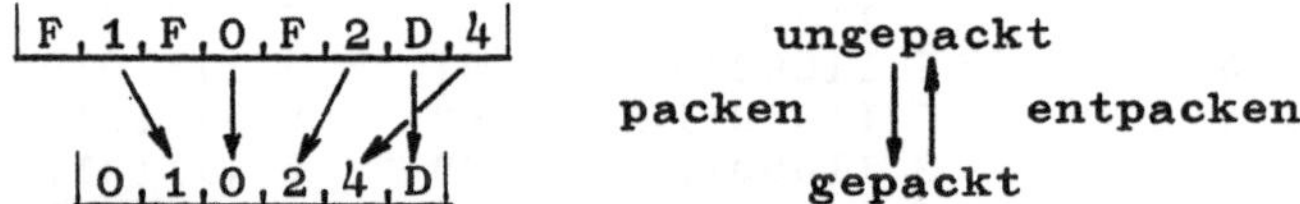

Die ungepackte Form benötigt 4 Bytes, die gepackte würde mit
2 Bytes $+ \frac{1}{2}$ Byte für das Vorzeichen auskommen. Da aber für
die Speicherung stets ganze Bytezahlen verwendet werden,
braucht die gepackte Form 3 Bytes, wobei links ein Halbbyte
Null ergänzt wird. Für beide Formen der dezimalen Zahlendarstellung gibt es in PL/I deklarierbare Zahlenattribute: soll
X den Wert 1972 in ungepackter Form, Y den gleichen Wert in
gepackter Form enthalten, so kann man dies durch

```
DCL   X PICTURE '9999';      bzw.
DCL   Y DECIMAL FIXED(4);
```

zum Ausdruck bringen. Die erste Form bedeutet, daß X eine
Zeichenkette von 4 Bytes (veranschaulicht durch die vier
Neunen) ist, wobei jedes Byte nur eine Ziffer aufnehmen
kann (dies besagt die Kodeziffer '9'). Der Versuch, andere
Zeichenketten als gültige ungepackte Dezimalzahlen nach X
zu speichern, führt zu einer Fehlermeldung. Das Bild (engl.
<u>picture</u> = Bild) der Zahl X im Kernspeicher kann auch anders
entstehen, z.B. durch die Angabe

$$\text{DCL} \quad \text{X PICTURE 'ZZZZ';}$$

Das 'Z' bedeutet, daß führende Nullen (engl. zero = Null)
im Speicher durch Blanks zu ersetzen sind, so wird z.B.

aus der Zahl 5 (eigentlich 0005) das Bild 404040F5

(40_{16} ist die Hexadezimaldarstellung der Leerstelle, vgl.
die obige Tabelle.) Die Zahl 0 wird hierbei vollständig
durch Blank ersetzt (engl. blank = Leerstelle).

Die Deklaration __DECIMAL FIXED__ erinnert an BINARY FIXED.
Die in Klammern dahintergestellten Angaben Feldlänge und
Stellenzahl hinter dem Komma sind hier entsprechend möglich
in den Formen

```
DEC FIXED
DEC FIXED (4)
DEC FIXED (6,0)
DEC FIXED (10,3)
```

wobei die erste Zahl die Gesamtzahl der Dezimalstellen und
die zweite die Zahl der Dezimalstellen nach dem Komma bedeutet.

Analog dem Variablenattribut BIN FLOAT gibt es schließlich noch das Attribut __DEC FLOAT__ mit und ohne Stellenangabe
für die Mantisse, z.B. DEC FLOAT(6). Hier bedeutet die Zahl
6 die Anzahl der Dezimalstellen. Diese Stellenzahl wird angenommen, wenn nur DEC FLOAT spezifiziert wurde.

Im übrigen sind für die Stellenangabe alle positiven
Zahlen bis einschließlich 16 möglich. Die Speicherungsform
ist genau die von BIN FLOAT, wobei bis zur Dezimalstellen-
angabe 6 einschließlich ein Wort und darüber ein Doppelwort benutzt wird.

Schließlich sei noch die im letzten Programm des vorigen
Kapitels gezeigte Form von __Gleitkommakonstanten__ erläutert:
Die Zahl $1,6 \cdot 10^{-19}$ schreibt sich in PL/I als 1.6E-19. Hier
steht das E für Exponent und bedeutet, daß unmittelbar dar-

auf die Hochzahl zur Basis 10 folgt. Die Hochzahlen dürfen
in dem oben gekennzeichneten Größenordnungsbereich für Expo-
nenten von Gleitkommazahlen liegen. Warum tauchen aber im
letzten Programm auch Gleitkommavariable auf, obwohl sie
nicht definiert waren?
Dies liegt an dem <u>Implizitkonzept</u> von PL/I, das es dem Programmierer erlaubt, sich bei der Niederschrift eines Programms kurz zu fassen. Der PL/I-Compiler ergänzt dann selb-
ständig die gekürzten syntaktischen Einheiten nach bestimmten festen Regeln (Attribute von Daten oder syntaktische
Einheiten werden implizit gesetzt). Eine dieser Regeln ist
die folgende: Sind in einem Programm gewisse Variablenattribute nicht oder nur teilweise angegeben, so ist für alle Variablen, deren Namen mit I, J, K, L, M oder N anfangen, das
Attribut BIN FIXED(15,0) und für alle anderen Variablen
DEC FLOAT(6) zu ergänzen.

Tatsächlich kommt man in den meisten Fällen mit diesen
beiden Variablentypen aus. Man wird BIN FIXED(15) für "nicht
zu große" <u>ganze Zahlen</u> wie Felder- oder Schleifenindizes und
DEC FLOAT für <u>gebrochene Zahlen</u> verwenden.
Im genannten Programm wurde praktisch vom Compiler die Deklaration in folgender Weise ergänzt:

```
DCL   (INFO(0:6,2,4),I,J,K) BIN FIXED(15),
      (ALTER,ALTSCHL,GESCH,FAMST) DEC FLOAT;
```

Wir sehen daraus, daß es erlaubt ist, Attribute "auszuklam-
mern", d.h. ein Attribut, das für mehrere Variable zutreffen
soll, nur einmal hinzuschreiben. - Auf diese Weise wurden
ALTER, GESCH und FAMST als Gleitkommawerte ausgegeben. Die
Verwendung von Gleitkommazahlen als Indizes (in Zeile 16)
ist erlaubt, da der Compiler dafür Sorge trägt, daß aus der
Größe ALTSCHL=5.5 der Index 5 errechnet wird.

Die interne Darstellung von Zahlen soll noch durch das folgende Programm sichtbar gemacht werden:

```
01     INTERN:/* INTERNE ZAHLENDARSTELLUNGEN */
02            PROC OPTIONS(MAIN);
03     DCL  I BIN FIXED,        J BIN FIXED(31,0), K BIN FIXED(15,5),
04          L BIN FLOAT,        M BIN FLOAT(53),
05          N PICTURE'9999',    O PIC 'ZZZZ',
06          P DEC FIXED(3),     Q DEC FIXED,        R DEC FIXED(10,4),
07          S DEC FLOAT,        T DEC FLOAT(10);
08          GET LIST(I,J,K,L,M,N,O,P,Q,R,S,T);
09          PUT SKIP DATA(I); PUT SKIP LIST(UNSPEC(I));
10          PUT SKIP DATA(J); PUT SKIP LIST(UNSPEC(J));
11          PUT SKIP DATA(K); PUT SKIP LIST(UNSPEC(K));
12          PUT SKIP DATA(L); PUT SKIP LIST(UNSPEC(L));
13          PUT SKIP DATA(M); PUT SKIP LIST(UNSPEC(M));
14          PUT SKIP DATA(N); PUT SKIP LIST(UNSPEC(N));
15          PUT SKIP DATA(O); PUT SKIP LIST(UNSPEC(O));
16          PUT SKIP DATA(P); PUT SKIP LIST(UNSPEC(P));
17          PUT SKIP DATA(Q); PUT SKIP LIST(UNSPEC(Q));
18          PUT SKIP DATA(R); PUT SKIP LIST(UNSPEC(R));
19          PUT SKIP DATA(S); PUT SKIP LIST(UNSPEC(S));
20          PUT SKIP DATA(T); PUT SKIP LIST(UNSPEC(T));
21     END;
```

Hier kommt in Form von UNSPEC(I) eine weitere PL/I-Funktion
vor, die die interne Darstellung des Argumentes (hier die
Größe I) bereitstellt. Die ausgegebene Bitkette ist in zwei
Hochkommata eingeschlossen, gefolgt von einem B (für Bits).
Eingabedaten können etwa die folgenden sein:

   17 -17 29.625 0.2 2.E-1 17 17 17 17 29.625 0.2 0.02E1

Bei der folgenden Druckausgabe fällt auf, daß die Zahl 0.2
(eingegeben als 0.2, 2.E-1 oder 0.02E1) wegen der Umwandlung
Dezimal $\rightarrow$ Dual $\rightarrow$ Dezimal und des damit verbundenen Abbruch-
fehlers (vgl. die zugehörige Bitkette) stets als
1.99999...E-01 gedruckt wird.

```
I =           17;
'00000000000010001'B
J=              -17;
'11111111111111111111111111101111'B
K=      29.62;
'0000001110110100'B
L= 1.999999E-01;
'01000000001100110011001100110011'B
M= 1.9999999999999999E-01;
'0100000000110011001100110011001100110011001100110011001100110011'B
N=0017;
'1111000011110000111100011111010111'B
O=   17;
'01000000010000001111000111110111'B
P=       17;
'00000000101111100'B
Q=         17;
'00000000000000000101111100'B
R=       29.6250;
'000000000000000000000000010100101100010010100001100'B
S= 1.99999E-01;
'01000000001100110011001100110011'B
T= 1.999999999E-01;
'0100000000110011001100110011001100110011001100110011001100110011'B
```

II Elementares PL/I

1. Verschiedene Formen der Ein- und Ausgabe

Das folgende Programm speichert Wörter in einem Feld WORT
und druckt sie bei Datenende durchnummeriert aus; nach
Seitenvorschub werden sie in umgekehrter Reihenfolge noch
einmal ausgedruckt. In unserem Beispiel sollen die Wörter
aus maximal 20 Zeichen bestehen und auf den Lochkarten
jeweils in Spalte 1, 21, 41 und 61 beginnen:

```
01    WOERTER: PROC OPTIONS (MAIN);
02         DCL WORT (1000) CHAR (20),
03         HW  CHAR (20);
04         /* CHAR IST ABKUERZUNG FUER CHARACTER */
05         ON ENDFILE
06             GO TO D;
07         I = 0;
08    EIN: GET EDIT(HW)(A(20));/*20 SPALTEN DER LOCHKARTE LESEN*/
09         I = I + 1; /* ZAEHLER FUER WORTANZAHL ERHOEHEN */
10         WORT (I) = HW ;  /* WORT EINSPEICHERN */
11         GO TO EIN ;
12    D:   PUT EDIT ('AUSDRUCKEN GESPEICHERTER WOERTER')
13                 (LINE (6),COLUMN(10),A);
14         DO K = 1 TO I;
15          PUT EDIT (K,WORT(K)) (SKIP,F(6),X(3),A);
16         END;
17         PUT PAGE;  /* SEITENVORSCHUB */
18         PUT EDIT((J, WORT(J) DO J=I TO 1 BY -1))
19                 ((I)(SKIP, F(6), X(3), A));
20           /* IMPLIZITE DO-SCHLEIFE */
21    END;
```

Ausgabe:

(auf neuer Seite:)

```
     AUSDRUCKEN GESPEICHERTER WOERTER
1    PROGRAMM                              8    ZIMMER
2    BERECHNEN                             7    LIEBER
3    BEISPIEL                              6    FERIEN
4    COMPUTER                              5    BETRIEB
5    BETRIEB                               4    COMPUTER
6    FERIEN                                3    BEISPIEL
7    LIEBER                                2    BERECHNEN
8    ZIMMER                                1    PROGRAMM
```

Im DECLARE wird Platz für ein Feld von 1000 Wörtern zu je 20 Buchstaben reserviert; ferner können in HW 20 Zeichen gespeichert werden.

Im Zähler I soll die Anzahl der eingelesenen Wörter mitgezählt werden; sein Inhalt wird zu Anfang auf Null gesetzt.

In den Speicher HW werden 20 Zeichen von der Lochkarte eingelesen; nach dem Wort EDIT steht in Klammern der Name der Variablen, in die gelesen werden soll, danach folgt in Klammern das Format. Der Buchstabe A bedeutet, daß eine Zeichenkette von der Länge der nachfolgenden Zahl verarbeitet wird.

In den nächsten beiden Befehlen wird der Wortzähler um eins erhöht und der Inhalt von HW im Feld WORT abgespeichert. Der anschließende Sprungbefehl (11) bewirkt eine Wiederholung des Einlesevorgangs, wodurch jedes Mal weitere 20 Spalten der Lochkarte gelesen und eingespeichert werden. Ist das Ende einer Karte erreicht, wird automatisch auf der nächsten Karte weitergelesen, bis die ON ENDFILE-Bedingung eintritt und das Programm bei Befehl 12 weiterarbeitet: Ausdrucken der in Hochkomma stehenden Zeichenkonstante. Im anschließenden Format entspricht ihr der am Ende stehende Buchstabe A. Im Gegensatz zur Eingabe mit dem A-Format, darf bei der Ausgabe die in Klammern hinter dem Buchstaben A stehende Längenaufgabe fehlen. Vorher wird jedoch festgelegt, daß der Ausdruck in Zeile 6 (=LINE(6)) und in Spalte 10 (=COLUMN(10)) beginnen soll. Im Unterschied zu SKIP, das einen Vorschub auf die jeweils folgende Zeile bewirkt, kann mit LINE eine bestimmte Zeile auf dem Papier direkt angesteuert werden, mit COLUMN (abgekürzt: COL) eine bestimmte Spalte der Zeile.

In einer DO-Schleife werden die Wörter numeriert ausgedruckt; in der Datenliste von Befehl 15 stehen die Variablen K und WORT(K), denen in der Formatliste die Elemente F(6) und A entsprechen. F ist ein Formatelement zur Ausgabe von Zahlen; die maximale Stellenzahl wird in Klammern danach angegeben. Zahlen werden stets rechtsbündig, Zeichenketten dagegen linksbündig gedruckt. Dadurch würden in unserem Beispiel die Nummern und Wörter auf Papier unmittelbar nebeneinander stehen.

Dies wird vermieden, indem man nach dem Drucken der Zahl
einen Zwischenraum läßt; das Zeichen X im Format bedeutet,
daß so viele Spalten auf dem Papier zu überspringen sind,
wie die nach X in Klammern stehende Zahl angibt. Im Gegensatz zu PUT LIST und PUT DATA, wo Standardformate benutzt
werden, muß bei der EDIT-Eingabe und -Ausgabe für jedes
Element der Datenliste in der gleichen Reihenfolge ein Da-
tenformat (z.B. A, F) in der Formatliste vorhanden sein;
die Steuerungsformate (PAGE, SKIP, LINE, COL, X) werden bei
dieser Zuordnung übersprungen.

Nach dem Seitenvorschub in Zeile 17 (engl. page = Seite)
werden die Wörter in umgekehrter Reihenfolge noch einmal
gedruckt; dies zeigt, daß nach dem Ausdrucken der Inhalt
der Speicher keineswegs geleert ist, sondern für weitere
Operationen zur Verfügung steht. Ein Löschen des Speicherinhalts erfolgt nur durch eine Überspeicherung mit anderen
Werten, wie es z.B. in Befehl 8 geschieht.

Bei der Ausgabeanweisung in Zeile 18 begegnet uns in der
Datenliste wieder die implizite DO-Schleife, die besagt,
daß die Variablen J und WORT(J) im angegebenen rückläufi-
gen Sinne ausgedruckt werden sollen. Nach dem oben gesagten
müßte den $2*I$ Variablen eine Formatliste entsprechen mit
ebenso vielen Datenformatelementen, d.h. die Formatgruppe

$$SKIP, \ F(6), \ X(3), \ A$$

von Zeile 15 müßte I mal wiederholt werden. Da I variabel
ist, ist dies schreibtechnisch unmöglich. PL/I bietet aber
die Möglichkeit, durch Einklammern obiger Formatliste und
Vorsetzen eines Wiederholungsfaktors in Klammern die gewünschte Absicht zu erreichen. Ist der Wiederholungsfaktor
eine Konstante, so darf das umgebende Klammerpaar fortfal-
len.

In allen Programmbeispielen bis einschließlich Kapitel
II,4 sind die Eingabedaten als ein quasi endloser Strom

von Zeichen aufzufassen: geht der Lesevorgang über den Rand
einer Karte hinaus, wird automatisch auf der nächsten Lochkarte weitergelesen. Von diesem Zeichenstrom werden durch
GET-Befehle fortlaufend gewisse Mengen herausgegriffen und
in die einzelnen Variablen gespeichert. Dabei findet gleichzeitig eine Umformung der Daten in die Speicherungsform
statt, die in der DECLARE-Anweisung für die Variablen be-
simmt wurde (vgl. Kap.I,5 über die interne Darstellung der
Zahlen und Zeichen). Umgekehrt wird beim Ausdrucken durch
einen PUT-Befehl die interne Darstellung der Variablen wieder in ihre zeichenweise Form zurückverwandelt. Auch die
Ausgabedaten der Programme sind als ununterbrochener Zeichenstrom aufzufassen, der nur aus Gründen der besseren Lesbarkeit durch verschiedene Arten des Papiervorschubs (Zei-
lenwechsel, Leerspalten) optisch aufgefächert wurde. Man bezeichnet diese Art der durch GET/PUT bewirkten Ein- und Ausgabe auch als STREAM INPUT/OUTPUT (deutsch: zeichenweise
Ein/Ausgabe).

In den folgenden Programmbeispielen brauchte nicht angegeben zu werden, von wo die Eingabedaten gelesen bzw. wohin
die Ausgabedaten geschrieben werden sollten, da GET automatisch mit dem SYSTEM INPUT FILE (= SYSIN) und PUT mit dem
SYSTEM PRINT FILE (= SYSPRINT) verbunden ist (engl. file =
Aktenbündel, hier: Datenmenge). Ein GET EDIT-Befehl wird
daher vom Compiler zu GET FILE(SYSIN) EDIT, ein PUT EDIT
zu PUT FILE(SYSPRINT) EDIT vervollständigt. Als SYSIN gilt
die vom Lochkartenleser kommende Eingabe, als SYSPRINT die
auf einen Drucker zu schreibende Ausgabe.

2. Eingebaute Funktionen (engl. built-in-functions)

Der Begriff will aussagen, daß für bestimmte Teilaufgaben
bereits vorgefertigte Programmelemente bestehen, die dem Benutzer beim Aufruf des betreffenden Funktionsnamens zur Verfügung gestellt werden. Als einfaches Beispiel sei die Ver-

wendung der Funktion <u>DATE</u> dargestellt:

```
DCL  DT CHAR(6);
DT=DATE;
```

Die Funktion gibt das Tagesdatum zurück, das nun in DT gespeichert ist. Es besteht zu jeweils zwei Stellen aus dem
Jahr, dem Monat und Tag. Zu den eingebauten Funktionen gehören auch die weiter vorn beschriebenen Funktionen SQRT und
UNSPEC. In den folgenden Abschnitten sollen weitere eingebaute Funktionen erläutert werden; dabei sind für dieses Kapitel solche Funktionen ausgewählt worden, die besonders für
die Verarbeitung von Zeichenketten von Wichtigkeit sind.

a) INDEX

Die Funktion hat zwei Argumente, die beide Zeichenketten sind:
sie prüft, ob die zweite Kette ein Teil der ersten Kette ist;
wenn ja, wird als Wert der Funktion eine BIN-FIXED-Größe ermittelt, die die Stelle des ersten Auftretens des zweiten
Argumentes enthält; wenn nein, wird Null zurückgegeben. Beispiele: I=INDEX('PROGRAMM','G'); I erhält den Wert 4, da der
Buchstabe G an vierter Stelle der ersten Zeichenkette vorkommt. I=INDEX('PROTOKOLL','O'); I ist 3, da der Buchstabe O
zum ersten Mal an dritter Stelle des ersten Argumentes auftritt. I=INDEX('PROGRAMM','T'); I ist Null, da das Zeichen T
im ersten Argument nicht enthalten ist. Das zweite Argument
kann natürlich auch aus mehreren Zeichen bestehen:
I=INDEX('PROGRAMM','AM'); I ist 6. Selbstverständlich können statt der hier zur Erklärung benutzten Konstanten die
beiden Argumente auch Variable sein. Im folgenden Beispiel
sollen aus den im vorhergehenden Programm gespeicherten
Wörtern die herausgesucht werden, in denen die Zeichenfolge
'BE' vorkommt. Das Programm ist daher bis einschließlich
Befehl 20 identisch; vor dem Schlußbefehl END; ist jedoch
einzufügen:

```
21           PUT EDIT('BELEGE MIT DER ZEICHENFOLGE "BE"')
22                  (PAGE,COL(10),A);
23           M = 0; /* HAEUFIGKEITSZAEHLER */
24           DO J=1 TO I;/* I ENTHAELT DIE ANZAHL DER WOERTER */
25              K = INDEX (WORT(J),'BE');
26              IF K ¬= 0
27                 THEN
28                    DO;
29                       M = M + 1;
30                       PUT EDIT (M,WORT(J)) (SKIP,F(6),X(3),A);
31                    END;
32           END;
33     END; /* BEFEHL 21 DES VORHERGEHENDEN PROGRAMMS */
```

Ausgabe:

```
      BELEGE MIT DER ZEICHENFOLGE "BE"
   1  BERECHNEN
   2  BEISPIEL
   3  BETRIEB
   4  LIEBER
```

In Zeile 21 wird eine Überschrift ausgedruckt; statt eines
gesonderten Befehls kann der Seitenvorschub (PAGE) mit in
die Formatklammer einbezogen werden.

In einer DO-Schleife werden die eingespeicherten Wörter mit
der Funktion INDEX auf ein Vorkommen der Buchstabenfolge
'BE' untersucht; ist der für K zurückgegebene Wert nicht
gleich Null, werden die Befehle 27-30 ausgeführt. Sie stellen eine weitere Form der DO-Anweisung, die sog. DO-Gruppe,
dar; sie wird ebenfalls durch ein END; abgeschlossen und
klammert die zwischen dem DO; und dem zugehörigen END; stehenden Befehle. In unserem Beispiel hängt die Ausführung
der DO-Gruppe von der Abfrage 26 ab; ist sie erfüllt, werden die zwischen DO; und END; stehenden Befehle einmal ausgeführt, andernfalls wird die DO-Gruppe übersprungen und
das Programm beim darauffolgenden Befehl fortgesetzt. Durch
die Anweisungen der hier als Beispiel dargestellten DO-Gruppe wird der gewählte Häufigkeitszähler erhöht und zusammen
mit dem gefundenen Beleg ausgedruckt.

<u>b) SUBSTR</u>

Die Funktion, die aus einer vorgegebenen Zeichenkette eine
Teilkette (engl. <u>substring</u>) aussondert, hat drei Argumente:
das erste gibt an, mit welcher Zeichenkette die Operation
auszuführen ist, das zweite, an welcher Stelle sie beginnen
und das dritte, über wieviel Zeichen sie sich erstrecken
soll. Beispiele:

```
DCL   X CHAR(5), Y CHAR(3);
      X=SUBSTR('BEISPIEL',4,5);
      Y=SUBSTR('BEISPIEL',2,3);
```

Der Inhalt von X ist die Zeichenkette 'SPIEL', der Inhalt
von Y ist 'EIS'.
Das dritte Argument kann weggelassen werden; in diesem Fall
erstreckt sich die Operation über den gesamten Rest der Zeichenkette. Die erste Zuweisung wäre daher gleichbedeutend
mit: X=SUBSTR('BEISPIEL',4);. Erwähnt sei noch, daß INDEX
und SUBSTR in gleicher Weise für die an späterer Stelle erklärten Bit-Ketten verwendet werden können; beide Funktionen
haben das Attribut <u>GENERIC</u>, es bedeutet, daß der Benutzer
trotz unterschiedlicher Datenarten denselben Funktionsnamen
aufrufen kann und der Compiler aus mehreren Typen der Funktion denjenigen heraussucht, der den Daten des Benutzers
entspricht.

Als Beispiel für die Verwendung der Funktion SUBSTR soll
untersucht werden, bei welchen der eingespeicherten Belege
die Zeichenfolge 'ER' am Wortende vorkommt. Das vorhergehende Programmbeispiel soll bis einschließlich Befehl 32
übernommen werden; vor dem letzten END ist einzufügen

```
33        PUT EDIT(' "ER" AM WORTENDE')(PAGE,COL(10),A);
34        M=0; /* HAEUFIGKEITSZAEHLER */
35        DO K=1 TO I;
36            L=INDEX(WORT(K),' '); /* WORTENDE FESTSTELLEN */
37            IF L=0
38                THEN L=21;
```

```
39              IF SUBSTR(WORT(K),L-2,2)='ER'
40                 THEN
41                    DO;
42                       M = M + 1;
43                       PUT EDIT(M,WORT(K))(SKIP,F(6),X(3),A);
44                    END;
45              END;
46    END; /* BEFEHL 33 DES VORHERGEHENDEN PROGRAMMS */
```

Ausgabe:

```
        "ER" AM WORTENDE
   1    COMPUTER
   2    LIEBER
   3    ZIMMER
```

Alle Wörter sind als Zeichenketten der Länge 20 gespeichert, da bei kürzeren Wörtern die folgenden Leerzeichen mit eingelesen worden waren. Ehe die letzten beiden Buchstaben abgefragt werden können, ist daher die tatsächliche Länge des betreffenden Wortes festzustellen. Mit der Funktion INDEX wird geprüft, wo das erste Leerzeichen im Speicher auftritt; diese Stelle (minus 1) ist die aktuelle Wortlänge.

Ist kein Leerzeichen vorhanden (L=0), so ist das Wort 20 Zeichen lang, und die Zahl 21 ist die Stelle eines fiktiven Leerzeichens nach dem Wort (Zeile 37 und 38).

In Zeile 39 wird gefragt, ob an der Stelle, die bei "erstes Leerzeichen minus 2" beginnt, die Zeichenfolge 'ER' steht; falls ja, wird der Häufigkeitszähler erhöht und zusammen mit dem Wort ausgedruckt.

c) VERIFY

Die Argumente der Funktion sind zwei Zeichen- (oder Bit-) Ketten; sie überprüft, ob in der ersten Kette ein Element vorkommt, das nicht in der zweiten Kette enthalten ist. Wenn ja, wird die Stelle des ersten nicht belegten Elementes zurückgegeben, wenn nein, wird Null zurückgegeben. Beispiele: I=VERIFY('BUCH','ABCDEFGH'); I ist zwei, da der Buchstabe U nicht in der zweiten Kette enthalten ist.

K=VERIFY('FELD','ABCDEFGHIJKLM'); K ist Null, da alle Elemente der ersten Zeichenkette auch in der zweiten enthalten sind.
M=VERIFY('JA,ER KOMMT','ABCDEFGHIJKLMNOPQRSTUVWXYZ'); M ist drei, da das Komma nicht in der zweiten Zeichenkette belegt ist.

Das folgende Programmbeispiel soll aus einem fortlaufend abgelochten Text die einzelnen Wörter heraussuchen und abspeichern. Die auf der Tastatur des Lochers vorhandenen 63 Zeichen seien in zwei Grundtypen eingeteilt: 1. die alphabetischen Zeichen, aus denen die Wörter bestehen, 2. alle anderen Zeichen (Ziffern, Interpunktions- und sonstige Zeichen); die zweite Gruppe soll im folgenden Teil dieses Abschnitts unter dem Begriff Sonderzeichen zusammengefaßt werden. Nach Einlesen der Lochkarte wird geprüft, in welcher Spalte das erste Nicht-Sonderzeichen steht (Wortanfang), ab dieser Stelle wird gesucht, wo das erste nicht alphabetische Zeichen auftritt (Wortende). Die dazwischen stehenden Buchstaben werden mit der SUBSTR-Funktion herausgegriffen und abgespeichert. Die Anzahl der bereits verarbeiteten Spalten der Lochkarte wird mitgezählt und auf dem noch unbearbeiteten Teil nach Anfang und Ende des nächsten Wortes gesucht u.s.w. Geht ein Wort über den Kartenrand hinaus, wird der bis zum Kartenende reichende Teil zwischengespeichert, eine neue Karte eingelesen und der Rest des Wortes von der Folgekarte übernommen. In unserem Beispiel sollen die Wörter nicht länger als 25 Buchstaben sein; am Ende der Eingabedaten stehe ein Sonderzeichen.

```
01     TEXT: PROC OPTIONS(MAIN);
02     DCL    WORT(1000) CHAR(25), KT CHAR(80), HW CHAR(25),
03            ALPHA CHAR(26), SONDER CHAR(37),
04            WORTZAHL BIN FIXED(15) INITIAL(0),
05            (WA, WE, SOA, SOE) BIN FIXED;
06            ON ENDFILE GOTO DRUCK;
07            ALPHA=' ABCDEFGHIJKLMNOPQRSTUVWXYZ';
08            SONDER=' *=<;:%''>()_-+&§@!$"#|,¬.?/0123456789';
09     LIES: GET EDIT(KT)(A(80));
10            SOA=0;
```

```
11     VOR:   SOE=VERIFY(SUBSTR(KT,SOA+1),SONDER);
12            /* WORTZWISCHENRAUM FESTSTELLEN */
13            IF SOE=0 /* NUR NOCH SONDERZEICHEN AUF DER KARTE */
14                THEN GOTO LIES;
15            WA=SOA+SOE; /* WORTANFANG */
16            IF WA=80 THEN GOTO NEUE_KARTE;
17            WE=VERIFY(SUBSTR(KT,WA+1),ALPHA); /* WORTENDE */
18            IF WE¬=0 /* WORTENDE AUF GLEICHER LOCHKARTE */
19                THEN DO;
20                     WORTZAHL=WORTZAHL+1;
21                     WORT(WORTZAHL)=SUBSTR(KT,WA,WE);
22                     SOA=WA+WE;
23                END;
24                ELSE /* WORT GEHT UEBER KARTENRAND */
25     NEUE_KARTE: DO;
26                     HW=SUBSTR(KT,WA);
27                     GET EDIT(KT) (A(80));
28                     WE=VERIFY(KT,ALPHA);
29                     SUBSTR(HW,82-WA)=SUBSTR(KT,1,WE-1);
30                     WORTZAHL=WORTZAHL+1;
31                     WORT(WORTZAHL)=HW;
32                     SOA=WE;
33                END;
34            IF SOA=80 THEN GOTO LIES;
35                    ELSE GOTO VOR ;
36     DRUCK:PUT EDIT((K,WORT(K) DO K=1 TO WORTZAHL))
37                ((WORTZAHL)(SKIP,F(6),X(3),A));
38     END;
```

Die erste Karte der Eingabe endet mit den Zeichen ZWI (hier
aus technischen Gründen in Zeile 2 stehend):

```
DIESES PROGRAMM SPEICHERT DIE WOERTER EINES FORTLAUFEND
ABGELOCHTEN TEXTES. ZWI
SCHEN DEN WOERTERN DUERFEN BELIEBIGE SONDERZEICHEN STEHEN.
```

Ausgabe:

1	DIESES	10	ZWISCHEN
2	PROGRAMM	11	DEN
3	SPEICHERT	12	WOERTERN
4	DIE	13	DUERFEN
5	WOERTER	14	BELIEBIGE
6	EINES	15	SONDERZEICHEN
7	FORTLAUFEND	16	STEHEN
8	ABGELOCHTEN		
9	TEXTES		

(Die Ausgabe wird oben rechts fortgesetzt.)

Nach der Vereinbarung über die Zeichenketten-Variablen WORT,
ALPHA, SONDER, KT und HW wird dem Speicher WORTZAHL der Anfangswert Null zugewiesen (Zeile 4). Dies geschieht durch
das Schlüsselwort <u>INITIAL</u>, dem in Klammern der zuzuweisende
Wert folgt. In unserem Beispiel hat die Festlegung des An-
fangswertes die gleiche Wirkung, als wenn z.B. vor Zeile 6
noch stünde: WORTZAHL=0;. Auch Zeichenkettenvariablen können
das Attribut INITIAL (abgekürzt INIT) haben; Zeile 7 z.B.
könnte wegfallen, wenn nach der Vereinbarung ALPHA CHAR(26)
noch folgen würde: INIT('ABCDEFGHIJKLMNOPQRSTUVWXYZ'). Werden einem Feld Anfangswerte zugewiesen, gelten diese für
die einzelnen Elemente des Feldes in aufsteigender Reihenfolge. Beispiele:
DCL ZAHL(100) BIN FIXED(15) INIT((100)0);. Alle Elemente
des Feldes sind Null. Die der Null in Klammern vorgestellte
Zahl 100 ist ein Wiederholungsfaktor.
DCL ZAHL(100) BIN FIXED(15) INIT((50)0,(50)1);. Die ersten
50 Elemente sind Null, die zweiten eins. Soll für bestimmte
Teile des Feldes kein Anfangswert vereinbart werden, sind
sie durch einen Stern zu kennzeichnen:
DCL ZAHL(100) BIN FIXED(15) INIT(0,(98)*,0);. Der erste und
der letzte Wert des Feldes sind Null, für die dazwischen
liegenden 98 Elemente ist kein Anfangswert definiert. Bei
einem Feld von Zeichenketten muß deren Länge im INITIAL-
Attribut berücksichtigt werden:
DCL WORT(1000) INIT((1000)(25)' ') CHAR(25);. Die nach INIT
in Klammern stehende erste Zahl spezifiziert die 1000 Elemente des Feldes WORT, die zweite Zahl (25) gibt die Länge
der Zeichenkette an. Das Feld ist dadurch mit Leerzeichen
gefüllt.
In der DECLARE-Anweisung folgen noch die Variablen WA, WE,
SOA und SOE. In WA und SOA soll jeweils die Kartenposition
gespeichert sein, bei der Wortanfang bzw. Sonderzeichenan-
fang ist; in WE und SOE steht, über wieviele Spalten der
Lochkarte ein Wort bzw. eine Folge von Sonderzeichen sich
erstreckt.

Das erste Argument der Funktion VERIFY in Zeile 11 ist
SUBSTR(KT,SOA+1), das zweite ist die Variable SONDER. Wie
dieses Beispiel verdeutlicht, können Funktionen auch ineinander geschachtelt werden. Durch die Anweisung wird geprüft,
wo auf dem noch nicht bearbeiteten Teil der Karte das erste
Nicht-Sonderzeichen steht; kommen nur noch Sonderzeichen vor,
ist der für SOE zurückgegebene Wert Null. In diesem Fall ist
die Abfrage in Zeile 13 erfüllt, und die nächste Lochkarte
wird eingelesen.

Die Stelle des Wortanfangs wird in Zeile 15 errechnet. Beginnt ein Wort in Spalte 80, soll nicht mehr auf der gleichen
Karte nach dem Wortende gesucht, sondern zu dem Programmteil
verzweigt werden, wo über den Kartenrand hinausgehende Wörter verarbeitet werden.

Das nach dem Wortanfang stehende erste nicht alphabetische
Zeichen wird gesucht; der für WE zurückgegebene Wert ist ungleich Null, wenn es auf der gleichen Lochkarte gefunden
wird. Damit ist die Abfrage in Zeile 18 erfüllt, und die
nach THEN folgende DO-Gruppe wird ausgeführt: der Wortzähler
wird erhöht und das Wort abgespeichert. Ist WE dagegen Null,
wird die nach THEN folgende DO-Gruppe übersprungen und die
nach dem Schlüsselwort ELSE (deutsch: sonst) folgende DO-
Gruppe abgearbeitet. Die einem IF folgenden Wörter THEN und
ELSE leiten daher Alternativen ein: ist die Abfrage erfüllt,
wird nur der THEN-Teil ausgeführt und der ELSE-Teil ignoriert; im umgekehrten Fall wird entsprechend der THEN-Teil
übersprungen und nur der ELSE-Teil abgearbeitet. Nach THEN
und ELSE können Marken stehen; in unserem Beispiel wird die
nach ELSE folgende DO-Gruppe von Zeile 16 aus angesprungen,
wenn die vorhergehende Abfrage erfüllt ist.

Liegt das Wortende nicht mehr auf der gleichen Lochkarte,
ist der für WE zurückgegebene Wert Null und die nach ELSE
folgende DO-Gruppe wird ausgeführt: die bis zum Kartenrand
stehenden Buchstaben werden dem Speicher HW zugeordnet, die
neue Lochkarte wird eingelesen und die Stelle des ersten
nicht alphabetischen Zeichens wird gesucht.

Rechts vom Gleichheitszeichen wird in Zeile 29 mit der Funktion SUBSTR die Zeichenkette herausgegriffen, die im Speicher KT an Stelle 1 beginnt und über WE minus 1 Zeichen reicht; links vom Gleichheitszeichen wird SUBSTR als sog. Pseudo-Variable verwendet: in das in der Klammer als erstes stehende Argument wird das übertragen, was rechts vom Gleichheitszeichen spezifiziert ist; die Stelle des Einsatzes in das erste Argument wird durch das zweite angegeben, über wieviele Zeichen sich die Operation erstrecken soll durch das dritte. Beispiel:

```
DCL   KETTE CHAR(4);
      KETTE='HAST';
      SUBSTR(KETTE,1,1)='R';
      PUT EDIT (KETTE) (A);
```

Auf Papier wird das Wort 'RAST' ausgedruckt, da im dritten Befehl die Zeichenkonstante R an die erste Stelle der Variablen KETTE gesetzt worden ist. Auch bei der Verwendung von SUBSTR als Pseudo-Variable kann das dritte Argument fehlen; die Operation erstreckt sich dann über die gesamte Restlänge der Zeichen- oder Bitkette. In unserem Beispiel wird der auf der Folgekarte stehende Wortrest an die Stelle von HW gespeichert, die sich aus der Differenz von 82 und der Spalte des Wortanfangs auf der vorhergehenden Lochkarte ergibt, d.h. der Wortrest wird unmittelbar an den bereits gespeicherten Wortbeginn angeschlossen.

Die Wortzahl wird erhöht und anschließend der in HW stehende Inhalt im Feld WORT gespeichert.

Ist die Karte bis Spalte 79 bearbeitet und folgt in Spalte 80 ein Sonderzeichen, soll zur Marke LIES verzweigt werden; andernfalls wird zur Marke VOR gesprungen, wo der Anfang des nächsten Wortes gesucht wird u.s.w.

Bei Ende der Eingabedaten wird die ON ENDFILE-Bedingung aktiv, und das Programm wird in Zeile 36 fortgesetzt: in einer impliziten DO-Schleife werden die Wörter numeriert ausgedruckt.

d) TRANSLATE (Übersetzung von Zeichen)

Die Argumente der Funktion sind drei Zeichenketten, deren
erste die zu übersetzende Variable oder Konstante ist; enthält sie ein Zeichen, das im dritten Argument ebenfalls vorkommt, wird es durch das an gleicher Position im zweiten Argument stehende Zeichen ersetzt. Beispiel:

```
DCL  (X,T) CHAR(5);
     X='#12.7';
     T=TRANSLATE(X,',§','.#');
     PUT EDIT(T);
```

T ist die Zeichenkette '§12,7'. Die drei Argumente sind durch
ein Komma voneinander abgetrennt; das erste ist die Variable
X, das zweite und dritte sind die Zeichenkonstanten ',§' und
'.#'. Das in X vorkommende Zeichen # ist ebenfalls im dritten Argument enthalten und wird daher durch das an gleicher
Position stehende Zeichen des zweiten Argumentes ersetzt;
entsprechend wird auch der Punkt in ein Komma umgewandelt.
Die übrigen der in X gespeicherten Zeichen bleiben unverändert.

Bei Anwendungen aus dem Bereich der Textverarbeitung ist oftmals eine Unterscheidung von <u>Groß- und Kleinbuchstaben</u> er-
wünscht; auf der Lochertastatur sind jedoch die Kleinbuchstaben nicht als eigene Zeichen vorhanden und können nur
durch mehrfaches Lochen in die gleiche Spalte erzeugt werden.
Um dies zu vermeiden könnte etwa folgende Ablochkonvention
getroffen werden: vor die Großbuchstaben wird ein sonst im
Text nicht vorkommendes Sonderzeichen gesetzt - in unserem
Beispiel ein Stern -, alle anderen Buchstaben werden in kleine übersetzt. *DIES IST EIN *BEISPIEL soll später ausgedruckt
werden als: Dies ist ein Beispiel. Die Übersetzung soll in
das vorhergehende Programmbeispiel aufgenommen werden; dabei
darf der Stern jedoch nicht mehr als Sonderzeichen wegfallen, sondern muß zunächst als Kennzeichnung der Großbuchstaben erhalten bleiben. In der DECLARE-Anweisung sollen daher
die Variablen ALPHA und SONDER so vereinbart werden:

```
ALPHA  CHAR(27) INIT('ABCDEFGHIJKLMNOPQRSTUVWXYZ*'),
SONDER CHAR(36) INIT(' =<;:%...                        '),
```

Die Zeilen 7 und 8 fallen dafür weg. Der neu einzufügende
Programmteil folgt auf die Marke DRUCK. Mit der TRANSLATE-
Funktion übersetzen wir zunächst alle Buchstaben in kleine,
dann wird mit der Funktion INDEX abgefragt, ob im Wort das
Zeichen * vorkommt; falls ja, werden alle Buchstaben, denen
ein Stern vorangeht, in große rückübersetzt und der Rest der
Zeichenkette jeweils um eine Position nach links verschoben,
so daß der Stern überspeichert wird. Anschließend ist das
Wort auszudrucken. Kommt kein Stern vor, wird sofort gedruckt.

```
36    DRUCK:DO K=1 TO WORTZAHL;
37        HW=TRANSLATE(WORT(K),
38        'abcdefghijklmnopqrstuvwxyz', /* KLEINE BUCHSTABEN */
39        'ABCDEFGHIJKLMNOPQRSTUVWXYZ');/* STATT DER GROSSEN */
40    GROSS:N=INDEX(HW,'*');
41        IF N=0 THEN;
42                ELSE DO; /* RUECKUEBERSETZUNG */
43                  SUBSTR(HW,N+1,1)=TRANSLATE(SUBSTR(HW,N+1,1),
44                    'ABCDEFGHIJKLMNOPQRSTUVWXYZ',
45                    'abcdefghijklmnopqrstuvwxyz');
46                  SUBSTR(HW,N)=SUBSTR(HW,N+1);
47                  GOTO GROSS;
48                END;
49                PUT EDIT(K,HW)(SKIP,F(6),X(3),A);
50        END;
51    END;
```

Eingabe:

```
EIN VORGESETZTER *STERN KENNZEICHNET *GROSSBUCHSTABEN
```

Ausgabe:

```
1    ein
2    vorgesetzter
3    Stern
4    kennzeichnet
5    Grossbuchstaben
```

Das erste Argument der Funktion TRANSLATE in Zeile 37 ist
die Variable WORT(K), das zweite ist die Zeichenkette der
Kleinbuchstaben, das dritte die der Großbuchstaben. Nach

Ausführung dieses Befehls steht in HW das jeweilige Wort als Folge von Kleinbuchstaben gespeichert.

Mit der Funktion INDEX wird geprüft, ob ein Stern (als Kennzeichnung für Großbuchstaben) im Wort vorkommt; falls nein, ist der für N zurückgegebene Wert Null, so daß der zweite Befehl in Zeile 41 auszuführen ist. Nach dem Schlüsselwort THEN folgt jedoch nur noch das Semikolon als Befehlsabschluß, weshalb diese Form auch als <u>Null-Anweisung</u> oder "Nichts-Befehl" (engl. null-statement) bezeichnet wird. Da aber für N=0 der THEN-Teil ausgeführt ist (auch wenn er keine weiteren Befehle enthält), wird die nach ELSE folgende DO-Gruppe übersprungen und das Programm beim Ausdruckbefehl in Zeile 49 fortgesetzt. In unserem Beispiel hat der Null-Befehl daher die gleiche Wirkung, als wenn nach dem THEN noch ein Sprungbefehl zu einer vor Zeile 49 stehenden Marke folgen würde. Ist N dagegen ungleich Null, kennen wir dadurch die Stelle, an der zum ersten Mal das Zeichen * im Wort vorkommt. In diesem Fall ist die nach ELSE folgende DO-Gruppe auszuführen.

Der nach dem Stern folgende Buchstabe wird in einen großen rückübersetzt und durch Verwendung von SUBSTR als Pseudo-Variable wieder an die gleiche Position in der Zeichenkette zurückgespeichert.

Der nach dem Stern folgende Teil der Zeichenkette wird in Zeile 46 um eine Position nach links verschoben, wodurch der Stern selbst überspeichert wird. Der anschließende Sprungbefehl (47) bewirkt den erneuten Test auf Großbuchstaben u.s.w.

e) LENGTH

Das Argument der Funktion ist eine Zeichen- oder Bitkette, deren Länge sie zurückgibt. Beispiel:
L=LENGTH('PROGRAMM');. L erhält den Wert 8. Für Variable mit fester Länge ist diese Funktion weniger bedeutend, da sie beim Aufruf immer die in der DECLARE-Anweisung angege-

bene Länge zurückgibt. Durch das Schlüsselwort <u>VARYING</u> (abgekürzt VAR) kann jedoch statt der festen auch eine variable
Länge für Zeichen- oder Bitketten vereinbart werden; der Unterschied sei an einem Beispiel deutlich gemacht:

```
DCL  X CHAR(10), Y CHAR(10) VARYING;
     X='ER';   Y='ER';
```

Ein Aufruf der Funktion LENGTH gibt für X den Wert 10, für
Y dagegen 2 zurück. Da X ein Speicher fester Länge ist, wird
er bei der Zuweisung automatisch mit Leerzeichen aufgefüllt;
im VARYING-Speicher Y dagegen stehen nur die tatsächlich zugewiesenen Zeichen ER. Die in der Deklaration von Y angegebene Länge bezeichnet daher die maximal mögliche, nicht jedoch die aktuelle Länge des Speicherinhalts, der durch weitere Befehle verändert werden kann:
Y=Y∥'DE';. An den alten Inhalt von Y wird die Konstante 'DE'
angekettet. In Y ist jetzt die Zeichenfolge 'ERDE' gespeichert, die aktuelle Länge beträgt 4.
Als Beispielprogramm wird ein Computerbrief geschrieben,
worin eine Firma interessierten Kunden die Anschrift eines
Vertragshändlers mitteilt. Solche Briefe bestehen teils aus
festen Redewendungen, teils aus individuellen Daten variabler Länge, wie dem Namen des Interessenten und der Anschrift
des Händlers. Da in dem auszugebenden Brief keine überflüs-
sigen Leerzeichen stehen sollen, speichert man die unterschiedlich langen individuellen Daten zweckmäßigerweise in
VARYING-Speichern.

```
01    VARI: PROC OPTIONS(MAIN);
02    DCL   ANSCHRIFT(4) CHAR(20) VARYING, SEX BIN FIXED,
03          TEXT(5) CHAR(80), HAENDLER CHAR(100) VAR,
04          ANH(3) CHAR(1) VAR INIT('R', '', 'S'),
05          ANR(3) CHAR(5) INIT('HERR', 'FRAU', 'FRL.');
06          ON ENDFILE GOTO ENDE;
07          GET EDIT(TEXT)(A(80));
08    NEU:  GET LIST(SEX, ANSCHRIFT, HAENDLER);
09          K=LENGTH(ANSCHRIFT(1));
10          L=LENGTH(HAENDLER);
```

```
11          PUT PAGE EDIT(ANR(SEX), ANSCHRIFT,
12           'SEHR GEEHRTE', ANH(SEX), ANR(SEX), ANSCHRIFT(2),
13           TEXT(1), TEXT(2), HAENDLER, (TEXT(I) DO I=3 TO 5))
14            (A,SKIP,A(K+1),A,2(SKIP,A),SKIP(5),2 A,X(1),2 A,
15             SKIP,2(SKIP,A),SKIP,A(L+1),A,2(SKIP,A));
16          GOTO NEU;
17    ENDE: END;
```

Eingabe:

```
WIR DANKEN IHNEN FUER IHRE ANFRAGE UND MOECHTEN SIE BITTEN,
SICH IN DIESER ANGELEGENHEIT AN UNSEREN VERTRAGSHAENDLER
ZU WENDEN.
                            HOCHACHTUNGSVOLL
                               I.A. SCHMITT
  2 'INGRID' 'SCHULZE' '44 MUENSTER' 'WILHELMSTR. 65'
  'MUELLER & CO, 4401 ROXEL, AM WAELDCHEN 5'
```

Ausgabe:

```
FRAU
INGRID SCHULZE
44 MUENSTER
WILHELMSTR. 65


SEHR GEEHRTE FRAU SCHULZE

WIR DANKEN IHNEN FUER IHRE ANFRAGE UND MOECHTEN SIE BITTEN,
SICH IN DIESER ANGELEGENHEIT AN UNSEREN VERTRAGSHAENDLER
MUELLER & CO, 4401 ROXEL, AM WAELDCHEN 5 ZU WENDEN.
                            HOCHACHTUNGSVOLL
                               I.A. SCHMITT
```

Die ersten 5 Zeilen der Eingabe bestehen aus dem Standardtext des Briefes, in den jedoch nach Zeile 2 die Anschrift
des jeweiligen Vertragshändlers einzusetzen ist. Anschließend
folgen die Daten des Interessenten, wobei die vorausgehende
Zahl die korrekte Anredeform verschlüsselt (1 = Herr, 2 =
Frau, 3 = Frl.). In der letzten Zeile steht die Angabe des
Vertragshändlers.
Im Programm werden in Zeile 7 die den Standardtext enthaltenden 5 Lochkarten in das Feld TEXT eingespeichert; anschließend werden der Anredetyp (SEX), die Anschrift des
Kunden und die Angabe des Händlers eingelesen. Bei der durch

GET LIST bewirkten Eingabe müssen Zeichenketten in Hochkomma eingeschlossen sein; in die 4 Elemente des Feldes ANSCHRIFT werden Vorname, Zuname, Wohnort und Straße des Interessenten eingespeichert. In Zeile 9 wird durch den Aufruf von LENGTH die Länge des im ersten Element von ANSCHRIFT stehenden Vornamens ermittelt und in K gespeichert, entsprechend enthält L die Länge der Händlerangabe. In Zeile 11 beginnt mit einem Seitenvorschub der Ausdruckbefehl; aus dem in Zeile 5 vereinbarten Feld ANR(3) wird die Anrede gedruckt, die durch SEX adressiert wird. Nach Ausgabe der Anschrift ist der Briefkopf komplett. Für die weitere Anrede wird die Konstante SEHR GEEHRTE gedruckt, woran bei Anredetyp 1 ein R (SEHR GEEHRTER HERR), bei Anredetyp 2 nichts und bei Anredetyp 3 ein S anzuhängen ist. Die in Frage kommenden Anhängungen sind in Zeile 4 als ANH(3) vereinbart; das erste Element enthält den Buchstaben R, das zweite zwei unmittelbar nebeneinander stehende Hochkomma, die eine Kette der Länge Null (engl. null-string) bedeuten, das dritte den Buchstaben S. Anschließend wird wieder die Anrede (Herr, Frau, Frl.) und der in ANSCHRIFT(2) stehende Zuname ausgegeben. Danach folgen die ersten beiden Zeilen des Standardtextes, die Angabe des Händlers und die mit einer impliziten DO-Schleife ausgegebenen restlichen Textzeilen. Für die Formatangabe sei darauf hingewiesen, daß der Vorname des Interessenten im Format A(K+1) ausgegeben wird, womit nach dem Vornamen, dessen Länge in K gespeichert ist, ein Leerzeichen eingestreut wird, dem dann der Zuname des Interessenten unmittelbar folgt. Auf die gleiche Weise wird nach der Ausgabe von HAENDLER durch das Format A(L+1) ein Leerzeichen eingefügt und der Standardtext unmittelbar danach fortgesetzt. Durch den Sprungbefehl GO TO NEU werden die Daten des nächsten Kunden eingelesen, der für ihn passende Brief gedruckt u.s.w., bis bei Ende der Eingabedaten das Programm beendet wird.

3. Bitketten, logische Operationen

Schon am Ende des ersten Kapitels sind uns Bitketten
(engl. bit strings) in der Form von Konstanten bei der Ausgabe des Programms über die interne Zahlendarstellung begegnet. Sie wurden dort mit Hilfe der UNSPEC-Funktion (von
engl. unspecified = nicht spezifiziert) erhalten. Bisher haben wir nur als BIN FIXED, DEC FLOAT, CHARACTER u.s.w. spezifizierte Bitketten kennengelernt, die wir über einen internen Interpretationsmechanimus als Dualzahlen oder Buchstaben ausgedruckt bekamen. Man kann aber auch Bitketten
direkt deklarieren, etwa durch

```
DCL   REIHE BIT(11);
```

wobei die 11 hier die Länge der Bitkette angibt. Bitketten-
konstante ähneln den Zeichenkettenkonstanten (z.B. 'AN'),
haben aber zum Unterschied ein angehängtes B, z.B.

```
'10111001011'B
```

Die Zeichenkettenkonstante '11110000' braucht 8 aufeinanderfolgende Bytes zur Speicherung, während die Bitkettenkon-
stante '11110000'B ein Byte (8 Bits) benötigt.

Von besonderem Interesse sind Bitketten der Länge 1, also
einzelne Bits. Sie können die Werte 1 und 0 annehmen und somit das Zutreffen oder Nichtzutreffen eines Sachverhaltes
("wahr" oder "falsch") symbolisieren. Dieselbe Eigenschaft,
nämlich wahr oder falsch zu sein, haben auch die Bedingungen, die wir als Teil einer Programmverzweigung der Form

```
IF A<B THEN GOTO WENIGER;
```

kennengelernt haben. Ein Vergleich (A<B) zwischen den beiden
arithmetischen Ausdrücken A und B kann zutreffen oder nicht.
Man kann einen <u>Vergleichsausdruck</u> also als Bitkette der Länge
1 mit dem Wert '1'B (wahr) oder '0'B (falsch) auffassen. Tat-

sächlich wird ein in einer bedingten Programmverzweigung
vorkommender   Vergleichs-Ausdruck vom PL/I-Compiler zunächst in eine Bitkette der Länge 1 verwandelt, die anschließend auf 'O'B oder '1'B getestet wird.

Als <u>Vergleichsoperatoren</u> kommen nicht nur die einfachen

$$< \quad \text{kleiner als}$$
$$= \quad \text{gleich}$$
$$> \quad \text{größer als}$$

in Frage, sondern auch zusammengesetzte wie

$$\leq \quad \text{kleiner als oder gleich}$$
$$\geq \quad \text{größer als oder gleich}$$
$$\neg= \quad \text{nicht gleich}$$
$$\neg> \quad \text{nicht größer als}$$
$$\neg< \quad \text{nicht kleiner als}$$

Wegen der gegenseitigen Vertretbarkeit von Vergleichen und
einzelnen Bits sind folgende Anweisungen in PL/I zulässig:

```
01    DCL   ALTER BIN FIXED, TWEN BIT(1), PERSON CHAR(20);
02          GET LIST (PERSON, ALTER);
03          TWEN=ALTER< 30;
04          IF TWEN   THEN PUT LIST (PERSON, ALTER);
```

In Zeile 3 wird erst ALTER< 30 ausgewertet, d.h. z.B. für
einen 29-jährigen wird '1'B errechnet und anschließend TWEN
zugewiesen. In Zeile 4 wird lediglich abgefragt, ob das Bit
TWEN "an" ist, ob also TWEN='1'B ist. Nur dann wird die folgende Ausgabeanweisung ausgeführt.
Wollte man mit diesem Programmausschnitt alle 20-jährigen
erfassen, so hieße die Zeile 3

```
TWEN=ALTER=20;
```

Man sieht hier die Doppelbedeutung des Gleichheitszeichens.
Trotzdem wird diese Anweisung vom PL/I-Compiler richtig interpretiert, weil das erste Gleichheitszeichen nur ein Zu-

weisungszeichen sein kann und dementsprechend das zweite
ein Vergleichsoperator sein muß.

Aus gegebenen Bitketten können neue erzeugt werden durch
Verkettung bzw. Teilkettenbildung mit Hilfe der SUBSTR-
Funktion entsprechend dem Vorgehen bei Zeichenketten; bei
SUBSTR ist jedoch zu beachten, daß in SUBSTR(REIHE,5,3) der
zweite und dritte Parameter (5 bzw. 3) die Bitposition bzw.
die Anzahl der Bits im Bitstring REIHE bedeuten. Im folgenden Programmausschnitt wird letzteres verdeutlicht:

```
01    DCL    A CHAR(1), B BIT(8);
02    LIES:  GET EDIT (A)(A(1));
03           B=UNSPEC(A);
04           B=SUBSTR(B,5,4)‖SUBSTR(B,1,4);
05           PUT EDIT (B) (SKIP, B(8));
06           GOTO LIES;
```

Zeile 4 bedeutet das Vertauschen von Ziffern- und Zonenteil
im Byte B. In Zeile 5 wird B mit dem B-Format-Schlüssel für
die Ausgabe von Bitketten gedruckt. Mit diesem Schlüssel
würden bei einer Bitkette der Länge 11 nur die ersten 8 Bit
ausgegeben werden, während z.B. bei einer Bitkette der
Länge 5 zusätzlich 3 Leerzeichen ausgegeben würden.

Weitere Möglichkeiten, aus gegebenen Bitketten neue zu
erzeugen, seien am Beispiel der Vergleichsoperationen erläutert:
Häufig hängt die Ausführung von Programmteilen von kompli-
zierteren Bedingungen als einfachen Vergleichen ab; so etwa
soll ein Sprung zur Marke ENDE dann erfolgen, wenn A¬=B und
C>0 ist. Vielfach läßt sich diese doppelte Bedingung in
einen einzigen Vergleich einarbeiten, hier etwa

```
IF (A-B)**2*C>0   THEN GOTO ENDE;
```

was jedoch nicht immer möglich ist. Darum gibt es die folgenden logischen Operatoren

```
&  und
|  oder
¬  nicht
```

Mit der BIT(1)-Spezifikation für B1 und B2 sind folgende
Bildungen möglich

$$B1 \;\&\; B2$$
$$B1 \mid B2$$
$$\neg \; B1$$

Der obige doppelte Vergleich schreibt sich nun als $A\neg=B\&C>0$.
Die Operatoren & bzw. | entsprechen in ihrem Gebrauch den
arithmetischen Infix-Operatoren +, - etc., während der Operator $\neg$ ein Präfix-Operator entsprechend dem Plus- oder Minus-
vorzeichen bei Zahlen ist.
Das $\neg$ - Zeichen kennen wir schon von den zusammengesetzten
Vergleichsoperatoren. Man kann nun auch statt $A\neg=B$ schreiben
$\neg(A=B)$, was von der Logik der Sprache her auf dasselbe hin-
ausläuft.

Die Verbindung von BIT(1)-Größen mit den Symbolen $\neg$, & , |
entspricht genau der Verbindung von einfachen Sätzen (Aussagen) der natürlichen Umgangssprache durch die Worte "nicht",
"und" bzw. "oder" (Aussagenlogik, Boolesche Algebra). Zwei
Beispiele: "Das Wasser ist naß und das Feuer brennt" ist als
zusammengesetzte Aussage gerade deshalb wahr, weil beide
Teilaussagen zutreffen, oder "Wasser ist nicht naß" ist als
Verneinung der richtigen Aussage "Wasser ist naß" sicher
falsch, während die doppelte Verneinung "Es stimmt nicht,
daß Wasser nicht naß ist" wieder eine wahre Aussage ist, da
sie auf die ursprüngliche Bemerkung "Wasser ist naß" zurück-
führt. Mit dem Bit B geschrieben heißt das

$$\neg(\neg B) = B$$

Die Werte, die $\neg A$, $A\&B$, $A\mid B$ bei verschiedenen A und B anneh-
men, werden durch die Ausgabe des folgenden Programms sicht-
bar gemacht:
In Zeile 2 kann das gemeinsame Attribut BIT(1) von A, B und
C ausgeklammert werden, selbst wenn C ein Feld mit INITIAL-
Werten ist.

```
01    BOOL: PROC OPTIONS (MAIN);
02    DCL (A, B, C(2) INIT('0'B,'1'B)) BIT(1);
03        PUT EDIT(' A       B       ¬A    A&B    A|B',(30)'-')(SKIP,A);
04        DO I=1,2;
05          A=C(I);
06          DO J=1,2;
07            B=C(J);
08            PUT SKIP EDIT(A,B,¬A,A&B,A|B)(X(2),5 B(6));
09    END BOOL;
```

In der Ausgabeanweisung 3 entspricht den beiden Zeichenketten
in der Datenliste nur ein Element (A) der Format-Liste. Dies
ist erlaubt, weil nach erschöpfter Formatliste und noch nicht
erschöpfter Datenliste erstere wieder von vorn begonnen wird,
so daß hier die Wirkung die gleiche ist, wie wenn die Formatliste SKIP,A,SKIP,A heißen würde. Die END-Anweisung in Zeile
9 schließt wegen der angehängten Marke BOOL außerdem noch
die beiden "offenen" DO-Schleifen (Zeile 4 und 6) ab.

Ausgabe:

A	B	¬A	A&B	A|B
0	0	1	0	0
0	1	1	0	1
1	0	0	0	1
1	1	0	1	1

Die logischen Operatoren ¬, & , | sind nicht nur auf Bitket-
ten der Länge 1 beschränkt, sondern sie gelten für Bitketten
beliebiger Länge. Sie werden dann bitweise von links nach
rechts ausgeführt. Falls hier bei den Operationen &, | die
beiden Operanden nicht die gleiche Länge haben, wird der
kürzere durch Anhängen von Bits 0 automatisch auf die Länge
des anderen gebracht. Bei

```
DCL   B BIT(8) INIT('11001011'B);
      B=B & '10111111'B;
```

hat B anschließend den Wert '10001011'B, d.h. das 2. Bit
wurde auf Null gesetzt. Die Operation hat Ähnlichkeit mit

der Wirkung einer Maske, da sie bei allen Bitketten der
Länge 8 jeweils das 2. Bit ausblendet oder verdeckt. Der
Begriff Maske wird in diesem und ähnlich gelagerten Fällen
als Fachausdruck verwendet.
Die wichtigste Anwendung logischer Operationen findet man bei
der <u>Verknüpfung von Vergleichen</u>. Hierfür sei ein weiteres
Programmbeispiel angegeben:

```
01      WECH1:  PROC OPTIONS(MAIN);
02      DCL     (WORT, ABSTR) CHAR(20) VAR, TEST CHAR(22),
03              (VOR   INIT('ABCDEFGHIJKLMNOPQRSTUVWXYZ'),
04               NACH INIT('01110111011111011111011101'))CHAR(26);
05              TEST=REPEAT('01',10);
06              ON ENDFILE GOTO STOP;
07      LIES:   GET LIST(WORT);
08              ABSTR=TRANSLATE(WORT,NACH,VOR);
09              L=LENGTH(WORT);
10              IF ABSTR=SUBSTR(TEST, 1  ,L) & SUBSTR(WORT,1,1)='E'
11              | ABSTR=SUBSTR(TEST,22-L,L) & SUBSTR(WORT,L,1)='E'
12                 THEN PUT SKIP LIST(WORT);
13              GOTO LIES;
14      STOP:   END;
```

Eingabedaten:

```
'LISTE' 'WORT' 'EMMA' 'EPOS' 'PFERD' 'POSE' 'ESEL' 'HAND'
'LEXIKON' 'TAT' 'OB' 'LESER' 'NUMERIK' 'HANDEL' 'BERLIN'
'AUTO' 'MEXIKO' 'PFIFFERLING' 'ERIKA' 'MASKE' 'OPER'
'ADELE' 'KOMMUNALVERWALTUNG' 'LESE' 'ZAUN' 'SIRENE'
```

Das Programm soll aus einer Anzahl vorgegebener Zeichenketten verschiedener Länge solche Wörter heraussuchen, die abwechselnd Vokale und Konsonanten enthalten und deren erster
oder letzter Buchstabe ein E ist.
In Zeile 2 des Programms wird davon ausgegangen, daß die
einzulesenden Wörter nicht mehr als 20 Buchstaben enthalten.
Die Prüfung auf abwechselndes Vorkommen von Vokalen und Konsonanten kann so durchgeführt werden, daß jedem Vokal die
Ziffer 0 und jedem Konsonanten die Ziffer 1 zugeordnet wird
(vgl. Zeilen 3, 4 und 8). Die Länge eines Wortes (Zeile 9)
wird benötigt, um den letzten Buchstaben eines Wortes ab-

fragen zu können. In Zeile 5 erscheint eine neue PL/I-
Funktion zur Erzeugung von Zeichen- oder Bitketten:
REPEAT('01',10) macht aus der Zeichenkette '01' durch zehn-
mal wiederholtes Anketten (engl. repeat) von '01' die Zeichenkette '01010101010101010101'. Dies hätte hier auch
durch Angabe der Konstante (11)'01' geschehen können. Die
obige Funktion ist aber dann von Nutzen, wenn die zu wieder-
holende Kette eine Variable ist. Der Wiederholungsfaktor
(hier: 10) muß jedoch stets als dezimale Konstante angegeben
werden. Durch SUBSTR(TEST,1,L) bzw. SUBSTR(TEST,22-L,L) wird
eine Kette definiert, die abwechselnd Nullen und Einsen enthält, beginnend mit einer Null bzw. einer Eins. Nun kann
abgefragt werden, ob diese Kette mit dem in Zeile 8 erzeugten ABSTR übereinstimmt und der erste Buchstabe des Wortes ein E ist oder ob die mit einer Null endende Testkette
mit ABSTR übereinstimmt und der letzte Buchstabe ein E ist.
In diesem Fall soll das Wort gedruckt werden.

```
EPOS
POSE
ESEL
ERIKA
ADELE
LESE
SIRENE
```

Das Ergebnis der Ausgabe ist links abgebil-
det. Es ist durchaus nicht gleichgültig, in
welcher Reihenfolge logische Operationen abgearbeitet werden. So kann für verschiedene
Belegungen der Bits A, B und C der Ausdruck
(A & B) | C durchaus von A & (B | C) verschieden
sein. Die Klammern sollen andeuten, in welcher Reihenfolge
die Operationen ausgeführt werden, ähnlich dem Gebrauch der
Klammern bei arithmetischen Operationen. So wird bei
A & (B | C) zunächst der Ausdruck B | C ausgewertet, der dann
mit A durch die & -Operation verknüpft wird. Nun gibt es
bei den logischen Operationen ähnlich der arithmetischen
Regel "Punktrechnung geht vor Strichrechnung" eine Vor-
schrift, die besagt, daß erst alle ¬ -, dann alle & - und
schließlich alle | -Operationen durchzuführen sind. Im obi-
gen Programm bedeutet der (ungeklammerte) logische Ausdruck
A & B | C & D also - wie beabsichtigt - dasselbe wie
(A & B) | (C & D); soll einmal von der Prioritätenfolge bei den

logischen Operatoren abgewichen werden, so müssen Klammern
gesetzt werden, z.B. A & (B|C) & D. Die Rangfolge läßt sich
in eine <u>allgemeine Prioritätenfolge</u> der syntaktischen,
arithmetischen, Vergleichs- und logischen Operatoren ein-
betten. Die folgende Übersicht ordnet die Operatoren nach
fallender Priorität:

1.   Klammer- und Funktionsauswertung

2.   **   (Exponentiation,   ¬   (logisches Nicht),
       +-   (arithm. Präfixoperatoren)

3.   *,/ (arithm. Punktoperationen)

4.   +,- (arithm. Strichoperationen)

5.   <, <=, ¬ <, =, ¬ =, >, >=, ¬ >   (Vergleichsoperationen)

6.   &   (logische "Punkt"-Operation)

7. | (logische "Strich"-Operation)

Bei Operationen auf gleicher Prioritätsstufe erfolgt die Auswertung eines Ausdruckes von links nach rechts außer bei den
Operationen der Prioritätsstufe 2, wo von rechts nach links
abgearbeitet wird.
Die Auswertung des folgenden Ausdrucks wird durch die anschließende Unterstreichungsfolge verdeutlicht:

$$\neg\ (A+B > C*D\ \&\ C**2 - SQRT(B) \neg\ = 0)\ |\ A+B >= 2$$

Mit der Belegung A,B,C,D=1 ist sein Wert '1'B. Man sieht hieran,
daß eine Umstellung der durch | verknüpften Teilausdrücke eher
zum Ziel geführt hätte: da A+B>=2 ist, muß dem Gesamtausdruck
der Wert '1'B zukommen. Die Ausführungszeit eines Programms
kann verkürzt werden, wenn die Entscheidung, welchen Wert ein
komplizierter logischer Ausdruck hat, zu einem möglichst frü-
hen Zeitpunkt erfolgt. Deshalb löst man einen solchen Ausdruck möglichst in eine Folge geschachtelter IF-THEN-ELSE-
Anweisungen auf.

Dies sei erläutert an

    IF (1.Bedingung) & (2.Bedingung) |
       (3.Bedingung) & (4.Bedingung)   THEN (Anweisung);

zunächst mit einem Blockdiagramm:

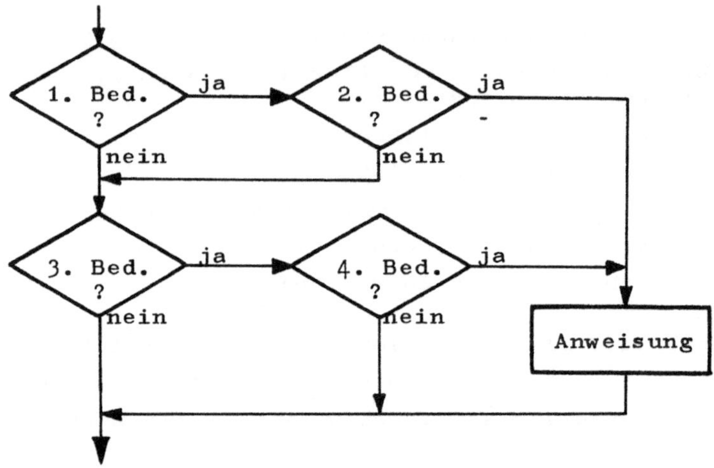

Ist die erste Bedingung nicht erfüllt, so braucht man die
Gültigkeit der zweiten Bedingung nicht mehr zu prüfen, son-
dern man kann sofort zur dritten und vierten übergehen. In
PL/I kann dieser Sachverhalt wie folgt dargestellt werden:

    IF (1.Bedingung) THEN IF (2.Bedingung) THEN GOTO HIER;
    IF (3.Bedingung) THEN IF (4.Bedingung) THEN
    HIER: (Anweisung)

Da hinter jedem THEN oder ELSE wieder eine bedingte Anweisung stehen kann, ist eine IF-THEN-ELSE-Schachtelung möglich. Die Tiefe der IF-THEN-ELSE-Schachtelung, d.h. die Anzahl aufeinanderfolgender THEN-IF- (bzw. ELSE-IF-) Kopplun-
gen ist durch den jeweiligen PL/I-Compiler begrenzt. Das
abgeänderte letzte Programm möge dies veranschaulichen:

```
01      WECH2: PROC OPTIONS(MAIN);
02      DCL    (WORT, ABSTR) CHAR(20) VAR,
03             TEST CHAR(22) INIT((11)'01'),
04             (VOR  INIT('ABCDEFGHIJKLMNOPQRSTUVWXYZ'),
05              NACH INIT('01110111011111011111011101'))CHAR(26);
06             ON ENDFILE GOTO STOP;
07      LIES:  GET LIST(WORT);
08             ABSTR=TRANSLATE(WORT,NACH,VOR);
09             L=LENGTH(WORT);
10             IF ABSTR=SUBSTR(TEST,1,L) THEN
11                 IF SUBSTR(WORT,1,1)='E' THEN GOTO HIER;
12             IF ABSTR=SUBSTR(TEST,22-L,L) THEN
13                 IF SUBSTR(WORT,L,1)='E' THEN
14      HIER:  PUT SKIP LIST(WORT);
15             GOTO LIES;
16      STOP:  END;
```

4. Strukturen, Felder von Strukturen

Im letzten Kapitel haben wir größere Mengen gleichartiger
Daten als Felder definiert, z.B. die Menge der Zeichen, die
auf eine Lochkarte passen oder die Jahresumsatzsummen für 4
Zweigbetriebe eines Unternehmens in den Jahren 1955-1970:

```
DCL   ZEICHEN(80) CHAR(1);
DCL   UMSATZ(4,1955:1970);
```

Häufig möchte man aber verschiedenartige Daten zu einer Einheit zusammenfassen. So gehören etwa zu den Stammdaten eines
Angestellten seine Personalnummer, Name, Wohnung, Beschäfti-
gungsmerkmale wie Berufs- und Gehaltsgruppe, Anstellungsdau-
er oder Steuermerkmale wie Familienstand, Konfession, Steu-
erklasse, Kinderzahl und persönlicher Steuerfreibetrag. Diese und andere Daten bilden für den einzelnen Angestellten
eine zusammenhängende, strukturierte Datenmenge (struktu-
riert, weil gewisse zusammenhängende Daten verschiedenartige
Untergruppierungen bilden). Wir sprechen deshalb kurz von
einer Struktur (engl. structure), die in PL/I wie folgt de-

finiert werden kann:

```
DCL     1   PERSON,
            2   NUMMER PIC'99999',
            2   NAME,
                3   NACHNAME CHAR(20),
                3   VORNAME  CHAR(15),
            2   WOHNUNG,
                3   ORT      CHAR(20),
                3   STRASSE CHAR(25),
            2   ANSTELLUNG,
                4   BERUFSGRUPPE   DEC FIXED(3),
                4   GEHALTSGRUPPE CHAR(3),
            2   STEUER,
                3   (FAMILIENSTAND,
                    KONFESSION,
                    STEUERGRUPPE,
                    KINDER)   DEC FIXED(2),
                3   FREIBETRAG DEC FLOAT;
```

Wie bei einzelnen Variablen oder Feldern (vgl. oben ZEICHEN
und UMSATZ) wird auch eine Datenstruktur durch einen Namen
(hier: PERSON) gekennzeichnet. Er faßt die verschiedenarti-
gen in dieser Struktur enthaltenen Daten mit verschiedenen
Datenattributen (wie FIXED, FLOAT, PICTURE oder CHARACTER)
zusammen und trägt deshalb selbst kein Datenattribut. Zum
Namen PERSON gehört die Stufennummer 1, die besagt, daß
PERSON der Name einer Hauptstruktur ist. Untergeordnete Daten tragen die vorgestellten Stufennummern 2,3,... u.s.w.
je nach ihrer Ordnung innerhalb der Struktur. Es kommen im
angegebenen Beispiel auch Namen von Unterstrukturen (alle
auf der Ebene 2) vor mit den Bezeichnungen NAME, WOHNUNG,
ANSTELLUNG und STEUER, die selbst wieder kein gemeinsames
Datenattribut tragen sondern zusammenfassende Bezeichnungen
für elementare Variable verschiedenen Typs sind. Der Aufbau
obiger Struktur möge an einem "Baum"-Diagramm erläutert
werden:

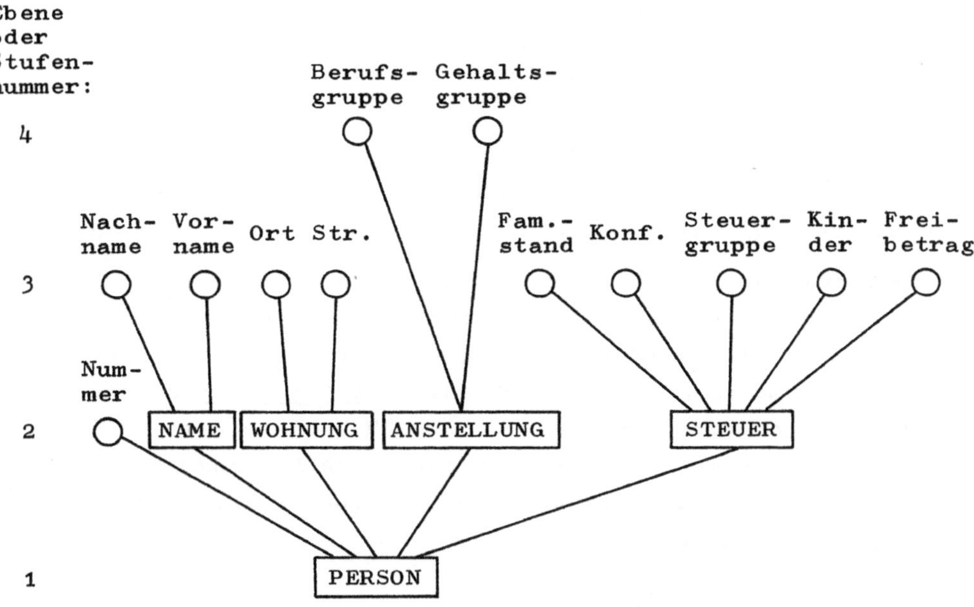

Die durch Kreise dargestellten Größen sind die "elementaren"
Variablen, denen Speicherstellen zur Aufnahme von Daten zugeordnet sind, während die eingekastelten Bezeichnungen Namen der Hauptstruktur und ihrer Unterstrukturen sind. Wie man
bei der Unterstruktur ANSTELLUNG sieht, ist es nicht erforderlich, daß Stufennummern lückenlos aufeinanderfolgen. Bei
der Unterstruktur STEUER erkennt man, daß Stufennummern
(hier die 3) auch ausgeklammert werden können. Entschließt
man sich, für die in der Unterstruktur NAME vorkommenden
elementaren Variablen NACHNAME und VORNAME für das einheit-
liche Attribut CHAR(20), so kann man für

```
1   PERSON,
    :
    2    NAME,
         3    NACHNAME CHAR(20),
         3    VORNAME  CHAR(20),
    2    WOHNUNG,
         :
```

auch einfacher folgendes schreiben:

```
1   PERSON,
    .
    .
    2   NAME(2)   CHAR(20),
    2   WOHNUNG,
        .
        .
```

d.h. innerhalb einer Struktur können als elementare Variable auch Felder auftreten (hier das Feld NAME mit der Länge 2).

Es kommt vor, daß Strukturen oder Unterstrukturen sich in ihrem Aufbau gleichen. Man ist dann nicht gezwungen, das etwas schwerfällige Niederschreiben von Strukturen öfter durchzuführen, sondern man kann sich des LIKE-Attributs bedienen: In der oben angegebenen Struktur PERSON kann es etwa von Interesse sein, eine Unterstruktur ZWEITWOHNUNG einzufügen, die mit der Unterstruktur WOHNUNG im Aufbau übereinstimmt. Man schreibt dann kurz

```
1   PERSON,
    .
    .
    2   WOHNUNG,
        3   ORT       CHAR(20),
        3   STRASSE CHAR(25),
    2   ZWEITWOHNUNG LIKE WOHNUNG,
    2   ANSTELLUNG,
        .
        .
```

Die Unterstruktur ZWEITWOHNUNG ist dadurch "wie" (engl. like) WOHNUNG deklariert, d.h. durch obige Schreibweise erreicht man dasselbe, wie wenn man

```
        .
        .
    2   ZWEITWOHNUNG,
        3   ORT       CHAR(20),
        3   STRASSE CHAR(25),
        .
        .
```

geschrieben hätte. Nun ergibt sich aber eine wichtige Konsequenz für die Benennung der elementaren Variablen. Im letzten Fall ist ORT keine eindeutige Variablenbezeichnung mehr, da nicht klar ist, ob ORT sich auf WOHNUNG oder

ZWEITWOHNUNG bezieht. Man erreicht eine eindeutige Variablenbezeichnung durch Angabe des <u>vollqualifizierten Namens</u> eines
Strukturelementes durch Aneinanderreihen aller Verzweigungs-
stellen im zugehörigen Baumdiagramm, die man durch Punkte
voneinander trennt, z.B.

```
PERSON.WOHNUNG.ORT
PERSON.ZWEITWOHNUNG.ORT
```

Es reicht jedoch aus, wenn man die Qualifizierung eines Namens innerhalb einer Struktur nur soweit treibt, bis Ein-
deutigkeit in der Bezeichnung erreicht ist. Dies ist hier
der Fall durch Angabe der <u>einfach qualifizierten Namen</u>

```
WOHNUNG.ORT
ZWEITWOHNUNG.ORT
```

Ist keine Doppeldeutigkeit zu befürchten, so kann man einfach den Namen einer elementaren Variablen im Programm verwenden, statt ihn irgendwie zu qualifizieren. So ist im obigen Beispiel die eindeutige Bezeichnung KINDER irgend einer
der qualifizierten Formen

```
STEUER.KINDER
PERSON.KINDER
PERSON.STEUER.KINDER
```

vorzuziehen. Es sei erwähnt, daß Doppeldeutigkeiten in der
Bezeichnung von Strukturelementen nicht notwendig durch das
LIKE-Attribut entstanden sein müssen, sondern sie können
direkt in folgender Form angegeben sein:

```
DCL   1  A,
      2   B,
          3  (C,D),
      2   A,
          3  (C,D);
```

Im Zusammenhang mit den Strukturen wird die Frage nach
der Nutzung des Hauptspeichers akut. Im Paragraphen über die
interne Darstellung von Zeichen und Zahlen haben wir gesehen,

daß für Zahlen stets Halbwörter, Wörter oder Doppelwörter
(das sind 2, 4 oder 8 Bytes) zur Speicherung verwendet werden. Bei ungepackten Dezimalzahlen (PICTURE), Bit- und Zeichenketten kommen naturgemäß auch andere Bytezahlen in Frage. Im Falle der erstgenannten Zahlendarstellungen verhält
es sich darüber hinaus so, daß die Speicherplätze bei durch
2, 4 bzw. 8 teilbaren Byteadressen anfangen. Man sagt, die
Daten beginnen auf Halbwort-, Wort- bzw. Doppelwortgrenzen
(engl. aligned data), dabei kommt es vor, daß zwischen so
gespeicherten Zahlen ungenutzter Speicherraum eingestreut
ist.
Das folgende Beispiel möge die Speicherplatzbelegung erläutern, wie sie von einem Compiler gemacht werden kann:

DCL   A   BIN FIXED(10), B   DEC FLOAT, C   DEC FLOAT(15);

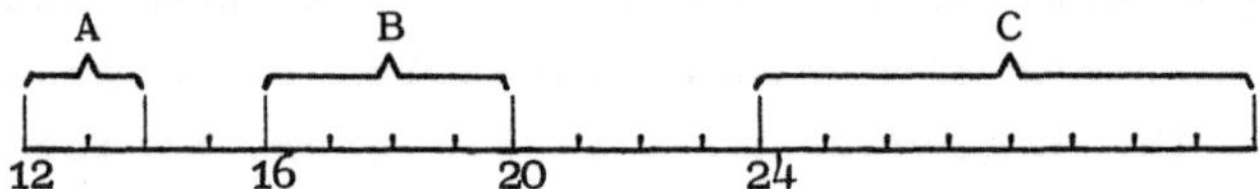

A beginnt bei einer durch 2 teilbaren Speicheradresse, B auf
der nächsten durch 4 teilbaren und C auf der nächsten durch
8 teilbaren Speicheradresse.
Bei den oben erwähnten PICTURE- und Kettendaten hingegen erfolgt die Speicherung ohne Klüfte hintereinander fortlaufend
(engl. unaligned).

   Die beiden Begriffe ALIGNED bzw. UNALIGNED sind zwei PL/I-
Datenattribute, die verwendet werden können, wenn man eine
von der obigen Konvention abweichende Speicherungsform wählen möchte, z.B.

        DCL   A(10)   DEC FIXED UNALIGNED,
               B   BIT(16) ALIGNED;

Da bei ALIGNED-Daten die Zugriffs- und Verarbeitungsge-
schwindigkeit größer ist als bei UNALIGNED-Daten, bei letz-
teren aber die Speichernutzung günstiger liegt, wird man von
Fall zu Fall eine Entscheidung über die zweckmäßigere Spei-

cherungsform treffen müssen.

In arithmetischen und Ein-/Ausgabe-Operationen kann man
Strukturen ähnlich behandeln, wie man es von Feldern her
gewohnt ist:
Ist WERT eine Struktur mit numerischen Elementardaten, so ist

$$WERT = 0;$$

eine erlaubte Zuweisung einer elementaren Konstanten an alle
Elemente der Struktur. Sind STRUKT1 und STRUKT2 zwei gleich-
artig aufgebaute Strukturen (was z.B. gegeben ist, wenn
STRUKT2 LIKE STRUKT1 deklariert wurde), so kann man

$$STRUKT2 = STRUKT1;$$

schreiben. Ähnlich kann man bei Ein-/Ausgabebefehlen ganze
Strukturen lediglich durch Angabe des Strukturnamens bewe-
gen, z.B.:

$$GET\ LIST(STRUKT1);$$

Dieselben Regeln gelten sinngemäß für Teilstrukturen. Wir
werden Beispiele für die genannten Operationen im folgenden
Programm kennenlernen:

```
01    KLIMA: PROC OPTIONS(MAIN);
02    DCL    1 WETTER(12),
03             2 MONAT CHAR(3)              INIT('JAN','FEB','MAR','APR'
04               'MAI','JUN','JUL','AUG','SEP','OKT','NOV','DEZ'),
05             2 DATEN,
06               3(NIEDERSCHL, SONNENTAGE) BIN FIXED,
07               3 TEMPERATUR(3) DEC FLOAT,
08           1 MITTEL LIKE WETTER.DATEN,
09           J BIN FIXED;
10           GET EDIT(WETTER.DATEN)(2 F(4), 3 F(4,1));
11           MITTEL=0;
12           DO J=1 TO 12;
13             MITTEL=MITTEL+DATEN(J);
14           END;
15           MITTEL=MITTEL/12;
16           PUT EDIT('MONAT   NSCHL  SONNE  ',
17             'TIEFSTE MITTLERE HOECHSTE TEMPERATUR', (57)'-')
18             (SKIP, 2 A);
19           PUT EDIT(WETTER, 'MITTEL', MITTEL)
20             (SKIP, A(6), 2 F(6), 3 F(9,2));
21    END;
```

Das obige Programm befaßt sich mit der Möglichkeit, eine Anzahl gleichartiger Strukturen in einem Feld zusammenzufassen.
WETTER(12) (Zeile 2) ist z.B. ein solches Feld von Strukturen, das gewisse Wetterdaten der 12 Monate eines Jahres zu-
sammenfaßt. In Zeile 7 bedeutet TEMPERATUR(3) ein Feld, das
die niedrigste, mittlere und höchste Temperatur des betreffenden Monats enthalten soll. Die mittlere Temperatur im Mai
ist dann WETTER(5).DATEN.TEMPERATUR(2) oder auch - da die
Unterstruktur DATEN zur Qualifizierung nicht erforderlich
ist - WETTER(5).TEMPERATUR(2). Statt dessen darf hier auch
WETTER.TEMPERATUR(5,2) oder noch kürzer TEMPERATUR(5,2) geschrieben werden.
Man spricht hier vom "Durchziehen" der Indexzahl 5. In den
letztgenannten Schreibweisen wird deutlich, daß TEMPERATUR
eigentlich ein zweidimensionales Feld ist. Die Struktur
MITTEL ist in Zeile 8 LIKE WETTER.DATEN deklariert, hierbei
wird aber MITTEL nicht als Feld spezifiziert, wie es
WETTER.DATEN ist. Die Feldspezifizierung (die Zahl 12) wird
hier von LIKE außer Acht gelassen. In Zeile 10 werden die
12 Teilstrukturen WETTER.DATEN eingelesen - dem Rest der
Struktur (nämlich den Monatsnamen) wurde bereits in der Deklaration durch Initialisierung ein Wert zugewiesen. In
Zeile 11 werden alle Elementargrößen in MITTEL auf Null gesetzt. In Zeile 13 werden die gleichartigen Strukturen
MITTEL und DATEN(1),...,DATEN(12) arithmetisch miteinander
verknüpft.

Eingabedaten:

```
 60    8 -52    0   42   55   10 -15   12   57   58   12    0   35 102
105   15 -12   47  108   90   20 -20   63  175   85   15   80  127 252
 45   25   95  194  293   40   30  151  172  300   80   17   72  150 247
115    2   25  123  204   95    0 -30   52  127   70   12 -47   15   58
```

Ausgabe:

MONAT	NSCHL	SONNE	TIEFSTE	MITTLERE	HOECHSTE	TEMPERATUR
JAN	60	8	-5.20	0.00	4.20	
FEB	55	10	-1.50	1.20	5.70	
MAR	58	12	0.00	3.50	10.20	
APR	105	15	-1.20	4.70	10.80	
MAI	90	20	-2.00	6.30	17.50	
JUN	85	15	8.00	12.70	25.20	
JUL	45	25	9.50	19.40	29.30	
AUG	40	30	15.10	17.20	30.00	
SEP	80	17	7.20	15.00	24.70	
OKT	115	2	2.50	12.30	20.40	
NOV	95	0	-3.00	5.20	12.70	
DEZ	70	12	-4.70	1.50	5.80	
MITTEL	74	13	2.06	8.25	16.37	

5. Satzweise Ein- und Ausgabe, Files

Als Satz bezeichnet man eine Kette von Zeichen, die bei einer Ein-/Ausgabeoperation als Ganzes übertragen wird. Ein Satz kann aus einem oder mehreren Elementen bestehen, etwa der Kontonummer eines Bankkunden, seinem Namen, der Anschrift und seinem Kontostand. Zu einem Buchtitel könnten der Verfasser, Erscheinungsort und -jahr sowie der Preis des Buches als zusätzliche Elemente des Satzes hinzutreten. Bei einem Lese- oder Schreibbefehl sollen jeweils alle Elemente eines solchen Satzes in ihrer maschineninternen Darstellung übertragen werden. READ ist das Schlüsselwort zum Lesen, WRITE zum Schreiben eines Satzes. Die Übertragung von Sätzen (engl. records) wird auch als RECORD INPUT/OUTPUT bezeichnet. Bei einer satzweisen Ein- und Ausgabe wird - im Gegensatz zum STREAM INPUT/OUTPUT - keine Umformung der übertragenen Zeichen in die einer Variablen entsprechenden Speicherungsart vorgenommen; ihr Inhalt besteht genau aus den Bit-Kombinationen, die bei der Eingabe eingelesen bzw. bei der Ausgabe geschrieben wurden.

Kann man die standard files SYSIN (Kartenleser) und SYSPRINT (Drucker) nicht benutzen, da man z.B. Daten auf ein Magnetband schreiben möchte, muß im PL/I-Programm ein eigenes file vereinbart werden, das die Verbindung zu einer selbst spezifizierten Datei herstellt. Das file hat verschiedene Attribute, mit denen der Benutzer die Organisation und Bearbeitungsweise seiner Datei bestimmen kann; sie seien hier in drei Gruppen eingeteilt:

1. Übertragungsart

   Die Daten können als Zeichenstrom oder satzweise übertragen werden; im PL/I-Programm sind dafür die Attribute <u>STREAM</u> oder <u>RECORD</u> vorgesehen. Wird keine Angabe zur Übertragungsart gemacht ist STREAM implizit.

2. Übertragungsrichtung

   Soll von einem file nur gelesen werden, muß <u>INPUT</u>, soll nur darauf geschrieben werden, <u>OUTPUT</u> angegeben sein; stehen Dateien auf **Speichermedien**, die einen direkten Zugriff erlauben, kann durch Vereinbarung des Attributs <u>UPDATE</u> gelesen <u>und</u> geschrieben werden. Wird keines der drei Attribute angegeben, ist INPUT implizit.

3. Zugriffsmethode

   Satzweise gespeicherte Daten können in sequentiellem oder direktem Zugriff bearbeitet werden; er ist dann sequentiell, wenn ein Satz nach dem anderen, in der Reihenfolge wie die Sätze physikalisch gespeichert sind, abgearbeitet wird. Die Zugriffsmethode ist direkt, wenn aufgrund von Auffindungsschlüsseln ein wahlfreier Zugriff auf beliebige Sätze der Datei erfolgt. Die entsprechenden Attribute heißen <u>SEQUENTIAL</u> (abgekürzt SEQL) und <u>DIRECT</u>. Fehlt die Angabe der Zugriffsmethode, wird SEQUENTIAL angenommen.

Für bestimmte Vereinbarungen von files können zusätzliche Attribute spezifiziert werden:

<u>PRINT</u>

Ist ein file als STREAM OUTPUT deklariert, kann es zusätzlich das PRINT-Attribut erhalten; es bedeutet, daß die mit diesem file verbundenen Daten letztlich auf einem Drucker ausgegeben werden sollen. Nur bei PRINT-files ist der Seitenvorschub durch den PAGE-Befehl und die Adressierung einer bestimmten Zeile durch LINE möglich. Für das standard file SYSPRINT ist das PRINT-Attribut implizit.

<u>BACKWARDS</u>

Wird eine auf Magnetband stehende Datei durch ein file bearbeitet, das als RECORD SEQL INPUT erklärt ist, kann zusätzlich das BACKWARDS-Attribut vereinbart werden; es bewirkt, daß die Datei in umgekehrter Reihenfolge ihrer Entstehung, also beim letzten Satz beginnend, gelesen wird.

Beispiele für die Vereinbarung von files:

```
DCL  BAND FILE RECORD SEQL INPUT,
     BAND_NEU FILE RECORD SEQL OUTPUT;
```

Von dem file BAND sollen Daten satzweise nacheinander gelesen, auf das file BAND_NEU satzweise nacheinander geschrieben werden. Unter der Voraussetzung, daß die Sätze 80 Zeichen lang sind und KT als Zeichenkette der Länge 80 vereinbart wurde, können die Befehle lauten:

```
READ FILE(BAND) INTO(KT); /*ein Satz wird nach KT eingelesen*/
WRITE FILE(BAND_NEU) FROM(KT); /*ein Satz wird von KT
                                          geschrieben*/
```

Nutzt man bei der Vereinbarung der file-Attribute das Implizit-Konzept aus, kann die obige Deklaration auch so erfolgen:

```
DCL  BAND FILE RECORD, /*SEQL und INPUT sind implizit*/
     BAND_NEU FILE RECORD OUTPUT; /*SEQL ist implizit*/
```

Weitere Imformationen über die physikalische Speicherung einer Datei oder die Länge und das Format ihrer Sätze können dem Programm durch das <u>ENVIRONMENT</u>-Attribut eines files mitgeteilt werden (ENVIRONMENT darf als ENV abgekürzt werden).

<u>Format von Sätzen:</u>

1. Satzformat F: alle Sätze sind von <u>fester</u> Länge, d.h. sie
   bestehen aus der gleichen Anzahl von Bytes. Entgegen der
   Zuweisung bei Zeichenketten, wo kürzere Daten rechts mit
   Leerzeichen aufgefüllt und längere Daten abgeschnitten
   wurden, muß hier die Länge der Variablen, in die gelesen
   oder von der geschrieben wird, genau mit der Satzlänge
   übereinstimmen.

2. Satzformat V: die aktuelle Länge der Sätze einer Datei
   kann <u>variabel</u> sein; das Betriebssystem des Rechners kontrolliert die jeweils geschriebene Zeichenmenge und macht
   sie beim Lesen wieder verfügbar. Durch einen Aufruf der
   eingbauten Funktion LENGTH kann der Benutzer leicht er-
   fahren, wie groß die aktuelle Länge eines Satzes ist.

3) Satzformat U: die Satzlänge ist <u>undefiniert</u>; der Benutzer kontrolliert selbst - etwa durch Einstreuen von Längenangaben in das Datenmaterial - die Länge der geschriebenen oder gelesenen Sätze.

<u>Blockung</u>

Schreibt man Datenmaterial auf einen peripheren Datenträger,
etwa ein Magnetband, bleibt zwischen den einzelnen Sätzen
jeweils ein Stück des Bandes unbenutzt; bei einer Satzlänge
von 80 Bytes ist der <u>Zwischenraum</u> sehr viel größer als das
zur Speicherung benötigte Bandstück, d.h. eine solche Datei
bestünde hauptsächlich aus Satzzwischenräumen. Dies wäre
nicht nur eine sehr schlechte Ausnutzung des Magnetbandes,
sondern auch die zur Bearbeitung eines Programms benötigte
Zeit kann dadurch erheblich ansteigen. Dieser Nachteil wird
vermieden, wenn mehrere Sätze zu einem <u>Block</u> zusammengefaßt
und gemeinsam übertragen werden. Der Benutzer braucht nur
im ENVIRONMENT-Attribut die gewünschte <u>Blocklänge</u> zu nennen
ohne sich selbst um die Durchführung kümmern zu müssen, da
das Betriebssystem das Blocken und Entblocken von Sätzen
mit fester oder variabler Länge für ihn übernimmt.

Puffer

Eng verbunden mit der Technik des Blockens ist der Gedanke
einer gepufferten Übertragung von Daten. Bei festem Schreibbefehl wird ein Satz in einem Pufferbereich (engl. buffer)
zwischengespeichert und erst beim Erreichen der angegebenen
Blockgröße ausgeschrieben; umgekehrt wird beim Einlesen ein
Block in den Puffer übertragen, dort segmentiert und satzweise an den Arbeitsspeicher übergeben. Die Übertragung und
Verarbeitung der Daten kann dadurch überlappt erfolgen. Alle
files, die sequentiell angeordnete Sätze verarbeiten, sind
in PL/I automatisch gepuffert, sie haben das file-Attribut
BUFFERED. Dieses kann durch das file-Attribut UNBUFFERED
außer Kraft gesetzt werden. Die Anzahl der Puffer kann im
ENVIRONMENT-Attribut nach dem Schlüsselwort BUFFERS angegeben werden; die maximal mögliche Pufferzahl ist 255.

Ende von Magnetbanddateien

Für files, deren Dateien auf Magnetband gespeichert sind,
läßt sich im ENVIRONMENT-Attribut festlegen, ob das Band bei
Datenende zurückzuspulen ist (REWIND) oder am Ende der Datei
positioniert bleiben soll (LEAVE).

Beispiele:

```
DCL   BAND FILE RECORD SEQL INPUT ENV(F(800,80));
```

Vom file BAND sollen sequentiell Sätze des Typs F (feste
Länge) gelesen werden, die Größe eines Blocks beträgt 800
Bytes, die eines Satzes 80 Bytes (die Blocklänge muß beim
Typ F ein genaues Vielfaches der Satzlänge sein).

```
DCL   V2 FILE RECORD OUTPUT ENV(V(3016,1004));
```

Auf das file V2 sollen sequentiell (SEQL ist implizit) Sätze
von variabler Länge geschrieben werden; die maximale Nutz-
länge eines Satzes beträgt 1000, die eines Blocks 3000 Bytes.
Für jeden Satz sind 4 Bytes hinzuzurechnen, in denen sich

das Betriebssystem die Satzlänge merkt; weitere 4 Bytes
bleiben dem Längenschlüssel am Anfang des Blocks vorbehal-
ten.

```
DCL   EIN FILE RECORD INPUT ENV(F(800,80) BUFFERS(5) REWIND),
      AUS FILE RECORD OUTPUT ENV(F(800,80) LEAVE);
```

Vom file EIN werden 10-fach geblockte Sätze der Länge 80 gelesen, 5 Puffer stehen zur Verfügung, am Ende der Datei wird
das Magnetband zurückgespult. Auf das file AUS werden Sätze
der gleichen Länge und Blockung geschrieben, als Puffer wird
die implizit zur Verfügung gestellte Anzahl (normalerweise
2) benutzt, das Magnetband bleibt am Ende der Datei positioniert.

OPEN- und CLOSE-Befehle

Ehe Daten zu oder von einem file übertragen werden können,
muß es vom Betriebssystem eröffnet werden, was durch das
Schlüsselwort OPEN (engl. open = eröffne) im PL/I-Programm
erfolgen kann.

Beispiele:

```
            OPEN FILE(BAND),
                 FILE(BAND_NEU);
```

Der Abschluß einer Datei wird entsprechend durch einen
CLOSE-Befehl erreicht (engl close = schließe):

```
            CLOSE FILE(BAND),
                  FILE(BAND_NEU);
```

In der OPEN-Anweisung können auch file-Attribute vereinbart
werden, die zusammen mit den im DECLARE genannten Attributen
die vollständige Beschreibung des files ergeben. Da die
Attribute aus beiden Befehlen zusammengemischt werden, dürfen sie natürlich keine widersprüchlichen Angaben enthalten,
so z.B. kann ein file, wenn es im DECLARE als INPUT vereinbart ist, im OPEN-Befehl nicht als OUTPUT eröffnet werden.
Die einem file im OPEN zugeschriebenen Attribute werden je-

doch durch einen CLOSE-Befehl wieder aufgehoben, so daß man
es anschließend mit anderen Attributen wieder eröffnen kann;
es ist daher erforderlich, die variabel zu haltenden Attribute
eines files nicht im DECLARE, sondern im OPEN zu vereinbaren.

Beispiel:

```
DCL   BAND FILE RECORD ENV(F(800,80));
      OPEN FILE(BAND) OUTPUT;
      .
      .
      .
      CLOSE FILE(BAND);
      OPEN FILE(BAND) INPUT;
```

Durch Ausführung des CLOSE-Befehls wird das im OPEN zugeteil-
te Attribut OUTPUT aufgehoben, so daß das file jetzt als
INPUT wieder eröffnet werden kann. Sofern die mit dem file
verbundene Datei auf einem Medium mit direktem Zugriff gespeichert ist, kann die Eröffnung auch als DIRECT INPUT oder
DIRECT UPDATE erfolgen.
Für PRINT-files kann in der OPEN-Anweisung u.a. bestimmt
werden, wie viele Zeilen auf eine Seite gedruckt werden sollen (implizit 60).

Beispiel:

```
DCL   DRUCKER FILE STREAM OUTPUT PRINT;
      OPEN FILE(DRUCKER) PAGESIZE(66) LINESIZE(100);
```

Das file DRUCKER wird als PRINT-file vereinbart; im OPEN
wird die Anzahl der Zeilen pro Seite (PAGESIZE) auf 66, die
der Spalten pro Zeile (LINESIZE) auf 100 festgelegt. Ist der
Druckvorgang in Spalte 100 noch nicht beendet, wird der Zeichenstrom automatisch auf der nächsten Zeile fortgesetzt.

Das folgende Programmbeispiel erstellt Rechnungen für gelieferte Waren und legt zugleich eine Umsatzdatei an, in der
die Bezeichnung, die gelieferte Menge und der Stückpreis des
betreffenden Artikels protokolliert wird. Nach Verarbeitung
aller Eingabedaten soll die Umsatzdatei in mehreren Exempla-

ren ausgedruckt werden, um die verschiedenen Abteilungen einer Firma, etwa die Lagerhaltung, Dispositions- und Rechnungsabteilung, über die getätigten Umsätze zu informieren. Eine solche Datei wird man gewöhnlich nicht in den Kernspeicher der Maschine legen, da sie dort unnötig viel Platz beanspruchen oder auch die vorhandene Kapazität leicht überschreiten könnte; hier bieten sich periphere Datenträger an, auf denen auch große Datenmengen in einem günstigen Kostenverhältnis gespeichert werden können, z.B. Magnetbänder oder Magnetplatten. (Eine genauere Beschreibung dieser Geräte wird im Kapitel IV, 1 gegeben.) Ferner wäre es sinnvoll, die Umsatzdatei vor dem Ausdrucken nach verkauften Artikeln zu sortieren, die Umsätze der einzelnen Posten zu summieren u.s.w., wofür sich ähnlich gelagerte Beispiele ebenfalls in IV, 1 finden.

Bei den Eingabedaten sind zwei verschiedene Kartenarten zu unterscheiden:
Kartenart 1 ist in der ersten Spalte durch eine 1 gekennzeichnet und enthält die Stammdaten des Kunden: in Spalte 2-7 seine Kundennummer, in Spalte 8-27 den Namen, in Spalte 28-51 den Wohnort, in Spalte 52-72 die Straße.
Kartenart 2 hat in der ersten Spalte die Ziffer 2 und beschreibt die vom Kunden bestellte Ware, wobei für jeden Artikel eine eigene Lochkarte zur Verfügung steht; in Spalte 2-26 steht die Bezeichnung der Ware, in Spalte 27-30 die bestellte Anzahl, in Spalte 31-36 der Stückpreis. Die Karten sind so angeordnet, daß nach den Stammdaten eines Kunden (Kartenart 1) eine unbekannte Menge von bestellten Waren (Kartenart 2) folgt, danach die Stammdaten des nächsten Kunden beginnen, die von ihm bestellten Waren folgen u.s.w.

```
01    VERKAUF: PROC OPTIONS(MAIN);
02    DCL UMSATZ FILE RECORD SEQL ENV(F(700,35) BUFFERS(4)),
03       KARTE CHAR(80), (KOSTEN,SUMME) DEC FIXED(8,2) INIT(0),
04       TEST CHAR(1) DEFINED KARTE, /* 1. ZEICHEN DER KARTE */
05       1 KUNDE DEFINED KARTE POSITION(2),
06          2(NR PIC'(6)9', NAME CHAR(20), ORT CHAR(24),
07            STRASSE CHAR(21)),
08       1 WARE DEFINED KARTE POSITION(2),
09          2(BEZEICHNUNG CHAR(25), ANZAHL PIC'9999',
10            STUECKPREIS PIC'9999V99'),
11       1 ARTIKEL LIKE WARE;
12    KUNDEN: FORMAT(LINE(6),COL(20),A,SKIP(2),COL(15),A,
13                          SKIP(2),COL(20),A);
14    BETRAG: FORMAT(SKIP(5),A,P'ZZZ.ZZ9V.99',SKIP,COL(13),A);
15       OPEN FILE(UMSATZ) OUTPUT,
16            FILE(SYSIN ) INPUT RECORD;
17       ON ENDFILE(SYSIN) GOTO LETZTER_KUNDE;
18       READ FILE(SYSIN) INTO(KARTE);
19       PUT EDIT(KUNDE.NAME,KUNDE.ORT,KUNDE.STRASSE)
20               (R(KUNDEN));    PUT SKIP(4);
21       PUT EDIT('BEZEICHNUNG','MENGE','JE','GESAMT')
22               (COL(6),A,COL(25),A,COL(33),A,COL(40),A);
23       PUT SKIP(2);
24    LIES: READ FILE(SYSIN) INTO(KARTE);
25       IF TEST='1' THEN DO; /* ANDERER KUNDE BEGINNT */
26          PUT EDIT('GESAMTSUMME:',SUMME,(10)'=')
27                  (R(BETRAG)); /* SUMME VORHERIGER KUNDE */
28          SUMME=0;
29          PUT PAGE; /* SEITENVORSCHUB NAECHSTER KUNDE */
30          PUT EDIT(KUNDE.NAME,KUNDE.ORT,KUNDE.STRASSE)
31                  (R(KUNDEN));    PUT SKIP(4);
32          PUT EDIT('BEZEICHNUNG','MENGE','JE','GESAMT')
33          (COL(6),A,COL(25),A,COL(33),A,COL(40),A);
34          PUT SKIP(2);
35       END;
36       ELSE DO;
37          KOSTEN=WARE.STUECKPREIS * WARE.ANZAHL;
38          SUMME=SUMME+KOSTEN;
39          ARTIKEL=WARE;
40          WRITE FILE(UMSATZ) FROM(ARTIKEL);
41            /* VERKAUFSPROTOKOLL */
42          PUT EDIT(WARE,KOSTEN) (SKIP(2),A,P'ZZZ9',
43                  P'ZZZZ9V.99',P'B**.**9V.99');
44       END;
45       GOTO LIES;
46    LETZTER_KUNDE: PUT EDIT('GESAMTSUMME:',SUMME,(10)'=')
47                          (R(BETRAG));
48       DO I=1 TO 3;
49          CLOSE FILE(UMSATZ); OPEN FILE(UMSATZ) INPUT;
50          PUT EDIT('LISTE DER UMSATZDATEI')(PAGE,COL(6),A);
51          PUT SKIP(2);
52          ON ENDFILE(UMSATZ) GOTO SCHLEIFE;
53    LIES_SATZ:  READ FILE(UMSATZ) INTO(ARTIKEL);
54          PUT EDIT(ARTIKEL)(SKIP,A,F(5),P'ZZZ9V.99');
55          GOTO LIES_SATZ;
56    SCHLEIFE:END;
57    END;
```

Eingabe(gekürzt):

```
1  9472FA. WASSERMANN OHG   2000 HAMBURG 27        SIEL 18
2ELEKTROMOTOR D112-22       0020061449
2LICHTMASCHINE LE36-18      0100006430
2VOLTMETER E126-11          0062001477
2ANSCHLUSSKABEL A124-02     0085000893
1  4861FA. HANS LIEGNER      8000 MUENCHEN 15       ANSTR. 2
2BATTERIE B10-01            0220004620
2ANLASSER AR09-12           0014008846
2LICHTMASCHINE V33-08       0025006850
2GLUEHBIRNE Z14-04          1000000098
```

Ausgabe(gekürzt):

```
              FA. WASSERMANN OHG

            2000 HAMBURG 27

              SIEL 18


     BEZEICHNUNG        MENGE    JE      GESAMT


ELEKTROMOTOR D112-22      20   614,49 12.289,80

LICHTMASCHINE LE36-18    100    64,30 *6.430,00

VOLTMETER E126-11         62    14,77 ***915,74

ANSCHLUSSKABEL A124-02    85     8,93 ***759,05



GESAMTSUMME: 20.394,59
             ==========
```

(auf neuer Seite:)

```
              FA. HANS LIEGNER

            8000 MUENCHEN 15

              ANSTR. 2
```

```
BEZEICHNUNG            MENGE    JE       GESAMT


BATTERIE B10-01          220   46.20  10.164.00

ANLASSER AR09-12          14   88.46  *1.238.44

LICHTMASCHINE V33-08      25   68.50  *1.712.50

GLUEHBIRNE Z14-04       1000    0.98  ***980.00



GESAMTSUMME: 14.094.94
             ==========
```

```
        LISTE DER UMSATZDATEI


ELEKTROMOTOR D112-22        20  614.49
LICHTMASCHINE LE36-18      100   64.30
VOLTMETER E126-11           62   14.77
ANSCHLUSSKABEL A124-02      85    8.93
BATTERIE B10-01            220   46.20
ANLASSER AR09-12            14   88.46
LICHTMASCHINE V33-08        25   68.50
GLUEHBIRNE Z14-04         1000    0.98
POLKLEMME P612-04         1200    0.68
KUEHLAGGREGAT K124-22       14   74.68
GLUEHBIRNE Z12-35          800    1.55
ANSCHLUSSKABEL A45-24      422    3.58
STECKDOSE                   25    2.44
```

Im DCL wird UMSATZ als file für eine sequentielle Übertragung von Sätzen vereinbart; da mit ihm die umgesetzten Waren protokolliert werden sollen, ergibt sich die Satzlänge
aus der Summe der zur Speicherung der Struktur WARE benötigten Bytes: 25 für die Bezeichnung, 4 für die Anzahl und 6
für den Stückpreis (der in der PICTURE-Spezifikation in Zeile 13 durch das Zeichen V angedeutete gedachte Dezimalpunkt
zählt dabei nicht mit). Die Satzlänge beträgt daher 35 Bytes,

die Blocklänge wurde auf 700 Bytes festgelegt, vier Puffer
sollen für die Übertragung zur Verfügung gestellt werden.
Da der Stammkarte eines Kunden eine unbekannte Anzahl von
Warenkarten folgt, ist beim Einlesen der Daten zu prüfen,
welche Kartenart jeweils vorliegt. Dies könnte so erfolgen,
daß zunächst durch einen GET EDIT-Befehl die erste Spalte
der Karte gelesen und in Abhängigkeit von dem dann bekannten Kartentyp entschieden wird, ob die weiteren Informationen in die Struktur KUNDE oder in die Struktur WARE einzu-
lesen sind. Hier wird jedoch ein anderer Weg eingeschlagen:
der Inhalt einer Lochkarte wird als Satz in die Variable
KARTE eingelesen; über diese Basisvariable wird in Spalte 1
die Variable TEST, von Spalte 2-72 die Struktur KUNDE und
von Spalte 2-36 die Struktur WARE gelegt. Diese Überlagerung einer Variablen wird durch das Attribut DEFINED erreicht: DCL TEST CHAR(1) DEFINED KARTE bedeutet, daß die
Variable KARTE im ersten Byte von der Variablen TEST im
Speicher überlagert wird; das erste Zeichen der Karte könnte daher durch SUBSTR(KARTE,1,1) ebenso adressiert werden
wie durch TEST, das KARTE an der ersten Stelle überlagert
und daher auch das gleiche Speicherstück anspricht. Die
Strukturen KUNDE und WARE überlagern ebenfalls die Variable
KARTE, beginnen jedoch erst bei dem zweiten Byte, was durch
die Angabe DEFINED KARTE POSITION(2) festgelegt wird. Fehlt
die Positionsangabe, wird die Überlagerung automatisch beim
ersten Byte der "Basisvariablen" KARTE begonnen (Beispiel
TEST). In unserem Programm wird nach dem Einlesen einer
Karte abgefragt, ob das erste Zeichen eine 1 ist; falls ja,
werden die Spalten 2-72 durch die überlagernde Struktur
KUNDE, andernfalls die Spalten 2-36 durch die überlagernde
Struktur WARE weiterverarbeitet.
Nach den Deklarationen folgen zwei Formatlisten, die durch
das Schlüsselwort FORMAT eingeleitet werden; auf die vorausgehenden Marken KUNDEN und BETRAG wird im späteren Teil
des Programms bei Ausgabebefehlen Bezug genommen, in denen
diese Formate verwendet werden sollen. Anschließend wird

das file UMSATZ zur Ausgabe, das file SYSIN zur satzweisen
Eingabe eröffnet. Nach dem Einlesen der ersten Datenkarte
werden Name, Ort und Straße des Kunden ausgedruckt; bei der
Formatangabe R(KUNDEN) in Zeile 20 wird von der Möglichkeit
Gebrauch gemacht, daß ein Format der Datenliste nicht unmittelbar folgen muß, sondern auch an einer anderen Stelle (Zeile 12) stehen kann (engl. Remote format = entferntes Format).
In diesem Fall muß nach dem Schlüsselzeichen R in Klammern
die Marke angegeben sein, die der zu benutzenden Formatliste
vorausgeht. Diese Methode ist vorteilhaft, wenn in einem
Programmblock das gleiche Format mehrfach verwendet wird, da
es dann nur einmal geschrieben und kompiliert zu werden
braucht; bei einer gewünschten Änderung ist ebenfalls nur an
einer Stelle zu korrigieren.
Um den auszudruckenden Rechnungsbeleg übersichtlich zu ge-
stalten, werden die Konstanten 'BEZEICHNUNG', 'MENGE', 'JE',
'GESAMT' als Überschriften über die betreffenden Rubriken
gedruckt. Bei der Marke LIES beginnt die eigentliche Programmschleife, in der eine Karte eingelesen und abgefragt
wird, ob das erste Zeichen eine 1 ist; falls nein, wird die
unten stehende ELSE DO-Gruppe ausgeführt: die Kosten der
Ware ergeben sich aus dem Produkt von Stückpreis und gelie-
ferter Anzahl, die vom Kunden umgesetzte Gesamtsumme wird
im Zähler SUMME aufaddiert. Als Protokoll des Verkaufs soll
der Inhalt der Struktur WARE in die Umsatzdatei aufgenommen
werden. Da der von uns verwendete PL/I F-Compiler das satzweise Schreiben von einer überlagernden Struktur nicht erlaubt, wird WARE auf die Struktur ARTIKEL überwiesen und von
dort in die Umsatzdatei übernommen. Anschließend erfolgt das
Ausdrucken der gelieferten Ware sowie deren Kosten. Das beschriebene Programmstück wird so lange durchlaufen, bis eine
1 in der ersten Kartenspalte anzeigt, daß jetzt die Daten
des nächsten Kunden beginnen; vor deren Verarbeitung wird
für den vorhergehenden Kunden die Gesamtsumme des Rechnungs-
betrages im Format R(BETRAG) ausgegeben und der Summenzähler
wieder auf Null gesetzt. Nach Seitenvorschub werden Name und

Anschrift aus der Stammkarte des nächsten Kunden sowie die
Überschriften des Rechnungsbeleges ausgedruckt. Nach Verarbeitung aller Eingabedaten verzweigt das Programm zur Marke
LETZTER_KUNDE, wo dessen Gesamtumsatz unter die Rechnung geschrieben wird. Die folgende DO-Schleife bewirkt ein dreima-
liges Ausdrucken der Umsatzdatei: das file UMSATZ wird geschlossen als INPUT wieder eröffnet und die Datei sequentiell
abgedruckt. Am Dateiende tritt die zugehörige ON ENDFILE-Bedingung in Kraft, das Programm verzweigt zur Marke SCHLEIFE,
der der END-Befehl der DO-Schleife folgt; der Zähler wird
um 1 erhöht und die Schleife erneut durchlaufen. Nach dem
dreimaligen Ausdruck ist die Schleife abgearbeitet und das
Programm kommt zum END-Befehl. Die noch geöffneten Dateien
werden durch das Programmende automatisch abgeschlossen.

Abschließend einige Erläuterungen zu den im Programm verwendeten PICTURE-Formaten bzw. -Deklarationen

```
'(6)9'
'9999V99'
'ZZZ9'
'ZZZ.ZZ9V,99'
'B**.**9V,99'
```

Im ersten Beispiel ist die geklammerte 6 ein Wiederholungsfaktor und bezieht sich auf die Anzahl der Neunen. Diese
Spezifikation ist identisch mit der Angabe '999999'. Das
folgende Beispiel bezieht sich auf eine ungepackte Dezimalzahl, deren letzte beide Stellen als Nachkommastellen gelten
(das V markiert also das Dezimalkomma). Im dritten Beispiel
wird deutlich, daß Nullenunterdrückungszeichen (Z) nur für
einen Teil der PICTURE-Spezifikation angegeben werden können, allerdings muß dies immer ein zusammenhängender Teil
am Anfang der Spezifikation sein. Die Zahl Null erscheint
nach dieser Festlegung als   O, während bei Verwendung von
P'ZZZZ' vier Leerstellen gesetzt würden. Das vierte Beispiel
enthält noch die in das Bild der Zahl einzustreuenden Zeichen '.' und ','. Im Gegensatz zu 'V', das die interne Kom-
mastellung definiert, bezeichnet ',' die externe Kommaset-

zung im Druckbild. Die Zahl 1243,721 wird nach diesem Format
ausgegeben als 1.243,72 , während bei der Druckausgabe von
12,43 auch der Abtrennungspunkt für die Tausender unterdrückt wird. In der 5. Spezifikation hat der Stern (*) dieselbe Funktion wie das Z, zusätzlich wird aber für jede
unterdrückte Null ein Stern gesetzt, wobei auch eingestreute
Aufbereitungszeichen (zB. Punkt, Komma) durch den Stern ersetzt werden. Dieses PICTURE verwendet man häufig bei Bank-
belegen zur Absicherung gegen unerwünschte Manipulation an
gedruckten Geldbeträgen. Das B am Anfang der PICTURE-Kette
steht für das Einstreuen eines Leerzeichens (Blank) in das
Zahlenbild. Neben Punkt, Komma und Blank ist als ein weiteres Aufbereitungszeichen in Daten der Schrägstrich (/)
möglich. Mit der Ausgabeanweisung

    PUT EDIT(DATE) (P'99/99/99');

wird dadurch das Datum 17. 2. 71, das in DATE als die
Zeichenkette '710217' gespeichert ist, als 71/02/17
ausgegeben.
In unserem Beispiel wurde die Umsatzdatei (UMSATZ) auf
einer Magnetplatte zwischengespeichert; die Verbindung
eines files mit einem bestimmten peripheren Datenträger
ist jedoch nicht Teil des PL/I-Programms, sondern erfolgt
durch die Kommandosprache des Betriebssystems. Da sie von
Anlage zu Anlage verschieden sein kann, erfrage man im
benutzten Rechenzentrum die dort gültige Konvention. Im
übrigen sei wegen der Benutzung von Plattendateien und
der von uns benutzten Kommandosprache auf das 4. Kapitel
verwiesen.

III Block- und Programmstrukturen

1. Blöcke und Geltungsbereiche von Variablendeklarationen, Marken

Die bisher angegebenen Programmbeispiele waren von einer bestimmten "einfachen" Struktur. Sie bestanden aus einer Prozeduranweisung (PROC OPTIONS(MAIN)), einem Deklarationsteil, einer Folge ausführbarer Anweisungen und einer zur PROC-Anweisung korrespondierenden END-Anweisung als letzter Anweisung des Programms. Dieses allgemeine Schema wollen wir einen Prozedurblock nennen. Hierfür läge keine Veranlassung vor, wenn es außer der Hauptprozedur (engl. main = Haupt) keine weiteren Möglichkeiten für das Schreiben einer Prozedur gäbe. Tatsächlich gibt es aber mehrere Möglichkeiten für das Programmieren von Prozeduren, die wir grob in zwei Klassen aufteilen können: die externen Prozeduren und die internen Prozeduren.

Externe Prozeduren sind Prozedurblöcke, die separat vom PL/I-Compiler behandelt werden können. So ist z.B. die bisher ausschließlich behandelte Hauptprozedur eine externe Prozedur. Daneben kann es noch weitere externe Prozeduren geben, die aber nicht das Attribut OPTIONS(MAIN) tragen dürfen. Dieses Attribut kennzeichnet nämlich eine bestimmte externe Prozedur als diejenige, die am Anfang eines Programms die Kontrolle vom Betriebssystem erhält und von der die anderen externen Prozeduren aufgerufen werden können. Dieser Sachverhalt wird durch die folgende Abbildung verdeutlicht:

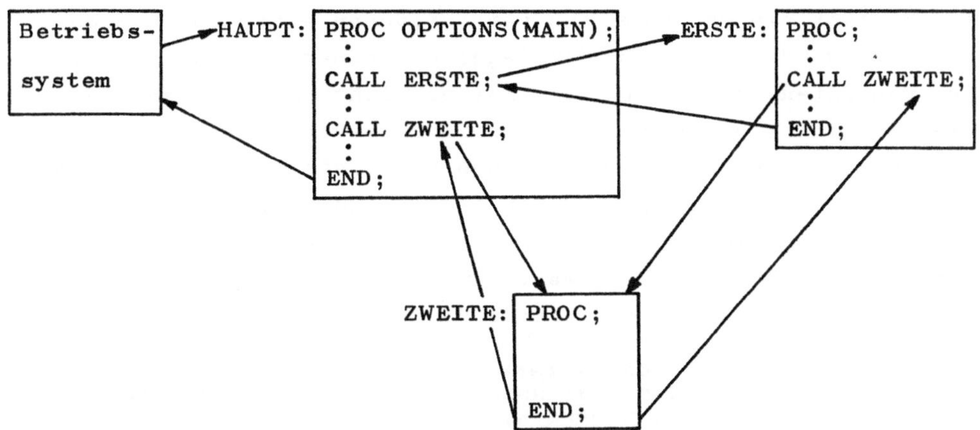

Die Abbildung veranschaulicht verschiedene neue Sachverhalte:

1. Die bisher als Programm bezeichnete Hauptprozedur ist nur
   ein Spezialfall eines allgemeinen Aufbaus. "Programm"
   soll jetzt für uns die logische Einheit aller externen
   Prozeduren sein, die durch Aufrufe miteinander in Beziehung stehen.

2. Ein Aufruf einer externen Prozedur aus einer anderen kann
   durch eine CALL-Anweisung erfolgen, wobei auf CALL stets
   die Marke folgt, die der zugehörigen PROC-Anweisung vorausgeht. Sie ist für die Benennung der Prozedur unbedingt
   erforderlich ("Prozedurname"), dient also zu deren Identifizierung, wodurch deutlich wird, weshalb einem PROC-
   Statement stets eine Marke vorangestellt werden muß.

3. Externe Prozeduren können sich gegenseitig aufrufen
   (CALL-Anweisung), mit dem Unterschied, daß die Hauptprozedur von keiner anderen externen Prozedur aufgerufen
   werden kann. Die Hauptprozedur kann nur vom Betriebssystem aktiviert werden. Am Ende des Programms gibt die
   Hauptprozedur die Kontrolle wieder an das Betriebssystem
   zurück. Im folgenden Paragraphen werden wir sehen, daß
   auch während des Ablaufs einer PL/I-Prozedur das Betriebssystem die Kontrolle wiedererlangen kann.

Besteht ein Programm aus verschiedenen externen Prozeduren, so werden diese in der Regel auf einer gemeinsamen Menge von Daten operieren. Hier ist es nicht damit getan, daß man den infrage stehenden Daten in zwei verschiedenen externen Prozeduren den gleichen Namen gibt, vielmehr müssen diese Daten das Attribut EXTERNAL tragen (auf eine andere Möglichkeit, nämlich die Übergabe dieser Daten in einer Parameterliste, soll erst im weiteren eingegangen werden). Hier zur Verdeutlichung das folgende Programm:

```
01    LISTE: PROC OPTIONS(MAIN);
02    DCL     (SATZ, KOPF EXTERNAL INIT('AUFLISTUNG VON DATEN'))
03            CHAR(80), NUMMER BIN FIXED INIT(0);
04            ON ENDFILE(SYSIN) GOTO STOP;
05    LIES:   GET FILE(SYSIN) EDIT(SATZ)(A(80));
06            NUMMER=NUMMER+1; /* ZEILENNUMMER */
07            IF MOD(NUMMER,60)=1 THEN CALL SEITE;
08            PUT FILE(SYSPRINT) EDIT(NUMMER, SATZ)
09             (SKIP,F(5),X(5),A);   GOTO LIES;
10    STOP:   END;
11   *PROCESS;
12    SEITE: PROC;
13    DCL     KOPF CHAR(80) EXT,
14            NUMMER BIN FIXED(31) INIT(0) STATIC;
15            NUMMER=NUMMER+1; /* SEITENNUMMER */
16            PUT FILE(SYSPRINT) EDIT(KOPF, 'SEITE', NUMMER,
17             (132)'-')(PAGE, A, COL(100), A, F(5), SKIP, A);
18            END;
```

In Zeile 7 wird in diesem Programm die zahlentheoretische MODULO-Funktion (MOD) aufgerufen. Ihre Wirkung ist folgende: Das erste Argument (NUMMER) wird durch das zweite (60) dividiert. Der bei dieser Division auftretende Rest ist der Wert der Funktion. Beispiel: MOD(127,60) ist 7 oder MOD(289,60) ist 49.
Weitere Besonderheiten dieses Programmbeispiels: Die externe Prozedur LISTE ist mit der END-Anweisung in Zeile 10 abgeschlossen. Die darauffolgenden Zeilen 12 bis 17 würden daher vom PL/I-Compiler ignoriert, da dieser jeweils nur eine externe Prozedur übersetzt. Das Schlüsselwort *PROCESS; in Zeile 11 zeigt dem Übersetzungsprogramm an, daß jetzt eine weitere externe Prozedur folgt. Beiden Prozeduren ist die als EXTERNAL deklarierte Größe KOPF gemeinsam. Sie wird in

LISTE initialisiert mit einem Text, der als Kopfzeile über jeder Seite des aufzulistenden Textes stehen soll. Neben der bereits als EXTERNAL (Abkürzung: EXT, vgl. Zeile 13) deklarierten Größe KOPF sind noch zwei weitere Namen aufgrund des Implizitkonzepts externe Größen, nämlich die Prozedurnamen LISTE und SEITE und der Filename SYSPRINT. Nicht als EXTERNAL-Größen deklariert sind die in beiden Prozeduren vorkommenden Namen NUMMER (Zeile 3 in LISTE bzw. Zeile 13 in SEITE). Sie gelten nur in den beiden angegebenen Prozeduren, sind dort also jeweils interne Größen. Die in Zeile 13 deklarierte Variable NUMMER hat das Attribut STATIC. Dies bedeutet, daß die Speicherplatzverwaltung für diese Größe in einer besonderen Weise - nämlich "statisch" - geregelt ist: Für den Wert einer Variablen kann es von Bedeutung sein, zu welchem Zeitpunkt dieser Variablen ein Speicherplatz zugewiesen wird. Zwei Möglichkeiten sind in diesem Zusammenhang von Interesse:

1. die automatische Speicherplatzzuordnung für eine Variable jeweils beim Betreten eines Blocks (PL/I-Attribut: <u>AUTOMATIC</u>, abgekürzt: AUTO) und
2. die statische Speicherplatzzuordnung im Moment der Übertragung des Programms in den Kernspeicher (PL/I-Attribut: <u>STATIC</u>)

Auf weitere Möglichkeiten der Speicherplatzverwaltung im Programm wird später eingegangen. Bisher haben wir uns über diesen Sachverhalt keine Gedanken zu machen brauchen, weil das Implizitkonzept von PL/I für alle bisher verwendeten Variablen das Speicherklassenattribut AUTOMATIC vorsah. Variable mit dem EXTERNAL-Attribut, wie die in Zeile 13 deklarierte Größe KOPF, haben im Gegensatz dazu das Attribut STATIC, da sie mit Speicherplatz und Wert ja bereits an anderer Stelle festliegen.

Warum muß an der erwähnten Stelle das STATIC-Attribut stehen? Die Variable NUMMER ist gleichzeitig mit dem Wert 0 initialisiert. Hätte NUMMER das AUTOMATIC-Attribut, würde jedesmal beim Betreten des Prozedurblocks SEITE der Wert 0 von NUMMER

angenommen. Durch die Angabe STATIC geschieht dies nur anfangs, und nach jeder Ausführung der Prozedur SEITE ist die
Seitennummer um den Wert 1 erhöht. Darüberhinaus erzeugt der
Compiler bei Angabe des STATIC-Attributs einen kürzeren Ma-
schinencode, da die Speicherverwaltung von AUTOMATIC-Variablen verständlicherweise größeren Auswand erfordert.
Der Vorteil externer Prozeduren liegt in ihrer relativen Un-
abhängigkeit von anderen externen Prozeduren, was insbesondere bedeutet, daß sie für sich kompiliert werden können.
Wichtig für ihre Verwendung ist aber, daß man ihre externen
Größen (und/oder Parameter) kennen muß, um sie sinnvoll in
andere Programme eingliedern zu können. Vielfach ist eine
Prozedur aber so speziell, daß sie nur sinnvoll in ein be-
stimmtes Programm einbezogen werden kann. In diesem Fall
wird man sie auch als <u>interne Prozedur</u> in dieses Programm
eingliedern:

```
01    LISTE: PROC OPTIONS(MAIN);
02    DCL    (SATZ, KOPF INIT('AUFLISTUNG VON DATEN'))
03           CHAR(80), NUMMER BIN FIXED INIT(0);
04           ON ENDFILE(SYSIN) GOTO STOP;
05    LIES:  GET FILE(SYSIN) EDIT(SATZ)(A(80));
06           NUMMER=NUMMER+1; /* ZEILENNUMMER */
07    SEITE: PROC;
08    DCL    NUMMER BIN FIXED(31) INIT(0) STATIC;
09           NUMMER=NUMMER+1; /* SEITENNUMMER */
10           PUT FILE(SYSPRINT) EDIT(KOPF, 'SEITE', NUMMER,
11           (132)'-')(PAGE, A, COL(100), A, F(5), SKIP, A);
12           END SEITE;
13           IF MOD(NUMMER,60)=1 THEN CALL SEITE;
14           PUT FILE(SYSPRINT) EDIT(NUMMER, SATZ)
15           (SKIP,F(5),X(5),A);  GOTO LIES;
16    STOP:  END;
```

Die Zeilen 7 bis 12 sind in diesem Beispiel ein interner
Prozedurblock. Eine interne Prozedur kann irgendwo zwischen
dem PROC- und dem zugehörigen END-Befehl einer (externen)
Prozedur stehen, denn während der Ausführung des Programms
läuft der Programmfluß um eine interne Prozedur herum (sie
wird erst durch eine korrespondierende CALL-Anweisung erreicht): Nach Zeile 6 fährt das Programm mit Zeile 13 fort,
in deren THEN-Klausel erst die Prozedur SEITE aufgerufen

wird. Danach wird mit Zeile 14 fortgefahren. Dieser Programmablauf entspricht der Zeilennummernfolge 6-12 im voraufgegangenen Programm. Auf den ersten Blick erscheint es so, als ob eine externe Prozedur zu einer internen wird, indem man sie einfach zwischen ein PROC- und END-Statement einer anderen externen Prozedur (etwa einer Hauptprozedur) einschiebt. Ein weiterer Unterschied wird jedoch deutlich, wenn man die Variable KOPF betrachtet: in Zeile 2 fehlt das Attribut EXTERNAL und in der (internen) Prozedur SEITE ist sie nicht mehr deklariert. Hierzu folgende Erläuterungen.

1. Variablendeklarationen in einem internen Prozedurblock sind nur in diesem wirksam und verlieren beim Verlassen des Blocks ihre Gültigkeit (vorausgesetzt, daß sie nicht durch das EXTERNAL-Attribut mit einer anderen Variablenerklärung in einem anderen Block verbunden sind).

2. Eine Variable mit gleichem Namen kann durchaus in einem anderen Block (hier dem äußeren, umgebenden Block) anders erklärt sein. Sie wird beim Betreten dieses Blocks mit dem vorher innegehabten Wert wieder aktiv.
   Am Beispiel: Die Variable NUMMER bedeutet in Zeile 3, 6, 13 und 14 die Zeilennummer. Sind in Zeile 13 61 Sätze (Karten) eingelesen worden, so wird die Prozedur SEITE aufgerufen. In Zeile 9 bedeutet NUMMER die Seitennummer, die vor Ausdruck der Kopfzeile um 1 erhöht wird. Nach Verlassen der Prozedur SEITE fährt das Programm mit Zeile 14 fort. Nach Einlesen einer weiteren Karte (Zeile 5) bedeutet NUMMER in Zeile 6 wieder die Zeilennummer, sie erhält dort den Wert 62.

3. Die Variable KOPF ist in der internen Prozedur SEITE nicht deklariert wie im vorangehenden Programm. Ihre Deklaration und ihr Wert werden deshalb aus der die Prozedur SEITE umgebenden Hauptprozedur LISTE übernommen.

Eine weitere Möglichkeit, den Geltungsbereich von Variablendeklarationen zu kontrollieren, besteht in der Spezifizierung sogenannter BEGIN-Blöcke. Ein BEGIN-Block ist eine Folge von

Anweisungen, die durch den Befehl BEGIN und einen korrespondierenden END-Befehl eingeschlossen sind:

```
[Marke:]   BEGIN;
           DCL  . . . ;
             .
             .
           END  [Marke];
```

Im Gegensatz zu den Prozedurblöcken kann hier die Marke fehlen (dies wird durch die Einklammerung angedeutet). Dementsprechend wird ein BEGIN-Block nicht durch Aufruf eines
"Blocknamens" aktiviert wie bei einem Prozedurblock, sondern
während des sequentiellen Programmablaufs, d.h. wenn die unmittelbar vor dem BEGIN stehende Anweisung abgearbeitet ist
oder durch einen Sprungbefehl GOTO Marke. Ein BEGIN-Block
kann nicht "extern", sondern muß stets in eine externe Prozedur eingebettet sein. BEGIN- und PROC-Blöcke können mehrfach ineinander geschachtelt sein (vgl. das Beispiel am Ende
dieses Paragraphen). Zunächst soll gezeigt werden, wie man
einen BEGIN-Block sinnvoll in einem Programm verwendet:

```
01    SUMMEN:      PROC OPTIONS(MAIN);
02    DCL          (I, J, K INIT(0), L, M) FIXED STATIC;
03                 ON ENDFILE(SYSIN) GOTO STOP;
04    GRENZEN:     GET EDIT(L,M) (SKIP, 2 F(3));
05    BLOCK:       BEGIN;
06    DCL          1 STRUKTUR(L) AUTO,
07                   2 NAME CHAR(10),
08                   2(WERTE(M), SUMME INIT((L)0)) FIXED,
09                 MITTEL(M) FLOAT INIT((M)0.0);
10                 GET EDIT((NAME(I), WERTE(I,*) DO I=1 TO L))
11                       (SKIP, A(10), (M) F(2));
12                 K=K+1;
13    SUM:         DO I=1 TO L;
14                    DO J=1 TO M;
15                       SUMME (I)=SUMME (I)+WERTE(I,J);
16                       MITTEL(J)=MITTEL(J)+WERTE(I,J);
17                 END SUM;
18                 MITTEL=MITTEL/FLOAT(L,6);
19                 PUT EDIT(K,'. RECHNUNG', STRUKTUR,
20                       'MITTEL', MITTEL)
21                       (SKIP(3),F(2),A,SKIP,(L)(SKIP,A(12),
22                       (M)F(4),F(8)), SKIP,A(12),(M)F(4,1));
23                 END;
24                 GOTO GRENZEN;
25    STOP: END;
```

Eingabe:

```
( Leerkarte )
  2   3
ARTIKEL 1   5 7 3
ARTIKEL 2   3 0 4
  4   5
WOCHE 1     2 3 0 4 5
WOCHE 2     1 5 3 6 5
WOCHE 3     7 2 4 0 1
WOCHE 4     2 2 3 1 7
```

Das Programm liest zunächst die Dimension einer Zahlentabelle
(z.B. die Zeilenzahl 2 und die Spaltenzahl 3) ein und anschließend die Tabelle selber mit den vorgestellten Bezeichnungen der Zeilen. Es errechnet die Summen der Zahlen pro
Zeile und die Mittelwerte der Angaben in den Spalten und
druckt die Eingabedaten zusammen mit den errechneten Größen
aus:

```
1. RECHNUNG

ARTIKEL 1       5    7    3         15
ARTIKEL 2       3    0    4          7
MITTEL        4.0  3.5  3.5


2. RECHNUNG

WOCHE 1         2    3    0    4    5    14
WOCHE 2         1    5    3    6    5    20
WOCHE 3         7    2    4    0    1    14
WOCHE 4         2    2    3    1    7    15
MITTEL        3.0  3.0  2.5  2.8  4.5
```

Der wesentliche Teil des angegebenen Programms ist der in
Zeile 5 beginnende und in Zeile 23 endende BEGIN-Block. In
der in Zeile 6 beginnenden Deklaration ist das Strukturfeld
STRUKTUR explizit als AUTOMATIC deklariert, während das
Feld MITTEL nach dem Implizitkonzept das AUTOMATIC-Attribut
erhält. Da AUTOMATIC-Größen beim Betreten eines Blocks stets
erneut Kernspeicherplatz zugewiesen wird, sind die variablen
Dimensionsangaben L bzw. M erlaubt. Wegen der Dimensionierung

(L) der Hauptstruktur sind die Variablen NAME, WERTE und
SUMME eigentlich ein- bzw. zweidimensionale Felder (NAME(L),
WERTE(L,M),SUMME(L)). So erklärt sich auch die in dieser
Form erlaubte Initialisierungsliste (L)0 für SUMME und die
Verwendung der Dimensionsangaben in den Zeilen 10, 15 und
16. Die Felder SUMME und MITTEL werden beim Betreten des
Blocks stets neu mit Nullen initialisiert (im Gegensatz zu
der als STATIC deklarierten Variablen NUMMER des letzten
Programmbeispiels).

Das Programm enthält darüberhinaus einige noch nicht erklärte Besonderheiten:

1. Die SKIP-Angabe in den Formatlisten der beiden GET-Befehle bewirkt das Überlesen des Restes der vorherigen Karte
   bzw. einer ganzen Karte am Anfang des Programms.

2. Die Formatspezifikation (M)F(2) bietet die Möglichkeit,
   das Format F(2) eine vorher nicht spezifizierte Anzahl
   von Malen zu wiederholen. Für M=3 hat es dieselbe Wirkung wie 3F(2). Ist der Wiederholungsfaktor eine Variable, so ist er in Klammern zu setzen. Die Klammern können auch bei Konstanten gesetzt werden: (3)F(2).

3. Die Angabe eines Sterns anstelle einer Variablen oder
   Konstanten für die Spaltennummer in WERTE(I,*) bedeutet,
   daß _alle_ Spaltennummern im deklarierten Bereich WERTE
   gemeint sind bei festgehaltenem Zeilenindex I. Man hat
   also dadurch die I. Zeile der Tabelle angesprochen. Entsprechend erhält man die Spalte mit der Nummer J durch
   die Angabe WERTE(*,J). Die Schreibweise WERTE(*,*) in
   Ausdrücken oder Ein-/Ausgabe-Anweisungen ist gleichbedeutend mit der Angabe WERTE.

4. In Zeile 18 erscheint die Funktion _FLOAT_. Ihre Wirkung
   ist die Umwandlung der FIXED-Variablen L (ergänzte Attribute DEC FIXED(5) STATIC ALIGNED) in eine DEC FLOAT(6)-
   Größe. Das zweite Argument (6) der FLOAT-Funktion ist also die gewünschte Genauigkeitsangabe. Die FLOAT-Funktion ist
   hier nicht erforderlich, kann aber nötig sein bei Division zweier FIXED-Größen, um einen Genauigkeitsverlust

beim Quotienten zu vermeiden.

Blöcke und Geltungsbereiche von Variablenerklärungen können ineinandergeschachtelt sein. Dies ist uns von DO-Gruppen her geläufig (engl. _nested_ DO-groups). Bei ineinanderliegenden Blöcken spricht man von verschiedenen Schachtelungsebenen (engl. _Level_). Das folgende Beispiel zeigt ein vom Compiler ausgedrucktes Programmprotokoll, bei dem die Statementnummern (STMT), BEGIN- und PROC-Blockebenen (LEVEL) und DO-Gruppenschachtelungen (NEST) in drei Spalten links neben den Anweisungen ausgedruckt sind:

```
STMT LEVEL NEST
  1                        H:    PROC OPTIONS(MAIN);
  2     1                  DCL   A STATIC EXT, B FLOAT;

  3     1                  C:    PROC;
  4     2                  DCL   D  FIXED, E BIT(2) ALIGNED;

  5     2                        B:    BEGIN;
  6     3                        DCL   A(5) CHAR(10);

  7     3                              F:    PROC;
  8     4                              DCL   A EXT, D CHAR(1);

  9     4                                    END F;

 10     3                              END B;

 11     2                        END C;
 12     1                        DO;

 13     1    1                   END;
 14     1                        BEGIN;
 15     2                  DCL   F FIXED INIT(1);

 16     2                        END;
 17     1                  END H;
```

Das Programm ist nur definitorischer Art, erst nach Ersetzen der Leerzeilen durch ausführbare Anweisungen würde es irgend etwas leisten. Es wird aber in dieser Form vom Compiler fehlerfrei übersetzt. Durch Übergabe des Schlüsselwortes ATR an den Compiler wird dieser veranlaßt eine Tabelle aller Variablenattribute auszudrucken, wobei auch die implizit angenom-

menen Attribute erscheinen, z.B. ergänzt der Compiler bei
der in Zeile 2 als FLOAT spezifizierten Variablen B die
Attribute DECIMAL (einfache Genauigkeit, engl. SINGLE),
AUTOMATIC und ALIGNED. Bei den Marken unterscheidet der
PL/I-Compiler nach solchen, die vor einem PROC-Statement
stehen, und solchen, bei denen dies nicht der Fall ist.
Erstere bezeichnet man als 'Eingangsnamen' für Prozeduren
(engl. ENTRY names), letztere als Anweisungsmarken (engl.
Statement labels). Sie sind implizit als Marken definiert
durch das Auftreten im Programm mit nachfolgendem Doppel-
punkt und gelten in dem Block, in dem sie definiert sind.
Auf die explizite Deklaration und die hier implizit angenom-
menen Attribute DECIMAL FLOAT(SINGLE) von ENTRY-Namen wird
im übernächsten Paragraphen näher eingegangen.
Wegen der Auffassung der Marke B als Konstante sei auf das
Programmbeispiel am Ende dieses Paragraphen verwiesen.

DCL NO.	IDENTIFIER	ATTRIBUTES
6	A	(5)AUTOMATIC,UNALIGNED,STRING(10),CHARACTER
2	A	STATIC,EXTERNAL,ALIGNED,DECIMAL,FLOAT(SINGLE)
8	A	STATIC,EXTERNAL,ALIGNED,DECIMAL,FLOAT(SINGLE)
2	B	AUTOMATIC,ALIGNED,DECIMAL,FLOAT(SINGLE)
5	B	STATEMENT LABEL CONSTANT
3	C	ENTRY,DECIMAL,FLOAT(SINGLE)
8	D	AUTOMATIC,UNALIGNED,STRING(1),CHARACTER
4	D	AUTOMATIC,ALIGNED,DECIMAL,FIXED(5,0)
4	E	AUTOMATIC,ALIGNED,STRING(2),BIT
15	F	AUTOMATIC,ALIGNED,INITIAL,DECIMAL,FIXED(5,0)
7	F	ENTRY,DECIMAL,FLOAT(SINGLE)
1	H	ENTRY,DECIMAL,FLOAT(SINGLE)

Hier seien noch einige Bemerkungen gemacht zu Variablen, die
mit gleichem Namen aber verschiedenen Attributen in verschiedenen Blöcken des Programms deklariert sind:

Die Deklaration von A in Zeile 2 und Zeile 8 bezieht sich
auf den gleichen Speicherplatz, da beide Variable durch das
EXTERNAL-Attribut gekoppelt sind. Nur in dem Teil des BEGIN-
Blocks B, der nicht zur Prozedur F gehört, gilt die explizit
angegebene Deklaration A(5) CHAR(10). Die in Zeile 2 deklarierte DEC FLOAT-Variable B gilt überall im Programm außer
in der internen Prozedur C, in der B die Bedeutung einer
Marke hat (Zeile 5). Der ENTRY-Name C gilt überall in der
externen Prozedur H. Die FIXED-Größe D (Zeile 4) gilt nur
in der Prozedur C, außer in der in C enthaltenen Prozedur F,
in der D mit dem Attribut CHAR(1) einen anderen Speicherplatz bezeichnet. Die Variable E dagegen gilt überall in
der Prozedur C, nicht aber außerhalb von C. Innerhalb des
mit B bezeichneten BEGIN-Blocks ist die Variable F ein
ENTRY-Name, während F in dem in Zeile 14 beginnenden BEGIN-
Block eine DEC FIXED-Größe darstellt.

Ein abschließendes Programmbeispiel möge die Verwendung
von _Marken_ erläutern. Bisher haben wir Marken nur kennengelernt in Form von Markenkonstanten, die unmittelbar vor
einer Anweisung stehen gefolgt von einem Doppelpunkt. Dadurch sind sie in dem sie enthaltenden Block (z.B. einer
Hauptprozedur) implizit als Markendaten definiert. Darüberhinaus gibt es die Möglichkeit, Marken (engl. label) als
Variable oder Felder in einer DCL-Anweisung zu definieren:

```
01      XLABEL: PROC OPTIONS(MAIN);
02      DCL     (I INIT(0), S, T(20)) BIN FIXED(31),
03              MARKE LABEL(ANFANG, ENDE), SPR(2) LABEL,
04              1 DATEN,
05              2(STUECK, EINZEL, BRUTTO, MWST, NETTO) DEC FIXED(8,2),
06              1 SATZ, 2(NR BIN FIXED(31), TEXT CHAR(78));
07              MARKE=ANFANG;
08      ANFANG: GET EDIT(SATZ)(F(2),A(78));
09              IF NR>3 THEN GOTO MARKE;
10                  ELSE IF NR<1 THEN DO;
11                          MARKE=ENDE;
12                          GOTO ZAEHLE;
13                  END;
14              GOTO SPR(NR);
```

```
15    SPR(1): GET STRING(TEXT) EDIT(STUECK,EINZEL)( 2 F(5,2));
16            BRUTTO=STUECK*EINZEL;
17            MWST=0.11*BRUTTO;
18            NETTO=BRUTTO-MWST;
19            PUT DATA(DATEN);
20            GOTO ZAEHLE;
21    SPR(2): GET STRING(TEXT) EDIT(T)(20 F(3));
22            S=SUM(T);
23            PUT EDIT (T)(SKIP, 20 F(3));
24            PUT DATA (S);
25    ZAEHLE: I=I+1;
26            GOTO MARKE;
27    ENDE:   PUT EDIT(I, ' KARTEN VERARBEITET.')(SKIP, F(5), A);
28            END;
```

In Zeile 3 sind beide Möglichkeiten angegeben:

1. Durch DCL MARKE LABEL; ist MARKE als Markenvariable definiert. Dem Schlüsselwort LABEL kann wahlweise eine in
   Klammern stehende Liste von Markenkonstanten folgen, die
   der Variablen MARKE in diesem Programm zugewiesen werden
   (Zeile 7 und 11). Die Markenkonstanten dieser Liste müssen im Programm implizit definiert sein. Die Sprungan-
   weisung GOTO MARKE ergibt eine Programmverzweigung zu
   der jeweils an MARKE zugewiesenen Markenkonstanten (Zeile 9 und 26).

2. Mit der Deklaration SPR(2) LABEL ist ein Feld von zwei
   Marken explizit definiert, wobei die Marken SPR(1) und
   SPR(2) im Programm implizit angegeben worden sind (Zeile
   15 und 21). Dadurch ist das Markenfeld SPR mit diesen
   beiden Markenkonstanten initialisiert (tatsächlich weist
   die Attributliste des Compilers SPR als Feld mit den
   Attributen AUTOMATIC, INITIAL, LABEL aus). Die Anweisung
   GOTO SPR(NR) in Zeile 14 verzweigt nach SPR(1) oder
   SPR(2), je nachdem ob NR=1 oder NR=2 ist.

Der Deutlichkeit halber sei noch einmal betont, daß XLABEL
(Zeile 1) nicht als Markenkonstante, sondern als ENTRY
(= Eingangsname für eine Prozedur) aufgefaßt wird. Erwähnt
sei schließlich noch, daß vor einer Anweisung oder einem
PROC-Statement nicht nur eine sondern mehrere Marken stehen
können, z.B.

        MARKE1: MARKE2: MARKE3: GET LIST(A);

Zu der Anweisung GET LIST(A) kann durch eine der drei Anweisungen

                GOTO MARKE1;
                GOTO MARKE2;
                GOTO MARKE3;

verzweigt werden. Dies erscheint zunächst redundant. Eine
praktische Anwendung hierfür werden wir im folgenden Paragraphen kennenlernen.

Im obigen Programm werden zwei Kartenarten verarbeitet
entsprechend der Satznummer 1 oder 2. Falls NR=1 ist, werden aus den Spalten 3 bis 12 der Karte zwei Zahlen STUECK
und EINZEL gelesen. Ist dagegen NR=2, so sollen in den Spalten 3 bis 62 bis zu 20 Zahlen stehen, deren Summe im Programm zu berechnen ist. Welche der beiden Kartenarten vorliegt, wird in diesem Programm erst entschieden, wenn die
ganze Karte eingelesen ist (Zeile 8). Hier bietet PL/I die
Möglichkeit Einzeldaten von der bereits im Kernspeicher
vorliegenden Zeichenkette TEXT mit Hilfe einer GET STRING-
Anweisung zu lesen (Zeile 15 und 21). Entsprechend können
in eine Zeichenkette mit einer PUT STRING-Anweisung Daten
übertragen werden. In beiden Fällen sind alle Möglichkeiten
der zeichenweisen Ein- und Ausgabe zugelassen (bis auf die
Schlüsselwörter, die nur im Zusammenhang mit GET FILE- und
PUT FILE-Anweisungen sinnvoll sind wie SKIP, LINE, PAGE
etc.), z.B. GET STRING(TEXT) DATA;

In Zeile 22 erscheint die eingebaute Funktion SUM, bei der
als Argument ein Zahlenfeld erwartet wird. Die Wirkung dieser Funktion entspricht der Aufsummierung aller Daten dieses Zahlenfeldes.

2. Testhilfen und Programmunterbrechungen

Während der Ausführung eines Programmes können bestimmte
Ereignisse auftreten, die den Programmfluß gewollt, meist
aber ungewollt, in eine bestimmte Richtung lenken. Im letzten Fall sprechen wir schlicht von Fehlern. Allgemeiner wollen wir jedoch sagen, daß eine Ausnahmebedingung aufgetreten
ist, weil sie eine Ausnahme innerhalb des normalen Programmflusses darstellt. Beim Auftreten einer Ausnahmebedingung
wird meist das Programm unterbrochen und die Kontrolle geht
an das Betriebssystem über, das für solche Programmunterbrechungen eine Standardaktion vorsieht, wobei ein Kommentar
ausgedruckt - etwa 'Versuch einer Division durch Null' - und
das Programm abnormal beendet wird. In PL/I gibt es die Möglichkeit, solche Ausnahmebedingungen vom Programm her abzu-
fangen. Dies geschieht dadurch, daß für das Auftreten einer
oder mehrerer möglicherweise vorkommender Ausnahmebedingungen
eine oder mehrere Anweisungen geschrieben werden, nach deren
Durchlauf das Programm in der Regel an der unterbrochenen
Stelle fortgesetzt wird. Für das Erkennen von Ausnahmebedingungen verwendet PL/I eine Reihe von Bedingungsnamen, die
z.B. in einer ON-Anweisung Verwendung finden. Eine einfache
Anweisung dieser Art haben wir bereits mit dem Bedingungsnamen ENDFILE bei

```
ON ENDFILE(SYSIN) GOTO STOP;
```

kennengelernt. Ohne diese Anweisung wird beim weiteren Versuch, Daten vom file SYSIN zu lesen, ein Fehlerkommentar
ausgedruckt und das Programm abgebrochen.

Eine weitere Ausnahmebedingung, die nicht zu einem Fehlerabbruch führt, ist durch das Erreichen des Endes einer
Druckseite gegeben. Implizit wird der Umfang einer Druckseite mit 60 Zeilen angenommen. Ohne eine PL/I-programmierte
ON-Anweisung wird beim Versuch, die 61. Zeile zu drucken,
implizit eine PUT PAGE-Anweisung durchgeführt (Beginn einer
neuen Seite) und der interne Zeilenzähler automatisch auf

den Wert 1 gesetzt. Durch eine ON-Anweisung mit dem Bedingungsnamen ENDPAGE kann man z.B. den Ausdruck einer Überschriftzeile auf jeder neuen Seite programmieren, wobei die
Angabe PAGE in dem zugehörigen Druckbefehl erscheinen muß,
um diese Überschrift auf eine neue Seite zu setzen. Das
schließt die Möglichkeit ein, auf der alten Seite noch eine
(oder mehrere) Fußzeilen auszugeben:

```
ON ENDPAGE(SYSPRINT) PUT FILE(SYSPRINT) EDIT
        ('FUSSZEILE','KOPFZEILE') (SKIP,A,PAGE,A);
```

Wie bei den GET - PUT-Befehlen kann auch bei ENDFILE und
ENDPAGE die file-Angabe fehlen.[*)] Die oben erwähnte Standard-
Aktion bei Seitenende könnte man auch explizit programmieren
durch ON ENDPAGE PUT PAGE; . Wird die ENDPAGE-Bedingung von
einer Null-Anweisung gefolgt, so wird auch diese Standardaktion ausgeschaltet, und die Ausgabezeilen werden ohne Sei-
tenunterbrechung gedruckt: ON ENDPAGE(SYSPRINT);

Im letzten Paragraphen haben wir ein Unterprogramm geschrieben, um eine Überschrift auf jede neue Seite zu setzen, wobei die Ausgabezeilen vom Programm mitgezählt wurden (Variable
NUMMER). Die Zeilenzählung wird jetzt vom System gemacht:

```
01    LISTE: PROC OPTIONS(MAIN);
02    DCL    (SATZ, KOPF INIT('AUFLISTUNG VON DATEN'))
03           CHAR(80), NUMMER BIN FIXED INIT(0);
04           ON ENDFILE(SYSIN) GOTO STOP;
05           ON ENDPAGE(SYSPRINT) BEGIN;
06    DCL    NUMMER BIN FIXED(31) INIT(0) STATIC;
07           NUMMER=NUMMER+1; /* SEITENNUMMER */
08           PUT FILE(SYSPRINT) EDIT(KOPF,'SEITE',NUMMER,
09            (132)'-')(PAGE,A,COL(100),A,F(5),SKIP,A);
10           END;
11    LIES:  GET FILE(SYSIN) EDIT(SATZ)(A(80));
12           NUMMER=NUMMER+1; /* ZEILENNUMMER */
13           IF NUMMER=1 THEN SIGNAL ENDPAGE(SYSPRINT);
14           PUT FILE(SYSPRINT) EDIT(NUMMER, SATZ)
15            (SKIP,F(5),X(5),A);  GOTO LIES;
16    STOP:  END;
```

Den Schlüsselwörtern ON ENDPAGE(SYSPRINT) muß jetzt ein
BEGIN-Block folgen (Zeile 5 bis 10).

---

[*] Sie sollte besser jedoch gesetzt werden, da der Compiler
sonst einen Fehler meldet, dann aber SYSIN bzw. SYSPRINT
ergänzt (vgl. Kap. VI)

Im Gegensatz zu den bisher besprochenen BEGIN-Blöcken wird
der hier von der Bedingung ENDPAGE abhängende Block nur dann
aktiviert, wenn die Bedingung tatsächlich eintritt; dies erfolgt erstmals dann, wenn bereits 60 Zeilen gedruckt sind,
also erst zu Beginn der zweiten Seite. Will man die Überschriftzeile auch auf der ersten Seite erhalten, so besteht
die Möglichkeit, die Bedingung durch einen Aufruf wirksam
werden zu lassen (zu 'signalisieren'). Dies geschieht durch
ein SIGNAL-Statement (Zeile 13):

                SIGNAL ENDPAGE(SYSPRINT);

Die ENDPAGE-Bedingung wird im obigen Programm erst dann signalisiert, wenn überhaupt Daten vorhanden sind. Verzichtet
man auf diese (an sich sinnvolle) Einschränkung und die Zei-
lennumerierung, so kann man obiges Programm einfacher so
schreiben:

```
01    LISTE: PROC OPTIONS(MAIN);
02    DCL    SATZ CHAR(80);
03           ON ENDFILE GOTO STOP;
04           ON ENDPAGE BEGIN;
05    DCL    NUMMER BIN FIXED(31) INIT(0) STATIC;
06           NUMMER=NUMMER+1; /* SEITENNUMMER */
07           PUT EDIT('SEITE', NUMMER, (132)'-')
08                  (PAGE, COL(100), A, F(5), SKIP, A);
09           END;
10           SIGNAL ENDPAGE;
11    LIES:  READ FILE(SYSIN) INTO(SATZ);
12           PUT EDIT(SATZ)(SKIP, A);
13           GOTO LIES;
14    STOP:  END;
```

In diesem Programm wird auch auf eine Ausgabe der Größe KOPF
in der Überschriftzeile verzichtet. Dadurch wird die ENDPAGE-
Aktion unabhängig von dem sie enthaltenden Hauptprogramm und
kann auch in andere Programme ohne Änderung übernommen werden. Sie besorgt dann lediglich eine Durchnumerierung der
Ausgabeseiten. Beim Einlesen wurde hier von der satzweisen
Eingabe Gebrauch gemacht. Im Prinzip kann auch SYSPRINT mit
satzweiser Ausgabe verbunden werden, jedoch ist dann die
ENDPAGE-Bedingung nicht mehr erlaubt, da diese nur bei einem

PRINT-file zulässig ist.

Die eben genannten Bedingungen beziehen sich auf die Ein- und Ausgabe (E/A). Weitere E/A-Bedingungen werden im folgenden Kapitel im Zusammenhang mit Satzschlüsseln erwähnt. Im folgenden wollen wir einige wichtige Bedingungen besprechen, die während der Rechnung auftreten können.

Bei der Zuweisung einer Größe an eine mit bestimmten Attributen definierte Variable kann es vorkommen, daß diese Größe nicht mit der spezifizierten Variablen in Einklang ist, z.B. kann bei der Zuweisung der Konstanten 1.05K an eine DEC FIXED-Variable - etwa bei einer E/A-Operation - ein <u>Konvertierungsfehler</u> (engl. conversion error) auftreten, da das Zeichen K keine gültige Dezimalziffer ist. Der zugehörige Bedingungsname ist <u>CONVERSION</u>, den man auch CONV abkürzen darf. In Abwesenheit einer programmierten ON CONVERSION-Anweisung kommt es hier zu einem Fehlerabbruch. Dieser Fehlerabbruch, der uns schon bei der ENDFILE-Bedingung begegnet ist und von dem auch im folgenden die Rede sein wird, verläuft stets nach folgendem Mechanismus:

1. Es wird ein Kommentar ausgedruckt, der den Fehler beschreibt und wenn möglich lokalisiert, z.B.

```
IHE604I  FILE SYSIN - ERROR IN CONVERSION FROM
CHARACTER STRING TO ARITHMETIC IN STATEMENT 00005
```

Hier steht im Programm in Statement 5 ein GET FILE(SYSIN)-Befehl, wobei während der Zuordnung von Daten zu einer Zahlenvariablen (ARITHMETIC) ein ungültiges Zeichen, etwa ein Buchstabe (CHARACTER STRING), angetroffen wurde (IHE604I ist ein Kommentarcode).

2. Anschließend aktiviert das System die <u>ERROR-Bedingung</u>, die gewissermaßen ein Sammelname für eine ganze Reihe von speziellen Ausnahmebedingungen darstellt - nur auf einer höheren Ebene -, und die, falls nicht eine programmierte ON ERROR-Anweisung vorliegt, automatisch den Abbruch des Programms bewirkt.

Im folgenden Programm ist eine ON CONVERSION-Aktion programmiert, die bei Eingabedaten falsche Ziffernlochungen korrigieren soll. Bei vielen Kartenlochern (etwa dem Locher IBM29) sind die Tasten für die Ziffern 0 bis 9 die gleichen wie die für andere Zeichen (/ U I O J K L M , .). Zum Lochen der Ziffern muß eine Umschalttaste ähnlich der bei einer Schreibmaschine betätigt werden. Ist das Drücken dieser Umschalttaste einmal vergessen worden, so erscheint statt einer 5 etwa der Buchstabe K oder statt einer 0 das Divisionszeichen /. Das folgende Programm holt diese vergessene Ziffernumschaltung nach und ersetzt außerdem alle anderen ungültigen Zeichen durch Nullen:

```
01     TESTC: PROC OPTIONS(MAIN);
02     DCL    (S, Z(80)) FIXED;
03            ON ENDFILE(SYSIN) GOTO STOP;
04            ON CONVERSION BEGIN;
05            DCL (I FIXED, C CHAR(1), D PIC'9',
06               ZEICH INIT('/UIOJKLM,.') CHAR(10)) STATIC;
07               C=ONCHAR;
08               I=INDEX(ZEICH,C);
09               D=MAX(0,I-1);
10               ONCHAR=D;
11               PUT EDIT('UNGUELTIGES ZEICHEN: ', C,
12                      ', VERAENDERT IN: ', D)(SKIP, 4 A);
13            END;
14     LIES:  GET EDIT(Z) (80 F(1));
15            S=SUM(Z);
16            PUT SKIP DATA(S);
17            GOTO LIES;
18     STOP:  END;
```

Dem Bedingungsnamen CONVERSION folgt ein BEGIN-Block, der die vom Programmierer gewünschte Aktion bei Auftreten eines Konvertierungsfehlers enthält. In Zeile 7 erscheint die Funktion ONCHAR, die das erste zu einem Konvertierungsfehler Anlaß gebende Zeichen in dem aktuellen Datenfeld als Wert zugewiesen bekommt. Diesen Wert erhält C. In Zeile 8 wird abgefragt, ob das fehlerhafte Zeichen in der Zeichenkette ZEICH vorkommt. Ist dies der Fall, so entspricht die Position I der Ziffer I-1, die dann nach D gespeichert wird, andernfalls erhält D den Wert 0.

Diese Wirkung wird durch die Verwendung der Maximumsfunktion in Zeile 9 erreicht: für I=0 ist MAX(0,I-1)=MAX(0,-1)=0, während für I>0 die Beziehung MAX(0,I-1)=I-1 gilt. Selbstverständlich hätte dieser Sachverhalt auch ohne die <u>MAX-Funktion</u> unter Verwendung von IF-THEN-ELSE programmiert werden können. Die Größe D ist als ungepackte Dezimalzahl deklariert. Eine in ihr gespeicherte Zahl hat in dieser Form dieselbe Verschlüsselung wie bei zeichenweiser Darstellung (vgl. §5 in Kap.1). Dies ist für das Verständnis der folgenden Zeile von Bedeutung. Dort erscheint die Funktion ONCHAR als Pseudovariable. Sie hat die Spezifikation CHAR(1) und erhält dort die PIC'9'-Größe D zugewiesen. Bei dieser Zuweisung erfolgt eine in PL/I <u>erlaubte Konvertierung</u>, die keinen Konvertierungsfehler nach sich zieht.
Konvertierungen zwischen arithmetischen Daten verschiedenen Typs bei arithmetischen Operationen oder Wertzuweisungen haben wir bisher ignoriert, da sie in PL/I erlaubt sind. So geht die Zuweisung der in Zeile 9 im Ausdruck MAX(0,I-1) errechneten gepackten Dezimalzahl (DEC FIXED) an die ungepackte Dezimalzahl D (PIC'9') problemlos vonstatten. Bei arithmetischen Ausdrücken mit gepackten und ungepackten Dezimalzahlen wird die ungepackte Dezimalzahl grundsätzlich in eine gepackte konvertiert. Ist ein an einer arithmetischen Operation beteiligter Operand vom Typ BINARY, so wird der andere gegebenenfalls ebenfalls nach BINARY konvertiert. Entsprechend wird, falls ein Operand eine FLOAT-Größe ist, der andere beteiligte Operand ebenfalls nach FLOAT konvertiert.

Nicht nur zwischen arithmetischen Daten sondern auch zwischen Zeichenketten, Bitketten und arithmetischen Daten sind Konvertierungen bei Zuweisungen und Operationen in beschränktem Maße möglich:

1. <u>Umwandlung von Zeichenketten in arithmetische Daten:</u>
   Können die Zeichen als gültige Dezimalzahl einschließlich vorgestellten Plus- oder Minuszeichen interpretiert werden, so ist eine Konvertierung nach DEC FIXED möglich.

2. <u>Umwandlung von Bitketten in arithmetische Daten:</u>
   Eine Bitkette wird als vorzeichenlose Dualzahl interpretiert und so nach BIN FIXED konvertiert. (Hier sei auf
   ein Beispielprogramm im 6.Kapitel verwiesen, das die Ausgabe der internen Verschlüsselungen aller Zeichen in
   Kap.I, §5 besorgte.)

3. <u>Umwandlung von Bit- in Zeichenketten:</u>
   Die Bits 0 bzw. 1 werden die Zeichen 'O' bzw. '1'. Die
   Länge der resultierenden Zeichenkette entspricht dabei
   natürlich der Länge der ursprünglichen Bitkette.

4. <u>Umwandlung arithmetischer Daten in Zeichenketten:</u>
   Die arithmetische Größe wird ähnlich wie bei der PUT LIST-
   Anweisung rechtsbündig in eine Zeichenkette gespeichert,
   wobei die Länge dieser Zeichenkette von der Genauigkeitsangabe der arithmetischen Größe abhängt.

5. <u>Umwandlung arithmetischer Daten in Bitketten:</u>
   Die arithmetische Größe wird zunächst nach BIN FIXED(m,0)
   konvertiert, wobei gültige Stellen nach dem Komma verloren
   gehen. Die Genauigkeitsangabe m hängt von der Genauigkeitsangabe der ursprünglichen Größe ab. Anschließend erfolgt
   eine Interpretation als Bitkette der Länge m.

6. <u>Umwandlung von Zeichenketten in Bitketten:</u>
   Die Zeichen 'O' bzw. '1' werden Bits 0 bzw. 1. Alle anderen Zeichen führen zu Konvertierungsfehlern.

Konvertierungsfehler können also bei Punkt 1 und 6 auftreten.

Wir wollen uns wieder dem obigen Beispielprogramm zuwenden:
Nachdem das den Konvertierungsfehler auslösende Zeichen in
Zeile 10 verändert wurde, wird an die Stelle im Programm zu-
rückgesprungen, die den Konvertierungsfehler ausgelöst hat.
Ist der Fehler an dieser Stelle immer noch nicht beseitigt,
so wird erneut in den ON CONVERSION-Block eingetreten. Im
obigen Programm kann dieser Fall jedoch nicht eintreten. Die
Ausgabe kann folgendermaßen aussehen:

```
S=         360;
UNGUELTIGES ZEICHEN: K, VERAENDERT IN: 5
UNGUELTIGES ZEICHEN: ,, VERAENDERT IN: 8
UNGUELTIGES ZEICHEN: P, VERAENDERT IN: 0
UNGUELTIGES ZEICHEN: O, VERAENDERT IN: 3
UNGUELTIGES ZEICHEN: L, VERAENDERT IN: 6
UNGUELTIGES ZEICHEN: K, VERAENDERT IN: 5
UNGUELTIGES ZEICHEN: G, VERAENDERT IN: 0
UNGUELTIGES ZEICHEN: ., VERAENDERT IN: 9
S=         431;
```

Selbstverständlich kann innerhalb des ON CONVERSION-Blocks
auch auf die kommentierende Ausgabe verzichtet werden.
Die CONVERSION-Bedingung tritt in dem sie enthaltenden Block
(hier die Hauptprozedur) grundsätzlich immer bei Konvertierungsfehlern auf - sie ist dort immer <u>wirksam</u> -, es sei denn,
daß sie durch eine besondere Maßnahme in diesem Programm <u>un-
wirksam</u> gemacht wird. Dies geschieht durch einen <u>Bedingungs-
präfix</u> <u>NOCONVERSION</u> (abgekürzt NOCONV), der in Klammern gesetzt und von einem Doppelpunkt gefolgt, dem BEGIN- oder
PROC-Block, auf den er sich bezeihen soll, vorangestellt
wird. Die Folge dieser Maßnahme ist, daß in dem betreffenden
Block keine Unterbrechungen wegen unerlaubter Konvertierungen
erfolgen. Der ON CONVERSION-Block im obigen Programm wird
nun überflüssig. Das leicht veränderte Programm hat dann folgendes Aussehen:

```
01      (NOCONV):
02      TESTC: PROC OPTIONS(MAIN);
03      DCL    (S, Z(80)) FIXED;
04             ON ENDFILE(SYSIN) GOTO STOP;
05      LIES:  GET EDIT(Z) (80 F(1));
06             PUT EDIT(Z) (SKIP, 20 F(2));
07             S=SUM(Z);
08             PUT SKIP DATA(S);
09             GOTO LIES;
10      STOP:  END;
```

Der Bedingungspräfix (NOCONV) ist formal eine Marke. Wir
machen hier von der Möglichkeit Gebrauch mehrere"Marken" hintereinander zu reihen. Zur Kontrolle der Eingabe ist in Zeile 6 ein Ausgabebefehl gesetzt.

Ausgabe:

```
1 2 3 4 5 6 7 8 9 0 1 2 3 4 5 6 7 8 9 0
1 2 3 4 5 6 7 8 9 0 1 2 3 4 5 6 7 8 9 0
1 2 3 4 5 6 7 8 9 0 1 2 3 4 5 6 7 8 9 0
1 2 3 4 5 6 7 8 9 0 1 2 3 4 5 6 7 8 9 0
S=      360;
1 3 9 8 7 5 2 3 4 8 7 5 0 4 5 9 8 0 0 9
8 3 0 0 0 2 3 8 7 9 5 8 7 9 3 4 6 6 8 8
7 8 7 7 6 7 4 6 5 3 5 4 3 7 5 5 9 0 7 7
6 5 0 0 7 6 0 8 5 4 6 0 6 5 6 4 6 4 4 0
S=      395;
```

Bei Zugrundelegung derselben Eingabedaten ist hier das Rechenergebnis für die Daten der zweiten Eingabekarte ein anderes als oben (S=395 gegenüber S=431). Die Grund hierfür liegt darin, daß alle beim obigen Programm als ungültig erkannten Zeichen in diesem Fall automatisch durch Nullen ersetzt wurden.

Während der Durchführung arithmetischer Operationen können eine Reihe von Ausnahmebedingungen auftreten, die einen Fehler bei der Errechnung des Ergebniswertes dieser Operation anzeigen. So wurde oben schon der Versuch einer Division durch Null erwähnt. Der zugehörige Bedingungsname ist ZERODIVIDE (abgekürzt: ZDIV). Abgesehen davon, daß man normalerweise vor einer Division prüft, ob der Divisor Null ist, kann man beim Fehlen einer solchen Abfrage in einer ON ZDIV-Anweisung etwa schreiben

```
ON ZERODIVIDE BEGIN;
   PUT DATA;   STOP;
END;
```

wodurch alle Variablen des umgebenden Blocks ausgedruckt werden und das Programm beendet wird (STOP-Anweisung).

Fehler können bei Gleitkommaoperationen auch dadurch auftreten, daß der Exponent E zur Basis 16 beim Ergebnis nicht im Bereich $-64 \leq E \leq 63$ liegt. Wird er kleiner als -64, so spricht man von einer Exponentenunterschreitung (UNDERFLOW), ist er größer als 63, dann liegt eine Exponentenüberschreitung vor (OVERFLOW). Eine Exponentenunterschreitung liegt nicht vor, wenn der Wert Null erreicht wird. Beide in Klammern stehenden Bezeichnungen sind Bedingungsnamen für den vorliegenden Tatbestand und können in entsprechenden ON-Anweisungen verwendet werden. Der Bedingungsname für die Überschreitung des zulässigen Bereiches bei binären oder dezimalen Festkommaoperationen ist FIXEDOVERFLOW (Abkürzung: FOFL).

Alle 4 Bedingungen sind normalerweise wirksam. Sie können durch einen Bedingungspräfix mit vorgestelltem NO in dem jeweiligen Block unwirksam gemacht werden. Dabei muß man sich jedoch klar sein, daß die erhaltenen Rechenergebnisse zum Teil falsch sein können. Die Ausschaltung der Programmunterbrechungen für Fehler bei arithmetischen Operationen erscheint in der Regel nur bei der UNDERFLOW-Bedingung sinnvoll, da hierbei nur der Ausdruck einer Fehlermeldung unterdrückt wird, während das Rechenergebnis Null wird, was dem wahren Wert sehr nahe kommt. Hier wird auch, wenn die Bedingung wirksam ist und der Programmierer keine Programmverzweigung in einer eigenen ON-Anweisung vorsieht, das Programm unmittelbar hinter der fraglichen Operation mit dem Ergebniswert Null fortgesetzt, während es in den drei anderen Fällen zum Fehlerabbruch kommt.

Bei Eintritt der FIXEDOVERFLOW-Bedingung werden nur die führenden Stellen, die in das definierte Ergebnisfeld nicht hineinpassen, abgeschnitten. Dies macht man sich in einem Standardverfahren zur Erzeugung gleichverteilter Zufallszahlen im Bereich von 0 bis 2^{31} nutzbar, indem man die FOFL-Bedingung unwirksam macht. Erwähnt sei noch, daß man den Bedingungspräfix auch vor die kritische Anweisung in Zeile 5 setzen kann. In diesem Fall ist FOFL nur bei dieser Anweisung unwirksam.

```
01   (NOFOFL):
02   ZUFALL: PROC OPTIONS(MAIN);
03   DCL     (I INIT(12345), J INIT(0)) FIXED BIN(31);
04   WDH:    J = J + 1;
05           I = I*65539;
06           IF I<0 THEN I = I + 2147483647 + 1;
07           PUT EDIT(J, '. ZAHL:', I)(SKIP, F(2), A, F(11));
08           IF J<12 THEN GOTO WDH;
09   END;
```

Ausgabe:

```
 1. ZAHL:   809078955
 2. ZAHL:   559395329
 3. ZAHL:   369628675
 4. ZAHL:  1478181385
 5. ZAHL:  1247462939
 6. ZAHL:   623596113
 7. ZAHL:  1104344819
 8. ZAHL:  1013703897
 9. ZAHL:   438087307
10. ZAHL:  2095123361
11. ZAHL:    38019811
12. ZAHL:   699361449
```

Eine ähnliche Bedingung wie FOFL ist die Bereichsüberschreitungsbedingung SIZE. Sie tritt dann ein, wenn bei einer Wertzuweisung der aufnehmende Speicherplatz oder die Genauigkeitsangabe zu klein ist und hierbei führende Binär- oder Dezimalstellen verloren gehen. Diese Bedingung ist normalerweise unwirksam, kann aber durch einen SIZE-Bedingungspräfix wirksam gemacht werden.

Treten während eines Programmlaufs Unterbrechungen wie z.B. FIXEDOVERFLOW im Zusammenhang mit Feldern auf, so kann eine Ursache hierfür sein, daß einer oder mehrere der Indizes des Feldes im Augenblick der Unterbrechung einen Wert besitzen, der außerhalb des deklarierten Indexbereiches (engl. SUBSCRIPTRANGE) liegt. So ist z.B. bei einem eindimensionalen Feld F mit dem Indexbereich (2:11) die Größe F(1) nicht definiert. Trotzdem benutzt das Programm das entsprechende Datenfeld, das in diesem Fall im Speicher unmittelbar vor dem deklarierten Feld F liegt. Dabei kann es zu der oben erwähnten Programmunterbrechung kommen, wenn F mit dem Attribut FIXED deklariert worden ist. Solche Programmfehler sind mitunter schwer zu erkennen, da die SUBSCRIPTRANGE-Bedingung normalerweise unwirksam ist. Dies liegt daran, daß die von PL/I unterstützte Prüfung der Indizes aller vorkommender Felder recht aufwendig ist. Man sollte sie deshalb nur im Teststadium des Programms als sogenannte Testhilfe verwenden. Die Prüfung der Indizes während der Programmausführung wird wirksam durch den einem Block oder einer Anweisung vorgestellten Bedingungspräfix SUBSCRIPTRANGE (abgekürzt: SUBRG):

```
01   (SUBRG): TEST: PROC OPTIONS(MAIN);
02   DCL      A(5,10) FIXED;
03            I=6;
04            J=-1;
05            Z=A(I,J);
06   END;
```

Ausgabe:

IHE500I   SUBSCRIPTRANGE IN STATEMENT 00005

Das obige Beispiel werde nun leicht verändert:

```
01      (SUBRG,CHECK(I,J,LAB)):
02      TEST:   PROC OPTIONS(MAIN);
03      DCL     A(5,10) FIXED;
04      LAB:    I=6;
05              J=-1;
06              Z=A(I,J);
07      END;
```

Ausgabe:

    LAB

    I=   6;

    J=   -1;

    IHE500I   SUBSCRIPTRANGE IN STATEMENT 00005

In der ersten Version des kurzen Beispielprogramms wird der
normale Fehlerabbruch bei Wirksamkeit der SUBSCRIPTRANGE-Bedingung demonstriert. Die zweite Version enthält darüberhinaus noch die weitere Testhilfe CHECK. Diese hat die Form

CHECK (Variablenliste)

und bewirkt folgendes: wird während des Ablaufs des Programms einer der Variablen von 'Variablenliste' ein Wert zugewiesen, so wird diese Variable mit dem neuen Wert nach dem
Ausgabemodus PUT DATA ausgedruckt. In 'Variablenliste' vorkommende Marken oder ENTRY-Namen werden so wie sie im Programm verwendet werden ausgedruckt (hier die Marke LAB). Die
Verwendung des Bedingungspräfixes CHECK (Variablenliste)
stellt somit eine nützliche Möglichkeit dar, den Ablauf eines Programms zu verfolgen. Er sollte nur im Teststadium Anwendung finden.
Wie SUBRG kann der Bedingungsname CHECK auch in einer ON-Anweisung verwendet werden. In beiden Fällen kommt es aber nur

dann zu einer Programmunterbrechung, wenn die Bedingung durch
den entsprechenden Bedingungspräfix wirksam gemacht ist:

```
01      (SUBRG,CHECK(I)):
02      TEST: PROC OPTIONS(MAIN);
03      DCL    (Z, A(5,10) INIT((50)0)) FIXED;
04             ON SUBRG GOTO STOP;
05             ON CHECK(I) BEGIN;
06                ON CHECK(I) SYSTEM;
07                I=I+1;
08             END;
09             I=-1; J=2; Z=17;
10             Z=A(I,J);
11      STOP: PUT SKIP DATA(I,J,Z);
12      END;
```

Ausgabe:

```
   I=         0;

   I=         0          J=         2          Z=         17;
```

Das Beispielprogramm zeigt in den Zeilen 4 bis 8 die Verwendung von SUBRG und CHECK in ON-Anweisungen. Zunächst tritt
in Zeile 9 die Bedingung CHECK(I) auf. Im ON CHECK(I)-Block
soll der Wert von I um 1 erhöht werden. Dies hätte einen erneuten Eintritt in die Bedingung bedeutet. Deshalb wird die
CHECK(I)-Bedingung durch die Anweisung in Zeile 6 zunächst
ausgeschaltet. Diese ist eine erneute ON-Bedingung und bedeutet, daß die normale System-Aktion bei der gerade einge-
tretenen Bedingung wirksam sein soll, d.h. daß keine DATA-
Ausgabe erfolgt. Nachdem I jetzt den Wert 0 erhalten hat,
wird die Variable ausgegeben. In Zeile 10 tritt nun die
SUBSCRIPTRANGE-Bedingung ein. Die programmierte ON-Bedingung hierfür verzweigt nach STOP, wo die Variablen I, J und
Z ausgegeben werden. Man beachte, daß wegen der SUBRG-Be-
dingung in Zeile 10 keine Zuweisung an Z erfolgt, so daß der
vorher zugewiesene Wert 17 von Z ausgedruckt wird.
Eine abschließende Bemerkung zur anfangs angesprochenen
ERROR-Bedingung:
Diese Bedingung kann ebenfalls in einer ON-Anweisung Verwendung finden. Dies sei an dem folgenden Programmausschnitt
demonstriert:

```
ON ERROR SNAP BEGIN;
    PUT DATA;
    STOP;
END;
```

Das Schlüsselwort <u>SNAP</u> heißt 'Schnappschuß' und bewirkt die
Ausgabe zusätzlicher Testinformation u.a. den Ausdruck einer
Nachricht, welche Bedingung den Eintritt in die ERROR-Bedingung bewirkt hat. Im Anschluß daran werden alle im zugehörigen Block aktiven Variablen ausgegeben und das Programm
beendet.

Eine Tabelle möge die Information der hier besprochenen
Bedingungen zusammenfassen:

Bedingung	Abkürzung	wirk-sam	Be-dingungs-präfix	System-aktion	Datenfeld
CHECK(Vari-ablenliste)			x	Ausdruck der Liste	unverändert
CONVERSION	CONV	x	x NO...	+	nicht def.
ENDFILE (filename)		xx		+	-
ENDPAGE (filename)		xx		Beginn neue Seite	-
ERROR		xx		Beendigung Programm	nicht def.
FIXEDOVER-FLOW	FOFL	x	x NO...	+	nicht def.
OVERFLOW	OFL	x	x NO...	+	nicht def.
SIZE			x	+	nicht def.
SUBSCRIPT-RANGE	SUBRG		x	+	nicht def.
UNDERFLOW	UFL	x	x NO...	Ausdruck Kommentar, kein Abbruch	Null
ZERODIVIDE	ZDIV	x	x NO...	+	nicht def.

Zwei Kreuze (xx) in der Spalte 'wirksam' bedeuten, daß
diese Ausnahmebedingung _immer_ wirksam ist und durch keinen
Bedingungspräfix umgangen werden kann; ein Kreuz (x) zeigt
die Wirksamkeit an. Ein Kreuz in der Spalte 'Bedingungspräfix' bedeutet, daß der Bedingungsname als Präfix verwendet werden kann (gegebenenfalls mit einem vorgestellten
NO). Ein Pluszeichen (+) in der Spalte 'Systemaktion'
steht für den anfangs erwähnten Fehlerabbruch. Soweit
(fehlerhafte) Daten mit dem Eintritt einer bestimmten
Bedingung zusammenhängen, bedeutet die Bemerkung 'nicht
definiert' in der Spalte 'Datenfeld', daß der Inhalt des
resultierenden Datenfeldes in der Regel nicht mehr sinnvoll
verwendet werden kann, da hier zwar definierte Systemaktio-
nen vorgenommen werden, mit denen der Programmierer aber
normalerweise nicht rechnet.

3. Subroutinen und Funktionen

In diesem Paragraphen wollen wir uns näher mit den in
diesem Kapitel eingeführten Prozeduren beschäftigen, genauer
gesagt, mit der Übergabe von Daten an Prozeduren und der
Rückgabe von Werten an das aufrufende Programm. Bei externen
Prozeduren haben wir bisher nur die Möglichkeit kennengelernt
Daten mit dem EXTERNAL-Attribut aufeinander zu beziehen. Bei
internen Prozeduren galten in dem umgebenden Block deklarierte Variable darüber hinaus auch, falls sie dort nicht
explizit deklariert wurden. Wir wollen nun die Übergabe von
Daten an eine Prozedur als _Argumentliste_ behandeln. Hierfür das folgende Beispielprogramm, das den Ausdruck zweier
Tabellen der (eingebauten) Sinus- und Cosinusfunktion für
die Werte 0 bis 90° besorgt:

```
01    TAB:    PROC OPTIONS(MAIN);
02    DCL     (A,B,I,J INIT(0)) FIXED,
03            U(3) CHAR(3) INIT('SIN','COS',' '), M(3) LABEL,
04            TABEL ENTRY(FIXED, FIXED, FIXED, ENTRY, LABEL);
05            A=0; B=90; I=10;
06    ANF:    J=J+1; PUT EDIT(U(J))(SKIP(2), A);
07            GOTO M(J);
08    M(1):   CALL TABEL(A,B,I,SIN,ANF);
09    M(2):   CALL TABEL(A,B,I,COS,ANF);
10    TABEL: PROC(C,D,E,F,L);
11    DCL       (I,J,X,A(10)) FLOAT, (C,D,E) FIXED, F ENTRY, L LABEL;
12            PUT EDIT((I DO I=0 TO E-1))(SKIP, (E) F(7));
13            DO I=C TO D-E BY E;
14                DO J=0 TO E-1;
15                    X=(I+J)*0.0174533;
16                    A(J+1)=F(X);
17                END;
18                PUT EDIT(I,A)(SKIP,F(2),(E)F(7,4));
19            END;
20            GOTO L;
21          END TABEL;
22    M(3):   END TAB;
```

Ausgabe:

SIN

	0	1	2	3	4	5	6	7	8	9
0	0.0000	0.0175	0.0349	0.0523	0.0698	0.0872	0.1045	0.1219	0.1392	0.1564
10	0.1736	0.1908	0.2079	0.2250	0.2419	0.2588	0.2756	0.2924	0.3090	0.3256
20	0.3420	0.3584	0.3746	0.3907	0.4067	0.4226	0.4384	0.4540	0.4695	0.4848
30	0.5000	0.5150	0.5299	0.5446	0.5592	0.5736	0.5878	0.6018	0.6157	0.6293
40	0.6428	0.6561	0.6691	0.6820	0.6947	0.7071	0.7193	0.7314	0.7431	0.7547
50	0.7660	0.7771	0.7880	0.7986	0.8090	0.8192	0.8290	0.8387	0.8480	0.8572
60	0.8660	0.8746	0.8829	0.8910	0.8988	0.9063	0.9135	0.9205	0.9272	0.9336
70	0.9397	0.9455	0.9511	0.9563	0.9613	0.9659	0.9703	0.9744	0.9781	0.9816
80	0.9848	0.9877	0.9903	0.9925	0.9945	0.9962	0.9976	0.9986	0.9994	0.9998

COS

	0	1	2	3	4	5	6	7	8	9
0	1.0000	0.9998	0.9994	0.9986	0.9976	0.9962	0.9945	0.9925	0.9903	0.9877
10	0.9848	0.9816	0.9781	0.9744	0.9703	0.9659	0.9613	0.9563	0.9511	0.9455
20	0.9397	0.9336	0.9272	0.9205	0.9135	0.9063	0.8988	0.8910	0.8829	0.8746
30	0.8660	0.8572	0.8480	0.8387	0.8290	0.8192	0.8090	0.7986	0.7880	0.7771
40	0.7660	0.7547	0.7431	0.7314	0.7193	0.7071	0.6947	0.6820	0.6691	0.6561
50	0.6428	0.6293	0.6157	0.6018	0.5878	0.5736	0.5592	0.5446	0.5299	0.5150
60	0.5000	0.4848	0.4695	0.4540	0.4384	0.4226	0.4067	0.3907	0.3746	0.3584
70	0.3420	0.3256	0.3090	0.2924	0.2756	0.2588	0.2419	0.2250	0.2079	0.1908
80	0.1736	0.1564	0.1392	0.1219	0.1045	0.0872	0.0698	0.0523	0.0349	0.0175

In Zeile 8 und 9 wird die interne Prozedur TABEL jeweils
mit verschiedenen Argumentlisten aufgerufen. Es bedeuten
A, B und I Gradangaben, die das Anfangs- und Endargument
für die gewünschte Winkelfunktion, bzw. die Gradschritt-
zahl für die Zeilen der Tabelle sind. Ein Blick auf die
erste Tabelle zeigt, wie der Wert von sin 37° zu finden
ist: man geht in die Zeile, vor der die Gradzahl 30 steht
und in die Spalte mit der Nummer 7 und findet den Funktionswert 0,6018. Das 4.Argument ist jeweils der (ENTRY-)
Name der eingebauten Funktion SIN bzw. COS und das 5.Ar-
gument die Marke ANF, zu der gesprungen werden soll, wenn
die Prozedur TABEL abgearbeitet ist. Damit der PL/I-Com-
piler die Argumente mit ihrer Bedeutung richtig erkennt,
ist hier eine besondere Deklaration für den ENTRY-Namen
TABEL und seine Argumente erforderlich (Zeile 4): Diese
ist zwar für den ENTRY-Namen TABEL nicht unbedingt erforderlich, da dieser auch aus dem Kontext als solcher
erkannt werden würde (Implizitkonzept), jedoch würden die
Argumente A, B, SIN bzw. COS und ANF implizit als
DEC FLOAT(6)-Größen und I als BIN FIXED(15)-Größe angenommen werden. Letzteres wird durch die in Klammern dem
Schlüsselwort ENTRY folgende Liste der Attribute verhin-
dert, wobei den 5 Argumenten die 5 angegebenen Attribute
in der gleichen Reihenfolge zugeordnet werden. Wir merken
uns, daß nicht nur Zahlen, Zeichen und Bitketten, sondern
u.a. auch Prozedurnamen (ENTRY) und Marken (LABEL) als
Argumente an eine Prozedur übergeben werden können.
Bei der Erklärung der Prozedur TABEL in Zeile 10 folgt
dem Schlüsselwort PROC in Klammern eine Parameterliste.
Die Anzahl ihrer Elemente und deren Bedeutung muß dabei
genau mit der Argumentliste im Aufruf der Prozedur
übereinstimmen, jedoch können im Aufruf Argumente anderen
Typs vorkommen, die aufgrund der Spezifikation des ENTRY-
attributs für die Prozedur in die dort angegebenen Typen
konvertiert werden. Für die Parameter und die in TABEL
internen Größen folgt eine DCL-Anweisung in Zeile 11.

In Zeile 15 wird mit I+J der aktuelle Winkel errechnet.
Da die eingebauten Winkelfunktionen eine Umrechnung des
Winkelmaßes in das Bogenmaß verlangen, wird hier noch mit
dem Wert $\frac{\pi}{180}$ = 0,0174533 multipliziert.
Anstelle des Parameters F in Zeile 16 wird beim ersten Aufruf SIN und beim zweiten COS gesetzt. Die Funktionswerte
werden zu je 10 für eine Ausgabezeile im Feld A gespeichert
(Zeile 16 und 18). Die Verzweigung GOTO L in Zeile 20 führt
den Programmfluß zu der dem Parameter L im Aufruf entsprechenden Marke ANF. Nach dem Ausdruck der Cosinustabelle erhält J dort den Wert 3 und das Programm verzweigt in Zeile 7
nach M(3), also ans Ende des Programms.

Mit der Übergabe von Argumenten an definierte Parameter
einer Prozedur haben wir eine Möglichkeit in der Hand, Prozeduren noch allgemeiner als bisher zu benutzen. Diese können dann sowohl interne als auch externe Prozeduren sein.
Abgesehen von dieser schon vorher besprochenen Unterscheidung von internen und externen Prozeduren können wir beide
Arten noch einmal unterteilen in Subroutine- und Funktions-
prozeduren. Im obigen Beispiel haben wir eine Subroutine
vor uns (engl. subroutine = Unterroutine, Unterprogramm).
Subroutinen werden durch eine CALL-Anweisung aufgerufen,
der ein Eingangsname mit oder ohne Argumentliste folgt.
(Die bisher besprochenen Prozeduren waren nur von der letzten Art.) Beim Aufruf einer Subroutine werden die (aktuellen) Argumente an die (formalen) Parameter übergeben und
mit diesen aktuellen Argumenten die Aktionen der Subroutine
durchgeführt. Die Kontrolle wird wieder zurückgegeben an
die aufrufende Prozedur unmittelbar an die Anweisung, die
dem aufrufenden CALL folgt, es sei denn, daß die vor der
zur PROC-Anweisung korrespondierenden END-Anweisung ein
Sprungbefehl wie im obigen Beispiel ist. Die Kontrolle
kann jedoch noch vor Erreichen der letzten END-Anweisung
an die aufrufende Prozedur zurückgegeben werden, nämlich
dann, wenn eine RETURN- (=Rückkehr-) Anweisung angetroffen wird:

```
01     SUB: PROC OPTIONS(MAIN);
02     DCL  (I, J, K) FIXED,
03          GGT ENTRY(FIXED, FIXED, FIXED);
04          I=12; J=16;
05          CALL GGT(I,J,K);
06          PUT EDIT('GROESSTER GEMEINSAMER TEILER VON ',I,' UND ',
07               J,' IST ',K)(SKIP,2(A,F(2)));
08          END;
09   *PROCESS;
10    GGT: PROC(L,M,N);
11    DCL  (I, J, K, L, M, N) FIXED;
12          N=MIN(ABS(L),ABS(M));
13          IF N=0 THEN RETURN;
14          J=ABS(L)+ABS(M)-N;
15    MAR: I=J/N;
16          K=J-N*I;
17          IF K=0 THEN RETURN;
18          J=N;
19          N=K;
20          GOTO MAR;
21          END;
```

Ausgabe:

```
 GROESSTER GEMEINSAMER TEILER VON 12 UND 16
  IST  4
```

Das angegebene Programm enthält zwei RETURN-Anweisungen (Zeile 13 und 17), bei deren Erreichen die Subroutine, die hier als externe Prozedur formuliert ist, verlassen werden kann. Die Kontrolle wird nur über eine dieser beiden RETURN-Anweisungen an das aufrufende Hauptprogramm zurückgegeben, niemals aber über die END-Anweisung, da vor deren Erreichen ein Rückwärtssprung erfolgt (Zeile 20).
In der Subroutine ist ein Verfahren (der euklidische Algorithmus) zur Berechnung des größten gemeinsamen Teilers zweier ganzer Zahlen programmiert. In Zeile 10 sind L und M diese beiden Zahlen. Der 3. Parameter (N) dient zur Rückgabe des größten gemeinsamen Teilers an das aufrufende Hauptprogramm. Ist eine der beiden Ausgangszahlen Null, so wird in Zeile 13 anstelle des größten gemeinsamen Teilers der Wert Null zurückgegeben.

Im Gegensatz zu den Subroutinen werden die <u>Funktionsprozeduren</u> nicht durch eine CALL-Anweisung aufgerufen, sondern

durch die Verwendung ihres Namens (mit einer Argumentliste)
in einem Ausdruck, einer E/A-Anweisung u.s.w. Der Prozedurname (mit Argumentliste) wird also wie eine Variable verwendet, jedoch muß er bei einer Zuweisung stets rechts vom
Gleichheitszeichen stehen. Im Gegensatz zu den Subroutinen
wird in einer Funktionsprozedur stets <u>ein</u> Wert bereitgestellt und an das aufrufende Programm zurückgegeben - bei
den Subroutinen braucht kein Wert, es können aber auch mehrere Werte über die Parameterliste an das aufrufende Programm zurückgegeben werden. Diese Besonderheit und die besondere Art des Aufrufs einer Funktionsprozedur über den
Prozedurnamen macht dessen Bedeutung für die Festlegung der
<u>Attribute des Funktionswertes</u> verständlich: ist über den
Funktionswert in einer expliziten Deklaration nichts ausge-
sagt, so gilt das Implizitkonzept entsprechend wie bei den
Variablen. ENTRY-Namen (und daher die zugehörigen Funktionswerte) haben das Attribut DEC FLOAT(6), wenn sie nicht mit
einem der Buchstaben I bis N beginnen, andernfalls haben sie
das Attribut BIN FIXED(15).

Im folgenden Programmbeispiel wird die Bestimmung des
größten gemeinsamen Teilers zweier Zahlen als Funktionsprozedur geschrieben:

```
01    SUB: PROC OPTIONS(MAIN);
02    DCL  (I, J) FIXED,
03         GGT ENTRY(FIXED, FIXED) RETURNS(FIXED);
04         I=12; J=16;
05         PUT EDIT('GROESSTER GEMEINSAMER TEILER VON ',I,' UND ',
06              J,' IST ',GGT(I,J))(SKIP,2(A,F(2)));
07    GGT: PROC(L,M) RETURNS(FIXED);
08    DCL  (I, J, K, L, M, N) FIXED;
09         N=MIN(ABS(L),ABS(M));
10         IF N=0 THEN RETURN(N);
11         J=ABS(L)+ABS(M)-N;
12    MAR: I=J/N;
13         K=J-N*I;
14         IF K=0 THEN RETURN(N);
15         J=N;
16         N=K;
17         GOTO MAR;
18         END GGT;
19         END SUB;
```

Die Ausgabe dieses Programms ist identisch mit der des letzten Programmbeispiels. Abgesehen von der Programmierung von GGT als interner Prozedur fällt zunächst die Art und Weise auf, wie der errechnete Funktionswert übergeben wird:
Durch die Anweisung RETURN(N) in Zeile 10 und 14 wird der Wert N an die Stelle des Aufrufs (Zeile 6) zurückgegeben. Da der Typ des Funktionswertes vom Implizitkonzept abweichend sein soll (er wäre DEC FLOAT(6)), muß dies in der Deklaration durch RETURNS(FIXED) spezifiziert werden. Dieses Attribut darf auch bei der Erklärung von GGT in Zeile 7 nicht fehlen. Es sei noch einmal betont, daß eine programmierte Funktionsprozedur immer nur _einen_ Wert an die Stelle des Aufrufs zurückgeben kann. Hierin unterscheidet sie sich von den eingebauten Funktionen, wo statt eines einfachen Arguments auch ein Feld (oder eine Struktur) von Argumenten zugelassen sein kann. Die Funktion errechnet dann ein Feld von Werten. Die Dimension dieses Feldes stimmt dann mit der Dimension des Argumentfeldes überein, z.B.:

```
DCL   A(10),B(10);
A = SQRT(B);
```

Hierbei wird aus jedem Element des Feldes B die Quadratwurzel gezogen und dem Element des Feldes A mit dem gleichen Index zugewiesen.
Felder und Strukturen sind jedoch als _Argumente_ von programmierten Prozeduren zugelassen. Der zugeordnete Parameter muß dann innerhalb der aufrufenden Prozedur deklariert werden. Jedoch ist es nicht erforderlich, daß dort aktuelle Feldgrenzen angegeben werden, vielmehr können diese durch Sterne ersetzt werden, wobei die Anzahl der Sterne mit der Anzahl der Dimensionen des Argumentfeldes übereinstimmen muß. Hiervon wird im folgenden Programmbeispiel zum Stürzen einer (quadratischen) Matrix Gebrauch gemacht:

```
01    DCL     A(10,10), B(10,10);
02    TRANS:  PROC(C,D,N);
03    DCL     C(*,*), D(*,*), (I,J,N) FIXED;
04            DO I=1 TO N;
05               DO J=1 TO N;
06                  D(I,J)=C(J,I);
07            END TRANS;
08            CALL TRANS(A,B,10);
```

Die aktuellen Indexgrenzen für die Parameterfelder C und D
werden oben von den deklarierten Indexgrenzen der Argument-
felder A und B übernommen. Ähnlich wie bei Parameterfeldern
ist auch die Angabe der Länge einer Zeichen- oder Bitkette,
die als Parameter fungiert, nicht erforderlich. Auch hier
kann CHAR(*) oder BIT(*) anstelle aktueller Längenangaben
gesetzt werden. Die jeweilige aktuelle Kettenlänge wird dann
von der deklarierten Länge der Argumentkette übernommen. In
diesem Zusammenhang sei auf ein Beispielprogramm im letzten
Kapitel verwiesen, das zu einer vorgegebenen Zeichenkette
die zugehörige hexadezimale Interpretation liefert.

Bei den Subroutinen haben wir gesehen, daß die Parameterliste auch ganz fehlen kann. Dies ist auch bei den Funktions-
unterprogrammen möglich. Eine eingebaute Funktion dieser Art
haben wir im vorletzten Paragraphen bereits mit ONCHAR kennengelernt. Zwei weitere eingebaute Funktionen ohne Parameter sollen jetzt besprochen werden:
Die Funktion DATE, auf die schon früher kurz eingegangen
wurde, liefert bei ihrem Aufruf das jeweilige (in der Maschine gespeicherte) Datum als eine Zeichenkette der Länge
6 in der Form JJMMTT, wobei JJ das Jahr, MM den Monat und
TT den Tag bedeuten. Die Funktion TIME errechnet als Wert
eine Zeichenkette der Länge 9, in der die Tageszeit in folgender Form dargestellt ist: HHMMSSTTT. Hierbei ist HH die
Stunde, MM die Minute, SS die Sekunde und TTT die Tausend-
stelsekunde. Die Tageszeit wird in der Maschine in einem besonderen Register (der 'Uhr') automatisch mit Hilfe eines
Taktgebers, der die konstante Netzfrequenz benutzt, fortge-
zählt und kann von dort abgefragt werden. Das Datum und die

Zeit wird am 11.April 1972 um 14 Uhr 24 Minuten und 46,284
Sekunden durch folgenden Ausgabebefehl

        PUT EDIT (DATE,TIME) (A(6),X(2),A(9));

ausgedruckt als

                720411   142446284

Diese Ausgabe hat den Vorteil, daß verschiedene Daten von
der Maschine ohne Umrechnung verglichen werden können ('vorher - nachher'). Jedoch ist die Lesbarkeit nicht sehr vorteilhaft. Dieser Nachteil soll mit Hilfe zweier Funktions-
prozeduren (ohne Parameter) DATUM und ZEIT behoben werden,
dadurch daß Interpunktionszeichen gesetzt werden (Zeile 4
und 12) und im Falle von DATE die Tages- und Jahresangabe
die Plätze tauschen. In Zeile 2 erübrigt sich wegen der fehlenden Parameter das Attribut ENTRY (Argumentattribut-Liste).
Das ENTRY-Attribut ohne Argumentattribut-Liste kann ebenfalls
fortbleiben, da es durch das RETURNS-Attribut impliziert wird:

```
01    HP:      PROC OPTIONS(MAIN);
02    DCL      DATUM RETURNS(CHAR(8)), ZEIT RETURNS(CHAR(12));
03    DATUM:   PROC RETURNS(CHAR(8));
04    DCL      ((C INIT('  .  .  '), D) CHAR(8), I FIXED) STATIC;
05             D=DATE;
06             DO I=1 TO 3;
07                 SUBSTR(C,(I-1)*3+1,2)=SUBSTR(D,7-2*I,2);
08             END;
09             RETURN(C);
10             END;
11    ZEIT:    PROC RETURNS(CHAR(12));
12    DCL      ((C INIT('  .  ''  .  "'), D) CHAR(12), I FIXED) STATIC;
13             D=TIME;
14             DO I=1 TO 4;
15                 SUBSTR(C,(I-1)*3+1,2)=SUBSTR(D,(I-1)*2+1,2);
16             END;
17             RETURN(C);
18             END;
19             PUT EDIT('DATUM: ',DATUM,'ZEIT: ',ZEIT)(SKIP, 2 A);
20    END;
```

Ausgabe:

```
        DATUM: 13.07.72
        ZEIT: 16.53'59,50"
```

Tritt die Notwendigkeit auf, daß eine Prozedur sich selber
aufrufen soll, so kann dies dadurch erreicht werden, daß die
Prozedur mit dem zusätzlichen Attribut RECURSIVE (engl. recursive = wiederkehrend) versehen wird. Einige mathematische
Funktionen können <u>rekursiv</u> definiert werden, z.B. die Fakul-
tätsfunktion für positive ganzzahlige Argumente: n! (lies:
n Fakultät) ist definiert durch

$$n! = 1 \quad \text{für} \quad n=1 \quad \text{und}$$
$$n! = n \cdot (n-1)! \quad \text{für} \quad n > 1$$

Anders gesagt kann man n! auch definieren als
n! = $1 \cdot 2 \cdot 3 \cdot \ldots \cdot (n-1) \cdot n$. Geht man von dieser zweiten Definition aus, so läßt sich der Funktionwert einfach mit einer
DO-Schleife berechnen. Im anderen Fall kann man eine rekursive Prozedur wir folgt programmieren:

```
01    FAKULT: PROC OPTIONS(MAIN);
02    DCL     I BIN FIXED(31), FAK ENTRY(BIN FIXED(31)) RETURNS
03            (BIN FIXED(31));
04            DO I=1 TO 10;
05            PUT EDIT (I,'! = ',FAK(I))(SKIP,F(3),A,F(7));
06            END;
07    FAK:    PROC(J) RETURNS(BIN FIXED(31)) RECURSIVE;
08    DCL     J BIN FIXED(31);
09            IF J<2 THEN RETURN(J);
10                  ELSE RETURN(J*FAK(J-1));
11            END;
12    END;
```

Ausgabe:

```
        1! =        1
        2! =        2
        3! =        6
        4! =       24
        5! =      120
        6! =      720
        7! =     5040
        8! =    40320
        9! =   362880
       10! =  3628800
```

Die Definition der Rekursivität steckt in Zeile 7, der rekursive Aufruf der Funktion in Zeile 10. Wird eine Prozedur mit dem Attribut RECURSIVE definiert, so erfordert dies eine besondere Speicherorganisation der in ihr deklarierten automatischen Variablen. Man spricht hier vom <u>Kellerungsprinzip</u>: Wird FAK z.B. mit dem Argument 3 erstmalig aufgerufen, so wird beim Eintritt in die Prozedur der Variablen J ein Speicherplatz zugewiesen, in dem die Zahl 3 gespeichert wird. In Zeile 10 erfolgt erneut ein Aufruf von FAK, diesmal mit dem Wert 2. Der Variablen J wird erneut ein Speicherplatz zugewiesen. Dabei wird die alte Zuweisung mit dem Wert 3 'gekellert'. Auch für J=2 wird FAK wieder aufgerufen, wobei mit dem Wert 1 für J eine erneute Speicherzuweisung erfolgt. Jetzt wird auch der Wert 2 von J gekellert, wobei dieser 'über' der ersten Speicherzuweisung für J zu liegen kommt. Für J=1 kann die Prozedur FAK in Zeile 9 ohne Wiedereintritt verlassen werden, wobei der Wert 1 an die Stelle des letzten Aufrufs von FAK zurückgegeben wird. Die dritte Speicherzuweisung für J (mit dem Wert 1) wird nun aufgegeben und der zuletzt gekellerte Wert 2 von J wird wieder aktiv. Mit diesem kann die Rechnung in Zeile 10 durchgeführt werden, und die Kontrolle geht zurück an die Stelle des ersten (rekursiven) Aufrufs von FAK. Hier wird der zuerst gekellerte Wert 3 von J wieder sichtbar und mit der Rechnung 2·3 in Zeile 10 sind alle rekursiven Referenzen von FAK aufgelöst, so daß der Wert 3! = 6 an die Stelle des Aufrufs in Zeile 5 zurückgegeben werden kann.
Abschließend noch eine Bemerkung zur Bereitstellung eines <u>Parameters für die Hauptprozedur</u>. Hier ist ein Parameter vom Typ CHARACTER erlaubt, und zwar entweder CHAR(100) VARYING oder eine Zeichenkette fester Länge von maximal 100 Zeichen. Aus dieser Zeichenkette können dann gegebenenfalls andere Daten abgefragt werden. Da die Hauptprozedur vom Betriebssystem angestoßen wird, muß das diesem Parameter entsprechende Argument in der Kommandosprache des Betriebssystems formuliert werden. Dies geschieht durch die

Angabe

            PARM = 'Zeichenkette'

Im folgenden Beispiel ist dieses Argument

            PARM = 'EXEMPLAR=3,NUMMER=10,VORSCHUB=2'

```
01    LIST:     PROC(P) OPTIONS(MAIN);
02    DCL       P CHAR(100) VAR, Q CHAR(101), SATZ CHAR(80),
03              (F, SYSIN) FILE RECORD, (EXEMPLAR INIT(1), NUMMER
04              INIT(0), VORSCHUB INIT(1), ERST) FIXED;
05              ON ENDFILE(SYSIN) GOTO DRUCK;
06    LIES:    .READ FILE(SYSIN) INTO(SATZ);
07              WRITE FILE(F) FROM(SATZ);
08              GOTO LIES;
09    DRUCK:    Q=P||';';
10              GET STRING(Q) DATA(EXEMPLAR,NUMMER,VORSCHUB);
11              DO I=1 TO EXEMPLAR;
12                 CLOSE FILE(F); OPEN FILE(F) INPUT;
13                 ON ENDFILE(F) GOTO ENDE;
14                 ERST=0;
15    NEU:        READ FILE(F) INTO(SATZ);
16                 ERST=ERST+NUMMER;
17                 PUT EDIT(ERST,SATZ)(SKIP(VORSCHUB),P'ZZZZ',
18                     X(3),A(80));   GOTO NEU;
19    ENDE:     END;
20    END LIST;
```

Das in Zeile 1 stehende P ist deklariert mit dem Attribut
CHAR(100) VAR. In Zeile 9 wird P zusammen mit einem angefüg-
ten Semicolon der Zeichenkette Q zugewiesen, von der mit
DATA-gesteuerter Eingabe die Größen EXEMPLAR, NUMMER und
VORSCHUB gelesen werden. Aus der Besetzung des Argumentes
für den Parameter P entnimmt man, daß alle drei Größen in
Zeile 10 zugewiesen werden. Fehlt in der Argumentkette eine
oder mehrere dieser Größen, so werden die Initialisierungs-
werte für die fehlenden Variablen wirksam (vgl. Zeile 3 und
4). Das Programm liest Lochkarten ein, speichert diese auf
einem externen Speichermedium und listet sie nach den dem
Parameter entnommenen Angaben (mehrfach) auf.

4. Verschiedene Speicherklassen

Im ersten Paragraphen dieses Kapitels haben wir gesehen, daß die Reservierung von Speicherplatz für die Variablen eines Programms zu verschiedenen Zeitpunkten erfolgen kann: Wenn bei der Erklärung einer Variablen nichts gegenteiliges bestimmt wird und diese nicht das EXTERNAL-Attribut hat, wird der Speicherplatz bei Eintritt in den zugehörigen BEGIN- bzw. PROCEDURE-Block reserviert und bei Verlassen dieses Blocks wieder freigegeben. Solche Variablen haben implizit das Speicherklassenattribut <u>AUTOMATIC</u>. Wird einer Variablen das Speicherklassenattribut <u>STATIC</u> gegeben oder hat sie das Bereichsattribut EXTERNAL, welches STATIC zur Folge hat, so geschieht die Reservierung ganz zu Anfang beim Laden des Programms in den Hauptspeicher. Freigegeben wird der Speicherplatz erst nach Beendigung des Programmlaufs.

Neben diesen bereits behandelten Speicherklassen gibt es zwei weitere, die es dem Programmierer gestatten, unabhängig von der Struktur der BEGIN- oder PROCEDURE-Blöcke selbst den Zeitpunkt zu bestimmen, wann Speicherplatz für eine Variable reserviert und wann er wieder freigegeben werden soll. Die zugehörigen Attribute heißen <u>CONTROLLED</u> (abgekürzt: CTL) und <u>BASED</u>. Variablen, denen eines dieser beiden Attribute gegeben wurde, muß erst durch eine Anweisung im Programm Speicherplatz reserviert werden, bevor ihnen Werte zugewiesen werden können.

Soll etwa eine Variable W benutzt werden, die erklärt ist durch

```
DCL  W(100) CONTROLLED CHAR(8);
```

so muß durch eine Anweisung

```
ALLOCATE W;
```

Speicherplatz reserviert werden. Die <u>ALLOCATE-Anweisung</u> (engl. allocate = zuweisen) bewirkt die Reservierung von

100 Speicherplätzen, die je eine Zeichenkette der Länge 8 aufnehmen können. Soll dieser Platz wieder freigegeben werden, so geschieht das durch

```
FREE W;
```

Statt der Konstanten 100 in der DCL-Anweisung hätte auch ein beliebiger arithmetischer Ausdruck die Anzahl der Speicherplätze bestimmen können. Gleiches gilt für die Länge der Zeichenkette. Ferner dürfen diese Angaben in der ALLOCATE-Anweisung gemacht werden:

```
ALLOCATE W(200) CHAR(12);
```

In diesem Fall kann man sich in der DCL-Anweisung mit

```
DCL  W(*) CONTROLLED CHAR(*);
```

begnügen. Der Stern steht hier, wie auch im letzten Paragraphen, für eine an dieser Stelle nicht näher zu spezifizierende Zahlenangabe.

Zur Erläuterung der Verwendungsmöglichkeiten von CONTROLLED-Variablen dient das folgende Beispiel. Auf die Bedeutung der BASED-Variablen kommen wir im 5. Kapitel zurück.

```
01    L:        PROC OPTIONS(MAIN);
02    DCL       INIT    ENTRY(BIN FIXED),
03              LAENGE ENTRY(CHAR(*)) RETURNS(BIN FIXED),
04              PRINT ENTRY;
05    DCL       M BIN FIXED STATIC INIT(10);
06              CALL INIT(M);
07              L1=LAENGE('GANTENBEIN'); L2=LAENGE('FRISCH');
08              L3=LAENGE('MAX');        L4=LAENGE('NAME');
09              CALL PRINT;
10
11    INIT:     PROC(MAXL); DCL MAXL BIN FIXED;
12              DCL ZAEHLER(0:MAXL) CTL BIN FIXED;
13              ALLOCATE ZAEHLER; ZAEHLER=0;  RETURN;
14
15    LAENGE:   ENTRY(TEXT) RETURNS(BIN FIXED); DCL TEXT CHAR(*);
16              DCL L BIN FIXED STATIC;
17              L=LENGTH(TEXT); ZAEHLER(L)=ZAEHLER(L)+1;
18              RETURN(L);
```

```
19
20    PRINT:  ENTRY; PUT EDIT('STATISTIK:',ZAEHLER)
21                          (SKIP,A,(MAXL+1)F(4));
22            FREE ZAEHLER;  END INIT;
23
24    END L;
```

Das Programm besteht aus einem Hauptprogramm L und einer
Subroutine INIT. Die Subroutine INIT kann an drei verschie-
denen Stellen betreten werden: in Zeile 11, 15 und 20. Die
dort jeweils stehende ENTRY-Anweisung entspricht in ihrem
Aufbau und ihrer Verwendungsweise einer PROC-Anweisung. Sie
muß in einer Prozedur nach der die Prozedur einleitenden
PROC-Anweisung stehen und definiert durch den vorgestellten
ENTRY-Namen einen weiteren Eingangspunkt in die Prozedur.
Der Aufruf der Prozedur an dieser Stelle erfolgt über den
ENTRY-Namen (vgl. Zeile 9), z.B. durch

CALL PRINT;

oder, falls der ENTRY eine Funktion definiert (vgl. Zeile
15) durch Verwendung des ENTRY-Namens im Kontext (Zeile 7
und 8).
Der Aufruf CALL INIT(M) in Zeile 6 bewirkt, daß Speicherplatz für das prozedurinterne Variablenfeld ZAEHLER reserviert wird und die Elemente von ZAEHLER mit Null initialisiert werden (Zeile 13). Danach erfolgt der Rücksprung in
das aufrufende Programm. Durch die Funktionsaufrufe LAENGE
in den Zeilen 7 und 8 werden den Variablen L1 bis L4 die
Längen verschiedener Wörter zugewiesen. Gleichzeitig wird
innerhalb der Subroutine INIT für jede Wortlänge gezählt,
wie oft die Funktion LAENGE für Argumente mit gerade dieser Länge benutzt wurde. Es darf dabei natürlich keine
größere Wortlänge vorkommen, als bei der Initialisierung in
Zeile 6 angegeben wurde. Das Ergebnis dieser Statistik wird
mit CALL PRINT ausgegeben:

```
STATISTIK:    0    0    0    1    1    0    1    0    0    0    1
```

Der Aufruf von PRINT bewirkt außerdem die Freigabe des Speicherplatzes, den die Variable ZAEHLER nun nicht mehr benötigt.

Eine interessante Eigenschaft der CONTROLLED-Variablen ist noch nicht erwähnt worden: die Eigenschaft, verschiedene Generationen einer Variablen stapelartig zu verwalten. Wenn man nämlich einer ALLOCATE-Anweisung eine zweite ALLOCATE-Anweisung folgen läßt, ohne den Speicherplatz inzwischen freigegeben zu haben, so wird eine neue Generation der gleichen Variablen erzeugt. Das bedeutet: es wird für die Variable neuer Speicherplatz belegt, ohne daß der alte freigegeben wurde. Jede Verwendung der Variablen im Programm bezieht sich nun auf den neuen Speicherplatz: auf das oberste Element des Stapels. Das darunterliegende Element ist verdeckt. Es wird erst dann wieder zugänglich, wenn durch eine FREE-Anweisung die darüberliegende Generation freigegeben wird. Ein solcher Stapel kann aus beliebig vielen Generationen bestehen. Seine Höhe ist nur durch die Speicherkapazität der Rechenanlage begrenzt.

Der Vorgang der Erzeugung verschiedener Generationen einer CONTROLLED-Variablen entspricht genau dem bei der Verwaltung der internen AUTOMATIC-Variablen einer rekursiven Prozedur beschriebenen <u>Kellerungsprinzip</u>. Er wird uns bei der Besprechung der BASED-Variablen noch einmal begegnen.

IV. Datenorganisation

1. Aufbau von Dateien, Band und Platte

Im folgenden werden die beiden gebräuchlichsten externen Speichermedien behandelt: das Magnetband und die Magnetplatte. Dabei soll die Erzeugung, Ergänzung und Änderung von Datenmengen auf diesen beiden Speichern gesondert besprochen werden:

Magnetbanddateien

Ein Magnetband besteht gewöhnlich aus einer einseitig mit Eisenoxyd beschichteten Kunststoffolie; sie ist 1/2 oder 1 Zoll breit (1 Zoll = 2,54cm), die handelsüblichen Längen betragen bei kleineren Bändern ca. 365m, bei größeren 730m. Die Speicherung der Daten erfolgt, indem die zu einem Byte gehörenden Bits auf 8 Spuren des Magnetbandes senkrecht untereinander magnetisiert werden; auf der neunten Spur wird ein zusätzliches Prüfbit mitgeführt, das zur Erkennung einer fehlerhaften Übertragung dient (die Quersumme eines übertragenen Bytes wird errechnet und mit dem Prüfbit verglichen, ob sie gerade oder ungerade sein muß).
Die Übertragungsgeschwindigkeit zu und von den Magnetbändern ist naturgemäß von der benutzten Anlage abhängig und kann daher nur in Grenzen angegeben werden; pauschal gesagt wird sie zwischen 10000 und 100000 Zeichen/sec liegen. Die auf einem 730m langen Band zu speichernde Zeichenmenge beträgt theoretisch über 40 Millionen Bytes, sie kann jedoch wegen der unbenutzten Bandstücke nicht voll ausgenutzt werden. Dennoch ist bei einer hinreichend groß gewählten Blockung eine Speicherung von über 30 Millionen Zeichen je Band durchaus realisierbar.

Als Vorteile eines Magnetbandes lassen sich daher preiswerte Herstellung, die nicht geringe Übertragungsrate und große Speicherungsfähigkeit nennen, nachteilig ist dagegen, daß gespeicherte Daten nur sequentiell verarbeitet werden können und daß nach dem Lesen einer Information ein Ändern und Zurückschreiben auf das gleiche Band nicht möglich ist. Eine Änderung von Daten muß daher durch ein Lesen, eventuelles Ändern und Ausschreiben auf ein zweites Band geschehen. Als typisch für Magnetbanddateien könnte man daher solche Probleme bezeichnen, bei denen sich die Daten nur relativ wenig ändern, aber alle Sätze einer Datei zu bearbeiten sind, etwa eine Gehalts- oder Archiv-Datei.

Das folgende Programmbeispiel zeigt mit wenigen Daten die Erstellung einer Magnetbanddatei. Zugrunde gelegt sind die fiktiven Daten von Klinikpatienten, wobei Angaben zur Person (Patientennummer, Name-Vorname, Geburtsdatum), zu den Laborbefunden (Blutgruppe, Rhesusfaktor, Blutdruck) und zu maximal 3 gestellten verschlüsselten Diagnosen die einzelnen Elemente des Satzes bilden. Es sei angenommen, daß von einigen Patienten nur die persönlichen Daten bekannt sind und für die noch ausstehenden Laborbefunde und Diagnosen Leerzeichen gespeichert werden. Das Programm liest die vom Lochkartenleser kommende Eingabe, schreibt sie auf ein Magnetband und druckt zur Kontrolle ein Protokoll aus. Ehe eine solche Aufgabe gerechnet wird, sollte ein Programm die Daten auf formale Fehler prüfen (d.h. Nichteinhaltung der vereinbarten Ablochkonvention), ferner können Plausibilitätsprüfungen stattfinden.

```
01      BAND: PROC OPTIONS(MAIN);
02       DCL KLINIK FILE RECORD ENV(F(6000,60) REWIND),
03        1 PATIENT,
04         2 PERSON,
05          3(NR PIC'9999', NAME CHAR(25), GEB_DATUM PIC'(6)9'),
06         2 LABOR,
07          3(BLUTGRUPPE CHAR(3), BLUTDRUCK CHAR(7)),
08         2 DIAGNOSEN,
09          3(DIAG1, DIAG2, DIAG3) CHAR(5),
10        I BIN FIXED(15) INIT(0); /* PATIENTENZAHL */
11           OPEN FILE(KLINIK) OUTPUT;
12           ON ENDFILE(SYSIN) GO TO LISTE;
13       LIES: GET FILE(SYSIN) EDIT(PATIENT)
14            (COL(1),F(4),A(25),F(6),A(3),A(7),3 A(5)));
15            I=I+1;
16           WRITE FILE(KLINIK) FROM (PATIENT);
17           PUT EDIT(PATIENT) /* PROTOKOLL DRUCKEN */
18            (SKIP,F(4),X(2),A,P'99.99.99',5 A);
19           GO TO LIES;
```

```
20         LISTE: PUT EDIT(I,' PATIENTENKARTEN GELESEN')
21                (SKIP(3),F(6),A);
22                CLOSE FILE(KLINIK);
23            END;

//EXECUTE.KLINIK   DD   UNIT=TAPE9,VOLUME=SER=TK0285,LABEL=(1,SL),
//    DSN='MED.KLINIK',DISP=(NEW,KEEP)
```

Eingabe:

```
0001PAULSEN,HANS-JOACHIM        210234 B-NORMAL    14   325 1410
0002GROSS,DIETER                011229 A+ERHOEHT   27   614 1677
0003SCHWARZ,ULRICH              110245
0004FICHTER,IRENE               231149 A+ERHOEHT   37   800 1948
0005MEERMANN,KLAUS-JUERGEN      220928
0006HAGENBECK,FRIEDRICH         170740 O+NORMAL    40   690 1891
0007FOERSTER,SIGRID             190240 A+ERHOEHT   22   711 1907
```

Ausgabe:

```
1    PAULSEN,HANS-JOACHIM       21.02.34 B-NORMAL     14   325 1410
2    GROSS,DIETER               01.12.29 A+ERHOEHT    27   614 1677
3    SCHWARZ,ULRICH             11.02.45
4    FICHTER,IRENE              23.11.49 A+ERHOEHT    37   800 1948
5    MEERMANN,KLAUS-JUERGEN     22.09.28
6    HAGENBECK,FRIEDRICH        17.07.40 O+NORMAL     40   690 1891
7    FOERSTER,SIGRID            19.02.40 A+ERHOEHT    22   711 1907
```

    7 PATIENTENKARTEN GELESEN

Im DECLARE wird das file KLINIK für eine satzweise Ein- oder
Ausgabe vereinbart, die Sätze sind von fester Länge (60 Bytes)
und 100-fach geblockt. Die Errechnung der Satzlänge ergibt
sich aus einer Addition der zur Speicherung der Struktur
PATIENT benötigten Bytes; sie beträgt in unserem Fall:
4 Bytes für NR, da bei der zeichenweisen Darstellung einer
Zahl in Picture-Form je Ziffer ein Byte zur Verfügung gestellt
wird, 25 Bytes für den Namen, 6 Bytes für das Geburtsdatum,
3 bzw. 7 Bytes für Blutgruppe und Blutdruck und jeweils
5 Bytes für die 3 möglichen Diagnosen (insgesamt 60 Bytes).
Die Satzlänge ist daher vom Typ der gespeicherten Variablen
abhängig, was folgendes Beispiel zeigen mag: würde PATIENT.NR
als BIN FIXED(15) vereinbart, wären 2 Bytes zur Speicherung
erforderlich, die Satzlänge würde dadurch um 2 Bytes auf 58

erniedrigt. Würde die gleiche Variable als BIN FIXED(31) deklariert, wären 4 Bytes nötig, wodurch die Satzlänge unverändert 60 bliebe. Bei einer Speicherung als DEC-FIXED(4)-Zahl
wären 3 Bytes ausreichend, d.h. die Satzlänge betrüge 59
Bytes. Eine allgemeine Auskunft soll die folgende Tabelle
geben:

Type der Variablen	Byte-Zahl
BIN FIXED(15)	2
BIN FIXED(31)	4
BIN FLOAT(21)	4
BIN FLOAT(53)	8
DEC FIXED(n)	kleinste ganze Zahl $\geq$ (n+1)/2
DEC FLOAT(6)	4
DEC FLOAT(16)	8
CHAR(n)	n
PIC'(n)9' (oder '(n-1)Z9' usw)	n
BIT(n)	kleinste ganze Zahl $\geq$ n/8

Nach der DECLARE-Anweisung wird das file KLINIK zur Ausgabe
eröffnet; zu den genannten file-Attributen kommen noch SEQL
und BUFFERED (für gepufferte Übertragung) durch das Implizit-Konzept hinzu. Im Einlesebefehl werden 60 Spalten der
Lochkarte gelesen und in die Variablen der Struktur PATIENT
gespeichert. In den weiteren Befehlen wird die Patienten-
zahl erhöht, der Inhalt der Struktur PATIENT auf Magnetband
geschrieben und zur Kontrolle ausgedruckt. Die Einlese- und
Schreiboperationen wiederholen sich so lange, bis das Programm bei Ende der Eingabedaten zur Marke LISTE verzweigt.
Dort wird eine Information über die Anzahl der gelesenen Pa-
tientenkarten gedruckt, das file KLINIK geschlossen und das
Programm beendet.

Für die Übertragung von Daten zu oder von einem peripheren Speicher baut sich das Betriebssystem des Rechners Kon-
trollblöcke auf, deren Inhalt von den zur Datei gemachten
Angaben des Benutzers bestimmt ist. Zum Teil können diese

Angaben bereits im PL/I-Programm gegeben sein, etwa die Erklärung des Satztyps, der Satzlänge und der Blockung im
ENVIRONMENT-Attribut eines files. Die Verbindung dieses
files mit einem bestimmten Magnetband ist jedoch nicht Teil
des PL/I-Programms, sondern erfolgt über die Kommandosprache
des Systems (engl. job control language); sie besteht in unserem Beispiel aus den mit zwei Schrägstrichen anfangenden
Zeilen nach dem Ende des PL/I-Programms. In ihnen wird eine
Dateibeschreibung gegeben, die durch den Namen KLINIK mit
dem im PL/I-Programm eröffneten file gleichen Namens verbunden ist. Die in der Kommandosprache verwendeten Namen und
Parameter sollen hier kurz erläutert werden:

//EXECUTE.KLINIK DD : Zunächst ist zu unterscheiden, ob
eine Datei für die Phase der Programmübersetzung durch den
Compiler oder für die Phase der Ausführung des Programms benötigt wird. Der erste Fall wird oft durch das Stichwort
COMPILE, der zweite durch das Wort EXECUTE beschrieben.
KLINIK ist der Name der Dateibeschreibung, die durch das
Schlüsselwort DATA DEFINITION (abgekürzt: DD) eingeleitet
wird; oft wird daher die folgende Anweisung als DD-Befehl,
der vorangehende Name als DD-Name bezeichnet.

UNIT=TAPE9 bedeutet, daß die Datei auf einem 9-Kanal-Mag-
netband gespeichert werden soll; TAPE9 ist jedoch nur ein
symbolischer Name, der für die Fabrikationsnummer einer bestimmten Bandeinheit steht und von Anlage zu Anlage verschieden heißen kann. Die Nummer des betreffenden Magnetbandes wird durch VOLUME=SER=TKO285 angegeben; sie sagt aus,
daß das Band die Seriennummer TKO285 trägt. Die Numerierung
darf aus insgesamt 6 alphanumerischen Zeichen bestehen und
ist von den Gepflogenheiten des benutzten Rechenzentrums
abhängig.

LABEL=(1,SL) bedeutet, daß dies die erste Datei auf dem betreffenden Magnetband ist und daß ein standard label der Datei vorausgehen soll. Im label (= Bandmarke, -kennsatz) merkt
das System sich z.B. Angaben über den Typ und die Länge der

übertragenen Sätze.

DSN='MED.KLINIK' : Der Name der Datei (engl. DATA SET NAME)
ist MED.KLINIK, er wird gewöhnlich in das der Datei vorangehende label eingetragen. Zugleich stellt der DATA SET NAME
eine gewisse Dateisicherung her, da das Betriebssystem bei
Angabe eines falschen Dateinamens die Benutzung der Daten
nicht gestattet.

DISP=(NEW,KEEP) : DISP ist die Abkürzung für disposition
(= Verfügung) und beschreibt den Zustand einer Datei und die
Verfügung über dieselbe; die Datei ist neu (NEW), wenn sie
gerade in diesem Schritt erzeugt wird, sie ist alt (OLD),
wenn sie bereits besteht. KEEP bedeutet, daß die Datei aufgehoben und für die Wiederbenutzung zur Verfügung gestellt
werden soll.

Es muß betont werden, daß die in der Kommandosprache gemachten Angaben nicht nur zwischen den einzelnen Maschinenher-
stellern, sondern auch von einem Rechenzentrum zum andern
wechseln können. Der Benutzer muß daher die jeweils getrof-
fenen Vereinbarungen vor der Ausführung seines Programms er-
fragen.

<u>Ergänzung der Datei</u>

   Die im vorhergehenden Programm erzeugte Datei soll durch
die Aufnahme weiterer Patienten ergänzt werden. Nach Hinzufügung der neuen Sätze soll der Gesamtinhalt der jetzt modifizierten Datei ausgedruckt werden. Die Änderungen im bestehenden Programm sind gering: nach Vervollständigung der
Datei wird das file KLINIK geschlossen, als INPUT-file wie-
dereröffnet und ausgedruckt. In der Kommandosprache ändert
sich die Zustandsbeschreibung der Datei: nach DISP muß nicht
mehr NEW, sondern MOD angegeben werden, da eine bereits bestehende Datei durch Hinzufügung weiterer Sätze modifiziert
wird. KEEP (= halten) ist durch PASS (= weiterreichen) ersetzt worden; dies sollte man immer dann tun, wenn die Datei
in einem weiteren Schritt erneut benötigt wird.

Anstelle der letzten 4 Zeilen des vorausgehenden Programms
wird geschrieben:

```
20     LISTE: PUT EDIT(I,' PATIENTENKARTEN ERGAENZT')
21            (SKIP(3),F(6),A);
22            CLOSE FILE(KLINIK); /* ENDE DES SCHREIBVORGANGS */
23            OPEN FILE(KLINIK) INPUT; /* BAND LESEN */
24            ON ENDFILE(KLINIK) GO TO ENDE;
25            PUT FILE(SYSPRINT) EDIT('GESAMTDATEI',(11)'=')
26               (SKIP(3),2(COL(25),A));
27            PUT FILE(SYSPRINT) SKIP(2); /* ZEILENVORSCHUB */
28     LIES_BAND: READ FILE(KLINIK) INTO(PATIENT);
29            PUT FILE(SYSPRINT) EDIT (PATIENT)
30            (SKIP,F(4),X(2),A,P'99.99.99',5 A);
31               GOTO LIES_BAND;
32     ENDE: END;


//EXECUTE.KLINIK   DD   UNIT=TAPE9,VOLUME=SER=TKO285,LABEL=(1,SL),
//    DSN='MED.KLINIK',DISP=(MOD,PASS)
```

Eingabe:

```
0008STEINBERG,HANS-PETER        120729
0009BRUECKNER,PETER             031224 A+ERHOEHT    22   652 1783
0010HOLSDORFER,URSULA           180930 0+NORMAL     14   832 1855
```

Ausgabe:

```
    3 PATIENTENKARTEN ERGAENZT


                    GESAMTDATEI
                    ===========


    1   PAULSEN,HANS-JOACHIM      21.02.34 B-NORMAL     14   325 1410
    2   GROSS,DIETER              01.12.29 A+ERHOEHT    27   614 1677
    3   SCHWARZ,ULRICH            11.02.45
    4   FICHTER,IRENE             23.11.49 A+ERHOEHT    37   800 1948
    5   MEERMANN,KLAUS-JUERGEN    22.09.28
    6   HAGENBECK,FRIEDRICH       17.07.40 0+NORMAL     40   690 1891
    7   FOERSTER,SIGRID           19.02.40 A+ERHOEHT    22   711 1907
    8   STEINBERG,HANS-PETER      12.07.29
    9   BRUECKNER,PETER           03.12.24 A+ERHOEHT    22   652 1783
   10   HOLSDORFER,URSULA         18.09.30 0+NORMAL     14   832 1855
```

Die Eröffnung von files kann durch OPEN-Befehle oder implizit durch Schreib/Lese-Befehle erfolgen, dabei gilt folgen-

de Konvention:

Befehl	Eröffnung als
GET	STREAM INPUT
PUT	STREAM OUTPUT
READ	RECORD INPUT
WRITE	RECORD OUTPUT

Die erste Ausführung von einem dieser Befehle wird so abgearbeitet, als ob ihm ein OPEN-Befehl unmittelbar voraus-
ginge. Die Schließung von files erfolgt automatisch am Ende
des Programms; soll sie vorher geschehen kann dies nur explizit durch die CLOSE-Anweisung erreicht werden.

Änderung der Datei

Im vorhergehenden Programm wurde die Hinzufügung von
Sätzen am Ende einer Datei gezeigt. Ein sofortiges Hinzufügen an beliebiger Stelle, Ändern oder Löschen von Satzin-
halten ist dagegen nicht auf dem gleichen Magnetband möglich. Die Änderung der Datei erfolgt daher so, daß die Sätze
sequentiell in den Kernspeicher gelesen, dort eventuell verändert und auf ein zweites Magnetband ausgeschrieben werden.
Das folgende Programmbeispiel fügt die bei einigen Patienten
noch fehlenden Laborbefunde und Diagnosen ein; sie sind als
Nachtrag auf Lochkarten erfaßt und zur Identifizierung mit
der Nummer des betreffenden Patienten versehen. Vom Magnetband werden die Sätze der Bestandsdatei in die Struktur
PATIENT, vom Lochkartenleser die Änderungen in die Struktur
NACHTRAG eingelesen. Stimmen die Patienten- und Nachtragsnummer überein, wird der Nachtrag in die Struktur PATIENT
übernommen und der so geänderte Satzinhalt auf das zweite
Magnetband übertragen; Sätze ohne Nachtrag werden in un-
veränderter Form auf die neue Datei überschrieben. Das Programm setzt voraus, daß die Nachträge nach Nummern auf-
steigend sortiert sind.

```
01      AENDERN: PROC OPTIONS(MAIN);
02       DCL (ALT,NEU) FILE RECORD ENV(F(6000,60) REWIND),
03         1 PATIENT,
04           2 PERSON,
05            3(NR PIC'9999', NAME CHAR(25), GEB_DATUM PIC'(6)9'),
06           2 LABOR,
07            3(BLUTGRUPPE CHAR(3), BLUTDRUCK CHAR(7)),
08           2 DIAGNOSEN,
09            3 (DIAG1,DIAG2,DIAG3) CHAR(5),
10         1 NACHTRAG,
11           2 NR PIC'9999',
12           2 LABOR LIKE PATIENT.LABOR,
13           2 DIAGNOSEN LIKE PATIENT.DIAGNOSEN;
14         OPEN FILE(ALT) INPUT,
15              FILE(NEU) OUTPUT;
16         ON ENDFILE(SYSIN) GOTO KOPIE;
17         CN ENDFILE(ALT) GOTO NEUE_LISTE;
18      NEU_DATEN: GET EDIT(NACHTRAG) /* LOCHKARTE LESEN */
19                 (COL(1),F(4),A(3),A(7),3 A(5));
20      BESTAND: READ FILE(ALT) INTO(PATIENT); /* BAND LESEN */
21          IF PATIENT.NR=NACHTRAG.NR THEN DO;
22              PATIENT=NACHTRAG,BY NAME; /* NACHTRAG SPEICHERN */
23              WRITE FILE(NEU) FROM(PATIENT); /* AUF NEUES BAND */
24              GOTO NEU_DATEN;
25          END;
26          ELSE DO; /* DATEN UNVERAENDERT UEBERNEHMEN */
27              WRITE FILE(NEU) FROM(PATIENT);
28              GOTO BESTAND;
29          END;
30      KOPIE: /* ENDE DER NACHTRAEGE, KOPIEREN DER RESTDATEN */
31          READ FILE(ALT) INTO(PATIENT);
32          WRITE FILE(NEU) FROM(PATIENT);
33          GOTO KOPIE;
34      NEUE_LISTE: CLOSE FILE(NEU); /* ENDE DES SCHREIBENS */
35          OPEN FILE(NEU) INPUT;
36          ON ENDFILE(NEU) GOTO ENDE;
37      LIES_NEU: READ FILE(NEU) INTO(PATIENT);
38          PUT EDIT(PATIENT)(SKIP,F(4),X(2),A,P'99.99.99',5 A);
39          GOTO LIES_NEU;
40      ENDE: END;


//EXECUTE.ALT  DD   UNIT=TAPE9,VOLUME=SER=TK0285,LABEL=(1,SL),
//   DSN='MED.KLINIK',DISP=(OLD,KEEP)
//EXECUTE.NEU  DD   UNIT=TAPE9,VOLUME=SER=TK0286,LABEL=(1,SL),
//   DSN='MED.KLINIK.NEU',DISP=(NEW,PASS)


Eingabe:

0003 A+ERHOEHT    14    835  1958
0005 B+NORMAL     27    706  1836
0008 0+NIEDRIG    22    536  1759
```

Ausgabe:

```
 1   PAULSEN,HANS-JOACHIM       21.02.34  B-NORMAL    14  325 1410
 2   GROSS,DIETER               01.12.29  A+ERHOEHT   27  614 1677
 3   SCHWARZ,ULRICH             11.02.45  A+ERHOEHT   14  835 1958
 4   FICHTER,IRENE              23.11.49  A+ERHOEHT   37  800 1948
 5   MEERMANN,KLAUS-JUERGEN     22.09.28  B+NORMAL    27  706 1836
 6   HAGENBECK,FRIEDRICH        17.07.40  0+NORMAL    40  690 1891
 7   FOERSTER,SIGRID            19.02.40  A+ERHOEHT   22  711 1907
 8   STEINBERG,HANS-PETER       12.07.29  0+NIEDRIG   22  536 1759
 9   BRUECKNER,PETER            03.12.24  A+ERHOEHT   22  652 1783
10   HOLSDORFER,URSULA          18.09.30  0+NORMAL    14  832 1855
```

Die files ALT und NEU repräsentieren die alte bzw. veränderte neue Patientendatei; Satzformat und Satzlänge entsprechen
ebenso wie die Struktur PATIENT den früheren Programmen. Die
Struktur NACHTRAG ist in den Unterstrukturen LABOR und
DIAGNOSEN mit PATIENT identisch (daher die LIKE-Klausel),
nicht jedoch in der Behandlung von NR, das hier ein selbständiges Element ist, während es in PATIENT zur Unterstruktur
PERSON gehört. Nach der Eröffnung der files ALT und NEU werden die Maßnahmen für ENDFILE(SYSIN) und ENDFILE(ALT) getroffen. Bei der Marke NEU_DATEN liest das Programm eine Lochkarte ein und vergleicht mit dem anschließend vom Magnetband gelesenen Satz, ob die Patienten- und Nachtragsnummer übereinstimmen; falls ja, wird die Zuweisung PATIENT=NACHTRAG,
BY NAME ausgeführt. Sie bewirkt, daß diejenigen Elemente von
NACHTRAG in PATIENT übernommen werden, die einschließlich
aller qualifizierenden Namen (außer der Ebene 1) in beiden
Strukturen identisch sind. Der Befehl ist daher eine ver-
kürzte Schreibweise für folgende Anweisungen:

```
PATIENT.LABOR.BLUTGRUPPE=NACHTRAG.LABOR.BLUTGRUPPE;
PATIENT.LABOR.BLUTDRUCK=NACHTRAG.LABOR.BLUTDRUCK;
PATIENT.DIAGNOSEN.DIAG1=NACHTRAG.DIAGNOSEN.DIAG1;
(entsprechend für DIAG2 und DIAG3)
```

Die gleiche Nummer wird dagegen nicht noch einmal überspeichert, da NR einmal als NACHTRAG.NR, in der anderen Struktur
jedoch als PATIENT.PERSON.NR qualifiziert ist. Der veränderte Satzinhalt wird auf das neue Magnetband geschrieben und

die nächste Änderung mit dem folgenden Satz verglichen;
stimmen die Nummern nicht überein, wird der Satz unverändert
übernommen, die nächste Patientennummer mit der Nachtags-
nummer verglichen u.s.w. Beim Ende der Nachträge verzweigt
das Programm zur Marke KOPIE, wo der restliche Datenbestand
auf das neue Magnetband kopiert wird. Am Ende der Bestandsdatei wird das file NEU geschlossen, als INPUT wiedereröff-
net und ausgedruckt. Das Löschen von Sätzen könnte durch ein
ähnliches Programm erfolgen, in dem bei Gleichheit von Pa-
tienten- und Nachtragsnummer der betreffende Satz nicht in
die neue Datei übernommen wird.

Sortierung von Sätzen

Zum Sortieren kleinerer Datenmengen findet sich ein Programm-
vorschlag bei den Beispielen am Ende des Buches; große Datenmengen wird man dagegen gewöhnlich nicht mit selbst geschriebenen Programmen sortieren, da entweder die benötigte Ausführungszeit oder der Aufwand zur Erstellung des Programms
unangemessen hoch wären. Praktisch alle Computerfirmen stellen ein Standardprogramm zur Verfügung, das ein sehr schnel-
les Sortieren von Daten leistet. Dies Programm ist gewöhnlich
in der Maschinensprache geschrieben und gehört daher eigentlich nicht in den Rahmen dieses Buches; da andererseits im
wissenschaftlichen oder kommerziellen Bereich die Sortierung
von Daten ein oft gestelltes Problem ist, mag ein kurzes
Beispiel hier durchaus seinen Platz haben. Das Programm wird
oft als SORT/MERGE, im Deutschen als SORTIER/MISCHE bezeichnet; es wird hier dazu verwendet, die Patientensätze nach
dem Patientnamen alphabetisch zu sortieren und die sortierte Datei auf ein Magnetband zu schreiben. Ein nachfol-
gendes PL/I-Programm druckt die auf Band stehende Datei aus.
Das SORT-Programm kann auch direkt von PL/I aufgerufen werden, wofür in Kap.V,3 Beispiele angegeben sind, hier dagegen
läuft es als eigenständige Prozedur ab. Der Aufruf des Programms erfolgt nach den im benutzten Rechenzentrum üblichen
Konventionen.

```
//    EXEC   SORT
//SORTIN   DD    UNIT=TAPE9,VOLUME=SER=TKO286,LABEL=(1,SL),
//    DISP=(OLD,PASS),
//    DSN='MED.KLINIK.NEU',DCB=(RECFM=FB,BLKSIZE=6000,LRECL=60)
//SORTOUT   DD    UNIT=TAPE9,VOLUME=SER=TKO286,LABEL=(2,SL),
//    DISP=(NEW,PASS),
//    DSN='SORT.NAMEN',DCB=(RECFM=FB,BLKSIZE=6000,LRECL=60)
//SYSIN  DD   *
  SORT FIELDS=(5,25,CH,A)
```

Durch die erste Karte wird das Standard-Programm SORT/MERGE
aufgerufen; SORTIN gibt an, von wo die zu sortierende Datei
gelesen werden soll. In unserem Beispiel soll sie von dem
9-Kanal-Magnetband mit der Nummer TKO286, Label 1 genommen
werden; das Band ist anschließend zurückzuspulen, aber nicht
zu entladen (PASS). Der Name der Datei ist MED.KLINIK.NEU .
Anschließend folgt der Data Control Block (DCB), er gibt die
in den PL/I-Programmen durch ENVIRONMENT spezifizierten Angaben über Satztyp, Blockung und Länge. Es bedeuten:

RECFM = RECORD FORMAT (Satztyp)
FB = Fixed Blocked (feste, d.h. stets gleiche Blockung)
BLKSIZE = Block Size (Länge eines Blockes in Bytes)
LRECL = Logical Record Length (Satzlänge in Bytes)

SORTOUT gibt an, wohin die sortierten Daten geschrieben werden sollen; sie stehen in unserem Beispiel auf Label 2 des
Bandes Nr. TKO286, d.h. unmittelbar hinter der nach Nummern
sortierten Patientendatei. DISP ist NEW, da die Datei in
unserem Programm erzeugt wird, der Dateiname ist als
SORT.NAMEN vereinbart.
Nach der Karte SYSIN DD * folgt die Angabe des zur Sortierung dienenden Kriteriums: es beginnt bei Byte 5, erstreckt sich über 25 Bytes, soll als Zeichenkette (CH als
Abkürzung für Character) und in aufsteigender Reihenfolge
(A für Ascending) sortiert werden; d.h. das Sortierkriterium
bezieht sich auf den in der PL/I-Struktur definierten Namen
des Patienten.
Ein wichtiger Vorteil des SORT-Programms besteht darin, daß
bei Übereinstimmung des erstgenannten Sortierfeldes weitere

Kriterien zur Anordnung der Datei gegeben werden können: bei
einer Sortierung nach DIAG1 könnte z.B. angegeben werden,
daß jeweils alle Patienten mit gleicher Diagnose 1 in alphabetischer Reihenfolge angeordnet werden sollen; man erhält
mit SORT FIELDS=(46,5,CH,A,5,25,CH,A) folgende Ausgabe:

```
10 HOLSDORFER,URSULA...     18.09.30 O+NORMAL   14   832 1855
 1 PAULSEN,HANS-JOACHIM...21.02.34 B-NORMAL   14   325 1410
 3 SCHWARZ,ULRICH...        11.02.45 A+ERHOEHT  14   835 1958
 9 BRUECKNER,PETER...       03.12.24 A+ERHOEHT  22   652 1783
 8 STEINBERG,HANS-PETER...12.07.29 O+NIEDRIG 22   536 1759
```

(u.s.w., nach DIAG1 und NAME sortiert)

Das Abdrucken der nach Namen sortierten Patientendatei geschieht durch das folgende PL/I-Programm, das nicht weiter
erläutert zu werden braucht.

```
01       NAMEN: PROC OPTIONS(MAIN);
02        DCL KLINIK FILE RECORD ENV(F(6000,60) REWIND),
03          1 PATIENT,

            (diese Struktur ist wie in den
             vorangehenden Programmen deklariert)

13          OPEN FILE(KLINIK) INPUT;
14          ON ENDFILE(KLINIK) GOTO ENDE;
15          PUT EDIT('ALPHABETISCH GEORDNETE PATIENTENDATEI',
16                 (37)'=') (2(COL(12),A));
17         PUT SKIP(2);
18    LIES: READ FILE(KLINIK) INTO(PATIENT);
19          PUT EDIT(PATIENT) (SKIP,F(4),X(2),A,P'99.99.99',
20             5 A);  GOTO LIES;
21    ENDE: END;
```

Ausgabe:

```
      ALPHABETISCH GEORDNETE PATIENTENDATEI
      ===========================================


 9  BRUECKNER,PETER            03.12.24 A+ERHOEHT   22   652 1783
 4  FICHTER,IRENE              23.11.49 A+ERHOEHT   37   800 1948
 7  FOERSTER,SIGRID            19.02.40 A+ERHOEHT   22   711 1907
 2  GROSS,DIETER               01.12.29 A+ERHOEHT   27   614 1677
 6  HAGENBECK,FRIEDRICH        17.07.40 O+NORMAL    40   690 1891
10  HOLSDORFER,URSULA          18.09.30 O+NORMAL    14   832 1855
 5  MEERMANN,KLAUS-JUERGEN     22.09.28 B+NORMAL    27   706 1836
 1  PAULSEN,HANS-JOACHIM       21.02.34 B-NORMAL    14   325 1410
 3  SCHWARZ,ULRICH             11.02.45 A+ERHOEHT   14   835 1958
 8  STEINBERG,HANS-PETER       12.07.29 O+NIEDRIG   22   536 1759
```

Magnetplattendateien

Eine Magnetplatte besteht aus einer dünnen, mit Eisenoxyd
überzogenen Metallscheibe, die in ihrer äußeren Form und
Größe einer Langspiel-Schallplatte nicht unähnlich ist; die
Plattenfläche ist meist in 200 kreisförmige Spuren eingeteilt, wobei jede Spur die gleiche Anzahl von Zeichen speichern kann. Oft sind 6 oder 11 Platten im Abstand von ca.
1cm zusammen auf einer Achse montiert, weshalb diese Form
auch als Plattenstapel bezeichnet wird. Auf der obersten
und untersten Fläche eines solchen Stapels werden keine Informationen gespeichert, es stehen daher, da alle anderen
Platten beidseitig genutzt werden, insgesamt 10 Flächen (bei
6 Platten) bzw. 20 Flächen (bei 11 Platten) zur Speicherung
zur Verfügung. Die Übertragung der Daten erfolgt durch einen
Zugriffsarm, auf dem senkrecht untereinander für jede Plattenfläche ein eigener Schreib/Lesekopf fest montiert ist.
Vom Betriebssystem des Rechners gesteuert fährt der Zugriffsarm soweit in den mit hoher Geschwindigkeit rotieren-
den Plattenstapel ein, bis die Spur erreicht ist, zu oder
von der eine Information durch den zugehörigen Schreib/Lese-
kopf übermittelt werden soll. Würde eine über 10 Spuren reichende Datei auf einer Plattenfläche nebeneinander gespeichert, müßte der Zugriffsarm nach der ersten Positionierung
weitere 9 mal um eine Spur vorrücken, ehe alle Daten abgearbeitet sind; dieser mechanische Aufwand kann jedoch entfallen, wenn die Datei auf 10 senkrecht untereinander liegende
Spuren gespeichert wird, da wegen der fest montierten
Schreib/Leseköpfe beim Ansteuern der obersten Spur die übrigen Schreib/Leseköpfe auf der gleichen Spurnummer der anderen Plattenflächen positioniert sind. Die Einteilung eines
Plattenstapels ist daher eher vertikal als horizontal aufzufassen, wobei die untereinander liegenden Spuren des Stapels als ein Zylinder bezeichnet werden.
Vorteilhaft bei der Benutzung von Magnetplatten ist die Möglichkeit, jede einzelne Spur adressieren zu können, wodurch
Daten nicht nur sequentiell, sondern auch in direktem Zu-

griff abgerufen werden können. Nachteilig ist der im Vergleich zu Magnetbändern beträchtlich höhere Preis für die
Laufwerke und Kontrolleinheiten der Platten. Üblicherweise
stehen dem Benutzer einer Rechenanlage größere Mengen an
Plattenplatz nur kurzzeitig während der Ausführung seines
Programms zur Verfügung, wohingegen die Dauerspeicherung
der Daten etwa auf einem Magnetband erfolgt.
Von der großen Auswahl an Magnetplattenspeichern sollen hier
nur die beiden gebräuchlichsten Typen summarisch beschrieben
werden:

Typ 1: Plattenspeicher mittlerer Größe mit einer Kapazität
von 3.625 Zeichen je Spur; 10 untereinander liegende
Spuren bilden 1 Zylinder (36.250 Zeichen). Die Platte
hat 200 Zylinder, was eine Gesamtkapazität von
7.25 Millionen Zeichen ergibt. Die Übertragungsrate
beträgt 156.000 Zeichen/sec.

Typ 2: Großplattenspeicher, bei dem 8 Plattenstapel von einer Kontrolleinheit gesteuert werden. Eine Spur faßt
7294 Zeichen, 20 Spuren bilden einen Zylinder. Auf
einem Stapel können ca. 29 Millionen Zeichen gespeichert werden, wodurch eine Gesamtkapazität von ca.
232 Millionen Zeichen erreicht wird. Die Übertragungsgeschwindigkeit liegt bei etwa 312.000 Zeichen/sec.
In neuerer Zeit konstruierte Plattenspeicher leisten
jedoch bereits ein Mehrfaches hinsichtlich der Spei-
cherungskapazität und Übertragungsrate.

Als Programmbeispiel zur Erzeugung einer Plattendatei kann
das gleiche PL/I-Programm wie bei der Erzeugung der Magnetbanddatei verwendet werden (Ausnahme: in der Deklaration des
files KLINIK fällt im ENVIRONMENT-Attribut das nur für Band-
dateien geltende REWIND weg, stattdessen wird zur Beschrei-
bund der Dateiorganisation der Parameter CONSECUTIVE einge-
setzt; er bedeutet, daß die Sätze der Datei nur in der Reihenfolge bearbeitet werden können, wie sie rein physikalisch
aufeinander folgen. Ein direkter Zugriff zu bestimmten Sätzen

ist bei dieser Organisationsform einer Plattendatei nicht
möglich, weshalb sie in diesem Punkt durchaus der Magnetbanddatei entspricht. Das file des PL/I-Programms muß daher
das Attribut SEQL haben. Beispiel:

```
DCL  KLINIK FILE RECORD SEQL ENV(F(6000,60) CONSECUTIVE);
```

Änderungen ergeben sich in der Kommandosprache des Systems,
da die Datei jetzt auf einem anderen physikalischen Medium
gespeichert werden soll:

```
//EXECUTE.KLINIK DD UNIT=2314,VOLUME=SER=ULIBO1,SPACE=(CYL,1),
//    DSN='NRZ35.KLINIK',DISP=(NEW,KEEP)
```

UNIT=2314 gilt bei der benutzten Rechenanlage als Kennummer
des zuvor erwähnten Großplattenspeichers, von dem der ULIBO1
heißende Plattenstapel zur Speicherung verwendet werden soll.
Nach dem Schlüsselwort SPACE teilt der Benutzer mit, wieviel
Platz er für seine Datei reservieren möchte; CYL ist die Abkürzung für Zylinder, deren gewünschte Menge durch die nachfolgende Zahl angegeben wird. Die Angaben zum Namen der Datei sowie ihre Zustandsbeschreibung entsprechen der Magnetbanddatei. Unter der Voraussetzung, daß genügend Speicherplatz reserviert ist, können auch bei Plattendateien durch
DISP=(MOD,KEEP) Sätze am Dateiende hinzugefügt werden.

Änderung der Datei

Die jetzt auf einer Magnetplatte sequentiell angeordnete Patientendatei könnte durch ein ähnliches Programm geändert
werden, wie es bei der zuvor beschriebenen Magnetbanddatei
verwendet wurde. Diese Form der Änderung wäre jedoch nur
beim Hinzufügen oder Löschen von Sätzen an beliebiger Stelle
nötig, da bei einer Plattendatei ein gelesener Satz verändert und an den gleichen Platz der Datei zurückgeschrieben
werden kann. Die bei einigen Patienten nachzutragenden Laborbefunde und Diagnosen werden daher anstelle der gespeicherten Leerzeichen in den Satzinhalt übernommen, anschließend wird der geänderte Satz an seine ursprüngliche

Position in der Bestandsdatei zurückgeschrieben. Dadurch entfällt die Notwendigkeit, die Datei zusammen mit den durchge-
führten Veränderungen auf ein anderes Speichermedium kopieren
zu müssen. Da das im PL/I-Programm benutzte file gleicher-
maßen zum Lesen und Schreiben von Sätzen dienen soll, muß es
das Attribut UPDATE erhalten.

```
01     AENDERN: PROC OPTIONS(MAIN);
02     DCL KLINIK FILE RECORD ENV(F(6000,60) CONSECUTIVE),

           (die Strukturen PATIENT und NACHTRAG
            sind dieselben wie im vorletzten Programm)

14         DATUM CHAR(6),    DT CHAR(8);
15       OPEN FILE(KLINIK) SEQL UPDATE;
16       ON ENDFILE(SYSIN) GO TO ENDE;
17        DATUM=DATE;
18       DT=SUBSTR(DATUM,5,2)||'.'||SUBSTR(DATUM,3,2)||'.'
19         ||SUBSTR(DATUM,1,2);
20        PUT EDIT('NACHTRAEGE AM ',DT,' ZU FOLGENDEN PATIENTEN')
21               (COL(10),3 A);   PUT SKIP(2);
22      NEU_DATEN: GET EDIT(NACHTRAG) /* LOCHKARTE LESEN */
23                (COL(1),F(4),A(3),A(7),3 A(5));
24      BESTAND: READ FILE(KLINIK) INTO(PATIENT);/*PLATTE LESEN*/
25        IF PATIENT.NR=NACHTRAG.NR THEN DO;
26         PATIENT=NACHTRAG, BY NAME; /* NACHTRAG SPEICHERN */
27         REWRITE FILE(KLINIK) FROM(PATIENT);/*ZURUECKSCHREIBEN*/
28         PUT EDIT(PATIENT) (SKIP,F(4),X(2),A,P'99.99.99',5 A);
29           /* PROTOKOLL DRUCKEN */
30              GOTO NEU_DATEN;
31        END;
32         ELSE GOTO BESTAND;
33       ENDE: END;


//EXECUTE.KLINIK   DD   UNIT=2314,VOLUME=SER=ULIBO1,
//   DSN='NRZ35.KLINIK',DISP=(OLD,KEEP)
```

Eingabe:

```
0003 A+ERHOEHT    14   835 1958
0005 B+NORMAL     27   706 1836
0008 O+NIEDRIG    22   536 1759
```

Ausgabe:

```
    NACHTRAEGE AM 19.07.72 ZU FOLGENDEN PATIENTEN


3   SCHWARZ,ULRICH              11.02.45 A+ERHOEHT   14   835 1958
5   MEERMANN,KLAUS-JUERGEN      22.09.28 B+NORMAL    27   706 1836
8   STEINBERG,HANS-PETER        12.07.29 O+NIEDRIG   22   536 1759
```

Nach den Deklarationen wird das file KLINIK mit den Attributen SEQL UPDATE eröffnet; die einzig erlaubten Ein- und Ausgabebefehle für das file sind daher READ (zum Lesen) und REWRITE (zum Zurückschreiben eines Satzes). Um das Datum der Änderung zu dokumentieren, wird mit der eingebauten Funktion DATE das Tagesdatum abgerufen und anschließend so umgespeichert, daß in der Variablen DT die Ziffern für Tag, Monat und Jahr, durch einen Unterbrecherpunkt getrennt aufeinander folgen. Nach Ausdrucken der Überschrift werden die Nachträge mit der Bestandsdatei verglichen; bei gleicher Patienten- und Nachtragsnummer wird der Nachtrag in den Satz übernommen, der dann mit geändertem Inhalt an seine ursprüngliche Position in der Bestandsdatei zurückgeschrieben wird. Zur Kontrolle wird ein Protokoll aller geänderten Sätze ausgegeben. Bei Ende der Nachtragsdaten kann das Programm beendet werden, da das Kopieren der Restdatei auf ein anderes Speichermedium - im Gegensatz zu einer Banddatei - nicht notwendig ist. Die Schließung des files KLINIK erfolgt automatisch durch das Ende des Programms.

2. Indexsequentielle Dateien

Bei einer vollständigen Beschreibung der indexsequentiellen Dateiorganisation wäre eine Vielzahl von Regeln und Ausnahmen zu nennen, die oftmals für den Benutzer nicht einsehbar sind, da sie sich nur aus den verschiedenen Entwicklungsstufen dieser Dateiform erklären. Das Folgende beschränkt sich zwar auf die Erläuterung der nach unserer Ansicht wichtigsten Bereiche, möchte aber trotzdem nicht als "Lernstoff" verstanden sein, sondern als Information, aus der das für den Einzelfall Gültige herausgegriffen werden kann. Die Verwendung anderer, vielleicht assoziativer Speicher, läßt hoffen, daß in Zukunft eine zwar nach dem gleichen Grundprinzip arbeitende, aber benutzerfreundlichere

Verwirklichung dieser Dateiform möglich ist.

Indexsequentiell organisierte Dateien müssen auf Speichermedien angelegt werden, die einen direkten Zugriff erlauben;
in unserem Beispiel wird eine Magnetplatte verwendet. Jeder
Satz der Datei wird durch einen mitgeführten Satzschlüssel
(engl. KEY) identifiziert, der aus einer Kette von maximal
255 Zeichen besteht. Der Schlüssel ist gewöhnlich ein Teil
des Satzes, etwa der Name einer Firma, die Personalnummer
eines Gehaltsempfängers oder die Signatur eines Buches. Die
Erzeugung der Datei muß so erfolgen, daß die Sätze sequentiell in aufsteigender Sortierfolge ihrer Schlüssel gespeichert werden; eine größere Datenmenge würde man daher zunächst automatisch nach den Schlüsseln sortieren lassen.
Nach der Erzeugung der Datei können die Sätze sequentiell
oder in direktem Zugriff weiterverarbeitet werden; ein Hinzufügen oder Löschen von Sätzen an beliebiger Stelle ist
möglich, ohne die Datei jedes Mal auf ein anderes Speichermedium kopieren zu müssen, wie es bei den Beispielen im
vorigen Paragraphen erforderlich war.

Um auf die einzelnen Sätze der Datei zurückgreifen zu können, baut sich das Betriebssystem der Maschine mehrere Indexstufen auf, deren Funktion anhand eines Beispiels erklärt werden mag: sucht der Benutzer einer großen, nach Ver-
fassernamen alphabetisch geordneten Bibliothek ein Buch des
Verfassers BEHR, so könnte er zunächst dem Hauptwegweiser
entnehmen, daß die Werke der Autoren A - E in der zweiten
Etage des Gebäudes untergebracht sind; für den Buchstaben B
weist dort ein Raumwegweiser auf Raum 2, wo schließlich ein
Regalwegweiser für die mit BE anfangenden Verfasser auf das
Regal 17 verweist; dieses wird nun sequentiell durchgesucht,
ob das betreffende Buch vorhanden ist. Den genannten Weg-
weisern entsprechen 3 Indexstufen: der Hauptindex (engl.
master index) identifiziert einen vom Benutzer bestimmten
größeren Plattenbereich, auf dem der gesuchte Satz steht
oder stehen müßte, der Zylinderindex ergibt die Nummer des
betreffenden Zylinders, der Spurindex (engl. track index)

die Nummer der Spur, die dann sequentiell nach dem Schlüssel
des Satzes durchsucht wird. Bei der Erzeugung der Datei werden automatisch der Zylinderindex sowie auf jedem Zylinder
ein Spurindex angelegt; auf Wunsch stehen bis zu 3 Stufen
des Hauptindex zur Verfügung. Das Verwalten und Durchsuchen
der einzelnen Indexarten braucht der Benutzer nicht selbst
zu programmieren, da diese Arbeit vom Betriebssystem übernommen wird.

Der Schlüssel, der einen Satz identifiziert, darf nur einmal
in der Datei vorkommen; er kann dem Satz _vorangehen_ oder an
beliebiger Stelle darin _eingebettet_ sein. Im letzten Fall
ist die Position des Schlüsselbeginns anzugeben, die ein
Byte weniger als die Zahl beträgt, an der das erste Byte des
Schlüssels steht. Beispiel: ein Satz sei 30 Zeichen lang; in
den ersten 8 Bytes stehe die Abkürzung eines Ortes, in den
Bytes 9 - 24 gemessene Wetterdaten und ab Byte 25 ein Tagesdatum. Soll das Datum als (eingebetteter) Schlüssel verwendet werden, ist der Schlüsselbeginn durch die Zahl 24 fest-
zulegen; wird der Ortsname als (vorangehender) Schlüssel benutzt, kann die Positionsangabe wegfallen oder mit 0 angegeben werden. Auch die Länge des Schlüssels muß dem Programm
mitgeteilt werden; sie betrüge im ersten Fall unseres Beispiels 6, im zweiten Fall 8 Bytes.

Die Sätze der Datei können von fester oder variabler Länge,
geblockt oder ungeblockt sein. Für die Bestimmung der Satzlänge galt bei dem von uns benutzten System folgende Vereinbarung: bei geblockten Sätzen mit vorangehenden Schlüsseln ergibt sich die Satzlänge aus einer Addition der
Schlüssel- und Datenlänge; in allen anderen Fällen bezieht
sich die angegebene Satzlänge auf die Daten des Satzes, wobei ein (eingebetteter) Schlüssel mit zu den Daten gehört.

Für das oben genannte Beispiel bedeutet dies: bei geblockten Sätzen und der Verwendung des Ortsnamens als Schlüssel
ist die Satzlänge 30 Bytes, bei ungeblockten Sätzen und
gleichem Schlüssel 22 Bytes; dient das Datum als Schlüssel,
beträgt die Satzlänge bei geblockten oder ungeblockten Sät-

zen 30 Bytes. Auf eine detailliertere Beschreibung dieses
Komplexes wird hier verzichtet, da sie besser den Handbüchern
des jeweiligen Maschinenherstellers zu entnehmen ist.
Bei sequentiellem Zugriff werden die Sätze in aufsteigender
Sortierfolge ihrer Schlüssel zur Verfügung gestellt; zum Lesen und Ändern dienen die Befehle READ und REWRITE, wie sie
im vorigen Paragraphen für eine Magnetplattendatei mit dem
CONSECUTIVE-Attribut beschrieben wurden. Außerdem können Sätze durch den DELETE-Befehl gelöscht werden. Das Betriebssystem setzt in diesem Fall in das erste Byte des Datenteils
(nicht des Schlüssels) eine aus 8 Einsen bestehende Bitkette,
die den Satz als nicht verfügbar kennzeichnet; er hat zwar
noch einen gültigen Schlüssel, aber der zugehörige Satzinhalt
ist leer. Bei der Erzeugung der Datei kann der Benutzer auch
selbst leere Sätze (engl. dummy records) einstreuen, um sie
später durch einen gültigen Inhalt zu ersetzen. Bei geblockten Sätzen mit vorangehenden Schlüsseln darf der DELETE-Befehl nicht verwendet werden, anders ausgedrückt: will man geblockte Sätze löschen können, muß der Schlüssel in den Satz
eingebettet sein; dies kann leicht so erfolgen, daß man durch
Vorsetzen eines weiteren Bytes aus einem vorangehenden Schlüssel einen eingebetteten macht. In direktem Zugriff können
Sätze hinzugefügt, gelöscht, wiedergefunden oder verändert
werden. Das Hinzufügen erfolgt durch den WRITE-Befehl. Der
darin angegebene Schlüssel darf nur dann mit einem bereits
bestehenden Schlüssel identisch sein, wenn dessen Satzinhalt
leer ist, so daß er durch den neuen Satz aufgefüllt werden
kann. Ein neu einzufügender Satz wird an der Stelle gespeichert, die der Sortierfolge seines Schlüssels entspricht.
Reicht der Platz auf der betreffenden Plattenspur nicht aus,
wird der letzte darauf stehende Satz in einen Überlaufbereich
ausgelagert. Das Betriebssystem gewährleistet jedoch, daß
auch die in den Überlaufbereichen stehenden Sätze in der
richtigen Sortierfolge der Schlüssel zur Verfügung stehen.
Ehe das Fassungsvermögen der Überlaufbereiche erschöpft ist,
wird man die Datei zweckmäßigerweise neu organisieren; dies

kann so erfolgen, daß alle Sätze sequentiell gelesen und auf
einen anderen Plattenbereich wieder neu ausgeschrieben werden. Leere Sätze werden beim sequentiellen Lesen ignoriert
und fallen daher weg, die in den Überlaufbereichen stehenden
Sätze werden automatisch in die neue Hauptdatei eingefügt.
Die neuen Überlaufbereiche sind daher für die Aufnahme weiterer Sätze frei.

Im folgenden Programmbeispiel wird eine Kraftfahrzeugdatei
sequentiell erzeugt; als vorangehender Schlüssel dient das
Kennzeichen des Fahrzeugs (9 Zeichen), dem Name und Anschrift des Halters folgen (70 Zeichen).

```
01    AUTOS: PROC OPTIONS(MAIN);
02    DCL    KFZ FILE RECORD KEYED ENV(F(70) INDEXED),
03           KENNZEICHEN CHAR(9), HALTER CHAR(70);
04           ON ENDFILE(SYSIN) GOTO ENDE;
05           OPEN FILE(KFZ) SEQL OUTPUT;
06    LIES:  GET EDIT(KENNZEICHEN,HALTER)(COL(1),A(9),A(70));
07           WRITE FILE(KFZ) FROM(HALTER) KEYFROM(KENNZEICHEN);
08           GOTO LIES;
09    ENDE: END;
```

```
//EXECUTE.KFZ DD UNIT=2314,SPACE=(CYL,3),DSN=PKW,
//    VOLUME=SER=ULIBO1,DISP=(NEW,KEEP),
//    DCB=(DSORG=IS,KEYLEN=9,OPTCD=LY,CYLOFL=2)
```

Eingabe:

```
B-WA1254 PETER DINGSDORF 1000BERLIN 27 NORDPLATZ 116
D-NB325  WOLFGANG LINDNER 4000DUESSELDORF 12 WESTSTR.44
E-GT254  HANSPETER ALBERTZ 4300ESSEN 8 AM SEEUFER 14
F-EM5682 FRANZ GOLDMANN 6000FRANKFURT 24 WEGESENDE 999
H-NH4257 JUERGEN WIESENER 3000HANNOVER 15 BAHNHOFSTR.14
HH-RD1254HELGA SCHMIDT-FALKENBERG 2000HAMBURG 35 SCHOENSTR.56
M-UE2474 LUDWIG RECKERT 8000MUENCHEN 34 WALDSTR.153
N-FK2589 PAUL-HERMANN OTTERNDORF 8500NUERNBERG 4 OSTSTR.135
S-KS458  ANSGAR MITTELER 7000STUTTGART 15 PARKSTR.2
```

Soll die Übertragung von Sätzen aufgrund eines vom Programm
gegebenen Schlüssels erfolgen, muß das file des PL/I-Pro-
gramms das Attribut KEYED erhalten; im ENVIRONMENT-Attribut
ist für indexsequentielle Dateien zusätzlich das Schlüsselwort INDEXED zu vereinbaren. Die Sätze unseres Beispiels haben eine feste Länge und sind ungeblockt. Nach dem Einlesen

von Kennzeichen und Halter in Zeile 6 wird im folgenden Befehl der Satz auf das file KFZ ausgeschrieben; nach dem Wort FROM steht in Klammern der Name der Variablen, deren Inhalt geschrieben werden soll, nach KEYFROM folgt in Klammern die Angabe des dafür zu benutzenden Schlüssels. Durch den anschließenden Sprungbefehl werden alle Sätze bis zum Ende der Eingabedaten ausgeschrieben; sofern sie nicht in aufsteigender Sortierfolge der Schlüssel angeordnet sind, benachrichtigt das Betriebssystem den Benutzer durch eine Fehlermeldung.

In der Kommandosprache werden 3 Zylinder auf einem Großplattenspeicher des Typs IBM2314 reserviert (vgl. Kap.IV,1). Weitere Informationen müssen dem Betriebssystem im Data Control Block (DCB) mitgeteilt werden; es sind hier:

DSORG=IS   Data Set Organisation = Indexed Sequential

KEYLEN=9   Key Length (deutsch: Schlüssellänge) in Bytes; sie ist 9, da das als Schlüssel verwendete Kennzeichen als CHAR(9) vereinbart wurde.

OPTCD   Option Codes enthalten in abgekürzter Form weitere Wünsche des Benutzers bezüglich der Anlage und Verarbeitung der Datei:
           L ist erforderlich, wenn Sätze durch den DELETE-Befehl gelöscht und leere Sätze beim sequentiellen Lesen der Datei nicht zur Verfügung gestellt werden sollen; die zu Anfang des Kapitels gegebene Beschreibung setzt das hier stehende L voraus.
           Y ist anzugeben, wenn auf jedem Zylinder ein Überlaufbereich eingerichtet werden soll.

CYLOFL=2   Cylinder Overflow = 2 bedeutet, daß 2 der 20 Spuren eines Zylinders als Überlaufbereich für die Hinzufügung von Sätzen vorgesehen werden sollen.

Würde im Beispielprogramm ein eingebetteter Schlüssel verwendet, müßte noch die Positionsangabe des Schlüsselbeginns mitgeteilt werden; dies erfolgt durch den Unterparameter RKP (Relative Key Position). Beispiel: würde der Schlüssel im

10. Byte beginnen, müßte die Angabe RKP=9 im DCB enthalten
sein.
Zur Beschreibung der Datei wurde hier nur ein einziger DD-
Befehl verwendet, d.h. der Zylinderindex und die gespeicherten Sätze befinden sich auf derselben Magnetplatte; durch
2 DD-Befehle können die beiden Bereiche auf verschiedene
Platten gelegt werden, wodurch die zur Auffindung eines Satzes benötigte Zeit verringert werden kann. Beispiel:

```
//EXECUTE.KFZ DD  UNIT=2314,SPACE=(CYL,1),DISP=(NEW,KEEP),
//               DCB=(DSORG=IS,KEYLEN=9,OPTCD=LY,CYLOFL=2),
//               DSN=PKW(INDEX),VOLUME=SER=SYSLIB
//            DD  UNIT=2314,SPACE=(CYL,3),DISP=(NEW,KEEP),
//               DCB=DSORG=IS,
//               DSN=PKW(PRIME),VOLUME=SER=ULIBO1
```

Im ersten DD-Befehl wird 1 Zylinder für den Indexbereich der
Datei reserviert; nach dem Namen der Datei muß in Klammern
das Schlüsselwort INDEX folgen. Im zweiten DD-Befehl sind
Leerzeichen anstelle des DD-Namens erforderlich; 3 Zylinder
werden zur Speicherung der Datei reserviert, wobei das
Schlüsselwort PRIME in Klammern nach dem Dateinamen stehen
muß. Da nach VOLUME=SER verschiedene Plattennamen angegeben
sind, werden Index und Datenbereich auf verschiedenen Platten angelegt. Durch einen dritten DD-Befehl kann zusätzlich
ein unabhängiger Überlaufbereich geschaffen werden, der die
Sätze aufnimmt, die in den Überlaufbereichen der Zylinder
keinen Platz mehr finden. Dieses Verfahren bietet z.B. Vorteile, wenn die hinzuzufügenden Sätze ungleichmäßig verteilt
sind. Der Befehl kann wie der zweite DD-Befehl (Zeile 4-6)
aussehen, müßte jedoch als Parameter DSN=PKW(OVFLOW) haben.
Zusätzlich wäre bei OPTCD noch der Buchstabe I (für _I_nde-
pendent Overflow = unabhängiger Überlauf) einzusetzen. Erwähnt sei noch, daß durch die Angabe INDEXAREA im ENVIRONMENT-
Attribut der Index der höchsten Stufe - in unserem Fall der
Zylinderindex - im Kernspeicher verarbeitet wird, wodurch
bei direktem Zugriff eine wesentliche Beschleunigung der Verarbeitung erzielt werden kann.

Die im vorhergehenden Programm sequentiell erzeugte Datei
soll jetzt in direktem Zugriff weiter verarbeitet werden;
eingelesen werden die Kennzeichen von Kraftfahrzeugen, auszugeben ist Name und Anschrift des Halters.

```
01    FINDE: PROC OPTIONS(MAIN);
02      DCL KFZ FILE RECORD KEYED ENV(F(70) INDEXED),
03          KENNZEICHEN CHAR(9), HALTER CHAR(70);
04          ON ENDFILE(SYSIN) GOTO ENDE;
05          OPEN FILE(KFZ) DIRECT INPUT;
06          ON KEY(KFZ) BEGIN;
07          PUT EDIT('*** ',KENNZEICHEN,' NICHT VORHANDEN')
08                  (SKIP,3 A);   GOTO LIES;
09          END;
10    LIES: GET EDIT(KENNZEICHEN)(COL(1),A(9));
11          READ FILE(KFZ) INTO(HALTER) KEY(KENNZEICHEN);
12          PUT EDIT(KENNZEICHEN,HALTER)(SKIP,A,X(2),A);
13          GOTO LIES;
14      ENDE: PUT EDIT('ENDE DER ANFRAGE')(SKIP(2),A); END;
```

```
//EXECUTE.KFZ DD UNIT=2314,VOLUME=SER=ULIBO1,
//    DSN=PKW,DISP=(OLD,KEEP)
```

Eingabe:

```
E-GT254
R-MA288
HH-RD1254
```

Ausgabe:

```
E-GT254    HANSPETER ALBERTZ 4300ESSEN 8 AM SEEUFER 14
*** R-MA288    NICHT VORHANDEN
HH-RD1254  HELGA SCHMIDT-FALKENBERG 2000HAMBURG 35 SCHOENSTR.56


ENDE DER ANFRAGE
```

Sofern in der Datei kein Satz mit dem im READ-Befehl angege-
benen Schlüssel vorhanden ist, resultiert daraus eine Pro-
grammunterbrechung, die ohne entsprechende ON-Bedingung zum
Programmabbruch führt. Bei Schlüsselfehlern kann die <u>ON KEY-
Bedingung</u> verwendet werden, der in Klammern der Name des be-
treffenden files folgen muß. In unserem Beispiel wird eine
Benachrichtigung gedruckt und das Programm bei der Marke
LIES fortgesetzt. In der Kommandosprache sind die DCB- und

Space-Parameter weglassen, da sie bei einer bereits bestehenden Datei nicht neu angegeben zu werden brauchen.

Im folgenden Beispielprogramm sollen bestehende Sätze geändert oder gelöscht und neue Sätze in die Datei eingefügt werden; welche der drei Möglichkeiten im Einzelfall in Frage kommt, soll durch einen Buchstaben in Spalte 80 der Lochkarte angezeigt werden, wobei A für eine Änderung des Satzinhaltes, L für Löschen und E für Einfügen gewählt wurden.

```
01      AUTOS: PROC OPTIONS(MAIN);
02        DCL KFZ FILE RECORD KEYED ENV(F(70) INDEXED),
03            KENNZEICHEN CHAR(9), HALTER CHAR(70), ART CHAR(1);
04            ON ENDFILE(SYSIN) GOTO LISTE;
05            OPEN FILE(KFZ) DIRECT UPDATE;
06            ON KEY(KFZ) BEGIN;
07              IF ONCODE=51 THEN PUT EDIT(KENNZEICHEN,
08                ' NICHT IN DATEI')(SKIP,2 A);
09              IF ONCODE=52 THEN DO;
10                PUT EDIT(KENNZEICHEN,' BEREITS VERGEBEN AN ')
11                (SKIP,2 A);
12                READ FILE(KFZ) INTO(HALTER) KEY(KENNZEICHEN);
13                PUT EDIT(HALTER)(SKIP,COL(10),A);
14            END; /* DO-GRUPPE */  END; /* BEGIN-BLOCK */
15      LIES: GET EDIT(KENNZEICHEN,HALTER,ART)(A(9),A(70),A(1));
16            IF ART='E' THEN WRITE FILE(KFZ) FROM(HALTER)
17              KEYFROM(KENNZEICHEN);
18            ELSE IF ART='A' THEN REWRITE FILE(KFZ) FROM(HALTER)
19                  KEY(KENNZEICHEN);
20                ELSE IF ART='L' THEN DELETE FILE(KFZ)
21                    KEY(KENNZEICHEN);
22                  ELSE PUT EDIT('** DATENFEHLER BEI  ',
23                    KENNZEICHEN)(SKIP,2 A);
24              GOTO LIES;
25      LISTE: CLOSE FILE(KFZ); OPEN FILE(KFZ) SEQL INPUT;
26            ON ENDFILE(KFZ) GOTO ENDE;  PUT SKIP(2);
27            PUT EDIT('NEUE DATEI:',(11)'-')(A,SKIP,A);
28      DATEI: READ FILE(KFZ) INTO(HALTER) KEYTO(KENNZEICHEN);
29            PUT EDIT(KENNZEICHEN,HALTER)(SKIP,A,X(2),A);
30            GOTO DATEI;
31      ENDE: END;
```

```
//EXECUTE.KFZ DD UNIT=2314,VOLUME=SER=ULIBO1,
//   DSN=PKW,DISP=(OLD,KEEP)
```

Eingabe: Spalte 80 ──────┐
                                                                      ▼
```
1        K-LL3527 WILLY ANDERSEN 5000KOELLN 40 BUCHENWEG 9              E
2        E-GT254  HANSPETER ALBERTZ 4300ESSEN 19 SCHILLERSTR.67         A
3        N-FK2589                                                       L
4        F-H2359  DIETER PAULSEN 6000FRANKFURT 23 SUEDSTR.56
5        M-KN2250
6        D-NB325  KARL WEISSMANN 4000DUESSELDORF 45 ROSENPLATZ 3        L
7        MS-DU708 DETLEV STEINHAUSEN 4400MUENSTER HOLLANDTSTR.45        E
                                                                       E
```

Ausgabe:


```
** DATENFEHLER BEI  F-H2359
M-KN2250    NICHT IN DATEI
D-NB325     BEREITS VERGEBEN AN
            WOLFGANG LINDNER 4000DUESSELDORF 12 WESTSTR.44
```

NEUE DATEI:

```
B-WA1254    PETER DINGSDORF 1000BERLIN 27 NORDPLATZ 116
D-NB325     WOLFGANG LINDNER 4000DUESSELDORF 12 WESTSTR.44
E-GT254     HANSPETER ALBERTZ 4300ESSEN 19 SCHILLERSTR.67
F-EM5682    FRANZ GOLDMANN 6000FRANKFURT 24 WEGESENDE 999
H-NH4257    JUERGEN WIESENER 3000HANNOVER 15 BAHNHOFSTR.14
HH-RD1254   HELGA SCHMIDT-FALKENBERG 2000HAMBURG 35 SCHOENSTR.56
K-LL3527    WILLY ANDERSEN 5000KOELLN 40 BUCHENWEG 9
M-UE2474    LUDWIG RECKERT 8000MUENCHEN 34 WALDSTR.153
MS-DU708    DETLEV STEINHAUSEN 4400MUENSTER HOLLANDTSTR.45
S-KS458     ANSGAR MITTELER 7000STUTTGART 15 PARKSTR.2
```

In der Ausgabe stehen zuerst die vom Programm erkannten
Schlüssel- oder Datenfehler. Ein Datenfehler liegt vor, wenn
in Spalte 80 ein anderes Zeichen als A, E oder L steht; ein
Schlüsselfehler liegt vor, wenn entweder ein Kennzeichen
nicht gefunden wird oder ein bereits vergebenes Kennzeichen
noch einmal zugeteilt werden soll. Diese Unterscheidung des
Schlüsselfehlers wird durch eine Abfrage der eingebauten
Funktion ONCODE möglich, die die Zahl 51 bei nicht gefunde-
nem, die Zahl 52 bei bereits vorhandenem Schlüssel zurückgibt. In der ON KEY-Bedingung wird daher der ONCODE abgefragt: ist er 51, wird der Benutzer vom Nichtauffinden des
Satzes benachrichtigt, ist er 52, wird zunächst ausgedruckt,
daß das Kennzeichen bereits vergeben ist und anschließend
Name und Anschrift des Halters eingelesen und ausgedruckt,
auf den ein Kraftfahrzeug mit diesem Kennzeichen zugelassen

ist.

Nach den Veränderungen wird sequentiell eine Liste der neuen
Datei ausgegeben. Im Lesebefehl muß das Schlüsselwort KEYTO
stehen, da beim sequentiellen Lesen ein vorangehender
Schlüssel in die nach KEYTO stehende Variable übertragen
wird, wodurch Schlüssel und Satzinhalt für die folgende Ausgabe zur Verfügung stehen.

3. Regionaldateien

Eine Datei mit regionaler Organisation ist in eine Anzahl
von Regionen aufgeteilt, wobei jede Region durch eine
Regionsnummer identifiziert wird. Die Regionsnummern durch-
laufen von Null beginnend einen Abschnitt der ganzen Zahlen.
Für die Übertragung eines Satzes muß im Satzschlüssel die
Regionsnummer angegeben sein, zu oder von der die Übertra-
gung stattfinden soll. Von den drei Arten der regionalen
Organisation soll zunächst die Form REGIONAL(1) beschrieben
werden:
Die Datei besteht aus ungeblockten Sätzen von fester Länge.
In jeder Region ist ein Satz gespeichert, der nur durch die
Regionsnummer identifiziert wird; sie darf maximal 16777215
betragen und nur aus den Zeichen 0 bis 9 sowie dem Leerzeichen bestehen. Die Regionsnummer ist nicht selbst beim
Satz gespeichert, sondern gibt nur die relative Stelle an,
die der betreffende Satz in der Datei einnimmt. Im Unterschied zur indexsequentiellen Organisation können Regional-
dateien sowohl sequentiell wie direkt erzeugt werden; in
jede der fortlaufend durchnumerierten Regionen, die nicht
mit einem gültigen Satz gefüllt werden, schreibt das
Betriebssystem automatisch einen leeren Satz, der im ersten
Byte durch eine aus 8 Einsen bestehende Bitkette gekennzeichnet wird. Sofern eine kleinere Datei in ihrer Größe
stark schwankende Regionsnummern hat, wird man von einer
REGIONAL(1)-Organisation abraten, da sonst der weitaus
größte Teil der Datei aus leeren Sätzen bestehen würde.

Bei einer sequentiellen Verarbeitung der Datei werden
alle Sätze in aufsteigender Reihenfolge der Regionsnummern
zu Verfügung gestellt. Will der Benutzer leere Sätze igno-
rieren, muß er selbst das erste Byte des Satzes abfragen,
ob es aus einer Bitkette von 8 Einsen besteht; falls ja,
ist der betreffende Satz nicht weiter zu bearbeiten, falls
nein, handelt es sich um einen Satz mit gültigem Inhalt.
In direktem Zugriff können Satze wiedergefunden, geändert,
gelöscht oder hinzugefügt werden. Für das Wiederfinden
eines Satzes gilt ebenfalls, daß der Programmierer selbst
prüfen muß, ob es sich um einen leeren Satz handelt oder
nicht. Bei einer Änderung wird durch den REWRITE-Befehl
der alte Satz durch den neuen ersetzt, gleichgültig, ob
es sich um einen leeren oder gültigen Satzinhalt handelte.
Das Löschen eines Satzes erfolgt durch den DELETE-Befehl,
der einen gültigen Satz in einen leeren verwandelt. Beim
Hinzufügen durch den WRITE-Befehl ersetzt der neue Satz
den bestehenden leeren oder gültigen (!) Satz, der durch
die angegebene Regionsnummer identifiziert wird.
Als Beispielprogramm wählen wir die Verwaltung der Telefon-
anschlüsse eines kleineren Ortsnetzes, wobei die Telefonnummern zur Identifizierung der Regionen dienen und Name
und Anschrift des Telefoninhabers den Satzinhalt bilden.

Eingabedaten(alphabetisch geordnet):

```
131 ABBENDORF,GUSTAV   SUEDSTR. 18
319 AHRENS,HORST WALDSTR. 14
167 BLUMEN-NEUHAUS AM BAHNHOF 3
125 JANSSEN,PAUL WILHELMSTR. 67
149 KOERTING,JOSEF BEVERSTRANG 1
127 MEYER,HARTMUT HITTORFSTR. 60
300 NEUKAETER,BERNFRIED FRAUENSTR. 40
201 SCHWARZ,FRANZ   HERMANNSTR. 23
281 SOMMER,HANS SCHILFGUERTEL 29
205 TENBERGE,HEINZ   VOGELRUTE 7
234 ULRICH,ALFRED   LOENSWEG 4
217 VOSS,WILHELM   SENDENWEG 18
```

```
01    REGIO:    PROC OPTIONS(MAIN);
02    DCL       DATEI FILE RECORD KEYED ENV(F(40) REGIONAL(1)),
03              1 SATZ1 STATIC,
04                2(TEL_NR CHAR(3), INHABER CHAR(77)),
05              SATZ CHAR(40), (I,J) INIT(0);
06              ON ENDFILE(SYSIN) GOTO DRUCK;
07              OPEN FILE(DATEI) DIRECT OUTPUT; /* ERZEUGUNG */
08    HOL:      READ FILE(SYSIN) INTO(SATZ1);
09              SATZ=INHABER;
10              WRITE FILE(DATEI) FROM(SATZ) KEYFROM(TEL_NR);
11              GOTO HOL;
12    DRUCK:    CLOSE FILE(DATEI);
13              OPEN FILE(DATEI) SEQL INPUT;     /* LESEN */
14              ON ENDFILE(DATEI) GOTO ENDE;
15    FETCH:    READ FILE(DATEI) INTO(SATZ) KEYTO(TEL_NR);
16              IF UNSPEC(SUBSTR(SATZ,1,1))='11111111'B THEN DO;
17                  J=J+1; /* LEERE SAETZE WERDEN GEZAEHLT */
18                  GOTO FETCH;
19              END;
20              I=I+1; /* ANZAHL DER GUELTIGEN SAETZE */
21              PUT EDIT(SATZ,TEL_NR)(SKIP,A(41),A(3));
22              GOTO FETCH;
23    ENDE:     PUT EDIT(I,' SAETZE,',J,' LEERE SAETZE.')
24                  (SKIP(3),2(F(5),A));
25    END;
```

```
//EXECUTE.DATEI DD DSN=D,UNIT=2314,VOL=SER=ULIBO1,
// SPACE=(CYL,1),DCB=DSORG=DA,DISP=(NEW,KEEP)
```

Ausgabe:

```
JANSSEN,PAUL WILHELMSTR. 67              125
MEYER,HARTMUT HITTORFSTR. 60            127
ABBENDORF,GUSTAV  SUEDSTR. 18           131
KOERTING,JOSEF BEVERSTRANG 1            149
ELUMEN-NEUHAUS AM BAHNHOF 3             167
SCHWARZ,FRANZ   HERMANNSTR. 23          201
TENBERGE,HEINZ  VOGELRUTE 7             205
VOSS,WILHELM   SENDENWEG 18             217
ULRICH,ALFRED  LOENSWEG 4               234
SOMMER,HANS SCHILFGUERTEL 29            281
NEUKAETER,BERNFRIED FRAUENSTR. 40       300
AHRENS,HORST WALDSTR. 14                319


    12 SAETZE,   404 LEERE SAETZE.
```

Im DCL wird festgelegt, daß das file Datei aus ungeblockten Sätzen der Länge 40 besteht und in der Art REGIONAL(1) organisiert werden soll. In die Variable SATZ1 wird die Telefon- (=Regions-)nummer sowie die Anschrift des Inhabers einge-

lesen. Nach der Marke HOL wird jeweils eine Lochkarte in
die Variable SATZ1 gelesen und Name und Anschrift des Inhabers der Variablen SATZ zugewiesen; entsprechend der als
Satzschlüssel verwendeten Telefonnummer wird der Inhalt des
Satzes mit direkter Ausgabe auf das file DATEI ausgeschrie-
ben. Nach Ende der Eingabedaten verzweigt das Programm zur
Marke DRUCK, wo das file DATEI geschlossen und als SEQL
INPUT wieder eröffnet wird. Nach dem anschließenden Lesebefehl wird mit der eingebauten Funktion UNSPEC geprüft,
ob das erste Byte des Satzes aus einer Bitkette von 8
Einsen besteht, falls ja, wird der Zähler J für die leeren
Sätze erhöht und der nächste Satz gelesen; falls nein,
wird der Zähler I für die gültigen Sätze erhöht und der
Satz ausgegeben. Am Ende des Programms wird eine Übersicht
über die Anzahl der gültigen und leeren Sätze ausgedruckt.
Da das file DATEI als SEQL INPUT eröffnet wurde, erscheinen
die Sätze der Datei nicht mehr in alphabetischer Reihenfolge, sondern nach aufsteigenden Telefonnummern geordnet.
In der Kommandosprache muß im DCB die Organisationsform
DA (=Direct Access, deutsch: direkter Zugriff) angegeben
sein.
Bei einer Veränderung der im vorigen Programm erzeugten
Telefondatei ist zu beachten, daß auch gültige Sätze überschrieben werden können, ohne daß das Betriebssystem eine
entsprechende Fehlermeldung an den Benutzer gibt. Es wird
daher im Programm geprüft, ob der neu einzuspeichernde
Satz einen leeren ersetzt; falls nein, wird die Speicherung
zurückgewiesen und der Benutzer über die geplante Doppel-
vergabe informiert. In unserem Beispielprogramm werden
bestehende Sätze geändert oder gelöscht und neue Sätze
hinzugefügt; die Art der Änderung wird in Spalte 80 der
Lochkarte mitgeteilt, wobei E für Einfügen, A für eine
Änderung des Satzinhaltes und L für Löschen stehen. Sofern
keine dieser Änderungsarten zutrifft, soll das Programm
den Satz als fehlerhaft ablehnen und den Benutzer entsprechend informieren.

```
01    UPDATE: PROC OPTIONS(MAIN);
02     DCL DATEI FILE RECORD KEYED ENV(F(40) REGIONAL(1)),
03         1 SATZ1 STATIC,
04           2 (NEUE_NR CHAR(3), ALTE_NR CHAR(3),
05             INHABER CHAR(73), ART CHAR(1)),
06         (SATZ,TEST) CHAR(40);
07       OPEN FILE(DATEI) DIRECT UPDATE;
08       ON ENDFILE(SYSIN) GOTO DRUCK;
09    LIES:   READ FILE(SYSIN) INTO(SATZ1);
10            SATZ=INHABER;
11            IF ART='E' THEN GOTO PRUEF; /* OB SATZ LEER IST */
12            ELSE IF ART='A' THEN DO;
13                DELETE FILE(DATEI) KEY(ALTE_NR);
14                GOTO PRUEF; /* OB NEUE_NR SCHON VERGEBEN */
15               END;
16               ELSE IF ART='L'
17                  THEN DELETE FILE(DATEI) KEY(ALTE_NR);
18                    ELSE PUT EDIT('DATENFEHLER BEI: ',INHABER)
19                            (SKIP,2 A);
20         GOTO LIES;
21    PRUEF: READ FILE(DATEI) INTO(TEST) KEY(NEUE_NR);
22            IF UNSPEC(SUBSTR(TEST,1,1))=(8)'1'B /* LEERER SATZ */
23             THEN WRITE FILE(DATEI) FROM(SATZ) KEYFROM(NEUE_NR);
24            ELSE PUT EDIT('SCHON VERGEBEN: ',NEUE_NR,TEST,SATZ)
25                     (SKIP,2 A,2(SKIP,A));
26         GOTO LIES;
27    DRUCK: CLOSE FILE(DATEI); OPEN FILE(DATEI) SEQL INPUT;
28            ON ENDFILE(DATEI) GOTO ENDE;
29            PUT EDIT('VERAENDERTE DATEI',(17)'-')(SKIP(2),A,SKIP,A);
30    LISTE: READ FILE(DATEI) INTO(SATZ) KEYTO(NEUE_NR);
31            IF UNSPEC(SUBSTR(SATZ,1,1))=(8)'1'B THEN GOTO LISTE;
32            ELSE PUT EDIT(SATZ,NEUE_NR) (SKIP,A(45),A);
33         GOTO LISTE;
34    ENDE: END;
```

Eingabe: Spalte 80
                                                        ↓

```
144     ZOERKENDOERFER,SIEGFR. HITTORFSTR. 53          E
   217                                                 L
189     STENZEL,HORST EDITH-STEIN STR. 8               E
101     THOMALLA,KLAUS-DIETER BUCKSTR. 25
272205 TENBERGE,HEINZ AM MARKT 4                       A
214     SLABY,WOLFGANG HAGENFELD 54                    E
167     LEISINGER,KARL-FRIEDR. SCHUETZENSTR. 17        E
   149                                                 L
```

Nach der Deklaration des files DATEI wird vereinbart, daß
der einzulesende SATZ1 aus drei Zeichen der neuen, drei
Zeichen der alten Telefonnummer, 73 Zeichen des Inhabers
und einem Zeichen besteht, das die Änderungsart angibt.
Nach der Marke LIES wird eine Lochkarte eingelesen und Name
und Anschrift des Inhabers auf die Variable SATZ überwiesen.

Sofern ein Satz einzufügen ist, wird geprüft, ob in der betreffenden Region ein leerer Satz steht; falls ja, findet die Einfügung statt, falls nein, wird sie abgelehnt und die schon besetzte Nummer mit dem Namen des Inhabers sowie der neu einzufügende Anwärter ausgedruckt (Zeile 2 bis 4 der Ausgabe). Bei einer Änderung der Telefonnummer wird zunächst die alte Nummer gelöscht und dann geprüft, ob die neue Nummer noch frei ist. Bei der Änderungsart Löschen (=DELETE) wird die Nummer des Teilnehmers ersatzlos gestrichen. Sofern in Spalte 80 weder ein E noch ein A oder L steht, wird der Benutzer auf den Fehler aufmerksam gemacht (Zeile 1). Die angegebenen Kontrollen auf leere Sätze werden nach der Marke PRUEF mithilfe der UNSPEC-Funktion durchgeführt. Am Ende der Eingabedaten verzweigt das Programm zur Marke DRUCK, wo die gültigen Sätze der Datei ausgedruckt werden:

```
DATENFEHLER BEI:   THOMALLA,KLAUS-DIETER BUCKSTR. 25
SCHON VERGEBEN: 167
 BLUMEN-NEUHAUS AM BAHNHOF 3
 LEISINGER,KARL-FRIEDR. SCHUETZENSTR. 17


VERAENDERTE DATEI
-------------------
 JANSSEN,PAUL WILHELMSTR. 67                  125
 MEYER,HARTMUT HITTORFSTR. 60                 127
 ABBENDORF,GUSTAV  SUEDSTR. 18                131
 ZOERKENDOERFER,SIEGFR. HITTORFSTR. 53        144
 BLUMEN-NEUHAUS AM BAHNHOF 3                  167
 STENZEL,HORST EDITH-STEIN STR. 8             189
 SCHWARZ,FRANZ  HERMANNSTR. 23                201
 SLABY,WOLFGANG HAGENFELD 54                  214
 ULRICH,ALFRED  LOENSWEG 4                    234
 TENBERGE,HEINZ AM MARKT 4                    272
 SOMMER,HANS SCHILFGUERTEL 29                 281
 NEUKAETER,BERNFRIED FRAUENSTR. 40            300
 AHRENS,HORST WALDSTR. 14                     319
```

Eine REGIONAL(2)-Datei besteht aus ungeblockten Sätzen fester Länge; in jeder Region ist ein Satz gespeichert. Der Satzschlüssel besteht hier aus zwei logischen Teilen:

1. der Regionsnummer, die aus den 8 am rechten Rand stehenden Zeichen besteht, maximal 16777215 sein darf und

2. dem <u>Vergleichsschlüssel</u> (engl. comparison key), der aus bis zu 255 am linken Rand stehenden Zeichen besteht und zur Identifizierung des Satzes dient.

Im Unterschied zu einer INDEXED-Datei darf hier der Vergleichsschlüssel niemals eingebettet sein. Die Länge des Vergleichsschlüssels wird im DCB nach dem Wort KEYLEN mitgeteilt. Soll ein Satz zu einer Datei hinzugefügt werden, wird er mit dem Vergleichsschlüssel, den wir hier auch den <u>gespeicherten Schlüssel</u> (engl. recorded key) nennen wollen, an die erste Stelle eingespeichert, die auf <u>der</u> Spur frei ist, welche die in den letzten 8 Bytes des Satzschlüssels genannte Region enthält. Beim Aufsuchen eines Satzes wird entsprechend bei der Spur begonnen, auf der die betreffende Region steht, und solange sequentiell weitergesucht, bis ein Satz mit dem angegebenen gespeicherten Schlüssel gefunden wird. Ein Satz steht daher nicht unbedingt in der im Satzschlüssel genannten Region, aber je näher er daran ist, desto schneller kann er wiedergefunden werden.
Bei einer sequentiellen Erzeugung der Datei müssen die Sätze nach aufsteigenden Regionsnummern geordnet sein, ausgelassene Regionen werden automatisch mit leeren Sätzen gefüllt, doppelt vergebene Regionsnummern führen zu einem Fehler.
Bei der direkten Erzeugung können Regionsnummern doppelt vergeben werden, da der neu einzuspeichernde Satz den ersten leeren ersetzt, der auf der Spur mit der angegebenen Regionsnummer gefunden wird. Im Gegensatz zur REGIONAL(1)-Organisation werden leere Sätze bei der sequentiellen Bearbeitung automatisch ignoriert; wird bei direktem Zugriff ein Satz mit dem angegebenen gespeicherten Schlüssel nicht gefunden, beanstandet das Betriebssystem dies als Schlüsselfehler, der durch eine ON KEY-Bedingung behoben werden kann. Bei der Hinzufügung von Sätzen darf im Unterschied zu einer INDEXED-Datei ein gespeicherter Schlüssel auch mehrfach vorkommen.
Ein Programmbeispiel für eine REGIONAL(2) organisierte Datei findet sich im 6. Kapitel.

Eine Datei des Typs REGIONAL(3) kann aus ungeblockten
Sätzen von fester, variabler oder undefinierter Länge
bestehen. Eine Region ist hier mit der Spur eines Spei-
chermediums mit direktem Zugriff identisch und darf
einen oder mehrere Sätze enthalten. Die Anzahl der Regionen ist durch die Zahl 32767 begrenzt. Die Erzeugung
und Verarbeitung der Datei entspricht für Sätze von fester
Länge den Konventionen des Typs REGIONAL(2); die Behandlung von Sätzen variabler oder undefinierter Länge kann
je nach Maschinenhersteller unterschiedlich sein und möge
den jeweiligen Handbüchern entnommen werden.
Eine Übersicht über die verschiedenen Formen der Datenorganisation gibt die auf der folgenden Seite stehende
Tabelle:

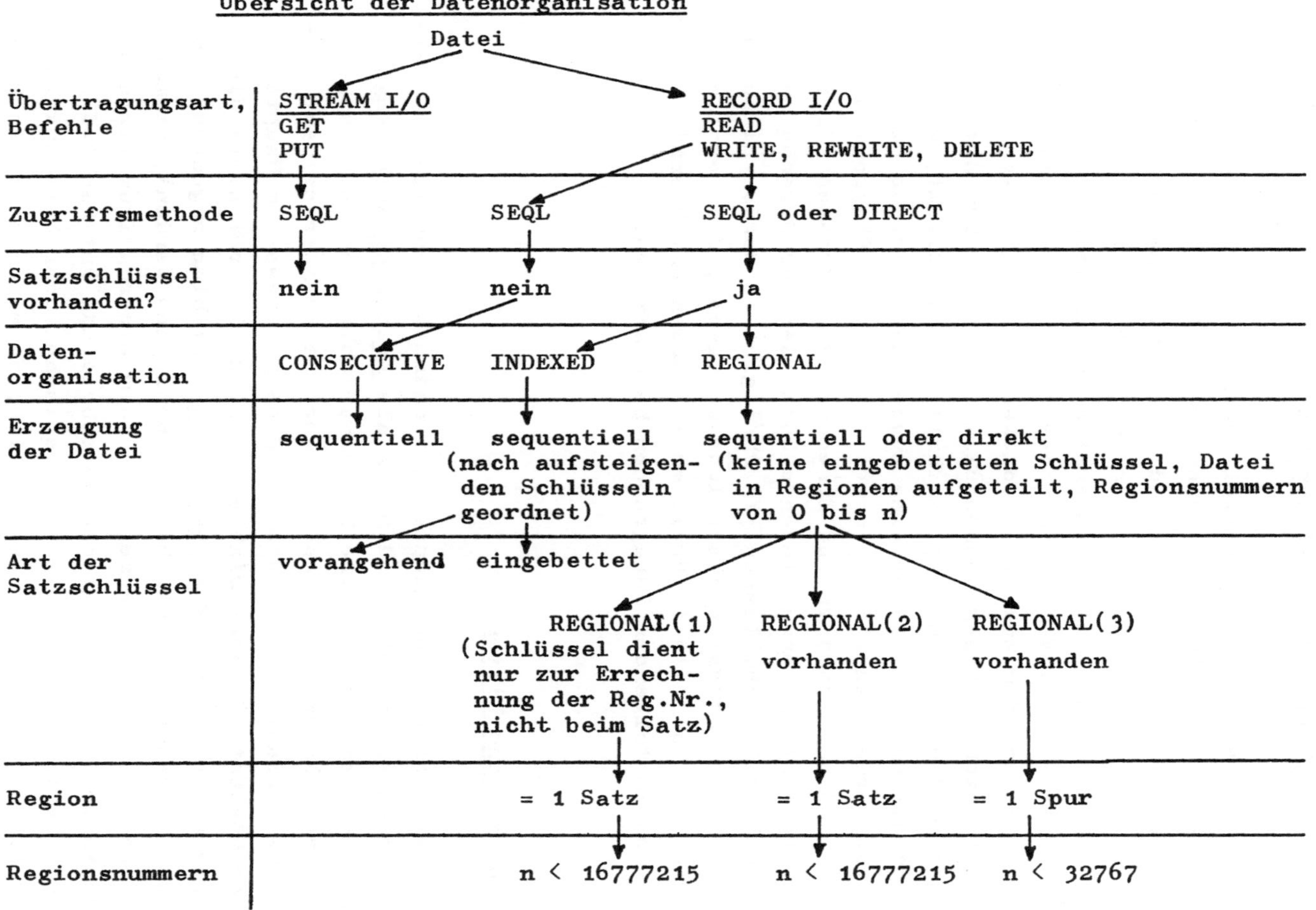

Übersicht der Datenorganisation

Datei

Übertragungsart, Befehle | STREAM I/O GET PUT | RECORD I/O READ WRITE, REWRITE, DELETE

Zugriffsmethode | SEQL | SEQL | SEQL oder DIRECT

Satzschlüssel vorhanden? | nein | nein | ja

Daten-organisation | CONSECUTIVE | INDEXED | REGIONAL

Erzeugung der Datei | sequentiell | sequentiell (nach aufsteigen-den Schlüsseln geordnet) | sequentiell oder direkt (keine eingebetteten Schlüssel, Datei in Regionen aufgeteilt, Regionsnummern von 0 bis n)

Art der Satzschlüssel | vorangehend | eingebettet | REGIONAL(1) (Schlüssel dient nur zur Errech-nung der Reg.Nr., nicht beim Satz) | REGIONAL(2) vorhanden | REGIONAL(3) vorhanden

Region | | = 1 Satz | = 1 Satz | = 1 Spur

Regionsnummern | | n < 16777215 | n < 16777215 | n < 32767

V Fortgeschrittene PL/I-Techniken

Im vorausgegangenen Kapitel haben wir schon Möglichkeiten
von PL/I kennengelernt, die nicht von allen höheren Programm-
miersprachen geteilt werden: die verschiedenen Arten der Organisation von Daten auf externen Speichern und den direkten
Zugriff zu diesen Daten. Im ersten Paragraphen dieses Kapitels wollen wir uns mit einer besonderen Organisationsform
von Daten und dem Zugriff zu diesen Daten im Internspeicher
(Hauptspeicher) einer Rechenanlage befassen. Der Zugriff zu
Daten im Hauptspeicher ist natürlich immer direkt, weil jede
Hauptspeicherstelle über eine zugeordnete Adresse direkt erreicht werden kann. Bei den meisten höheren Programmiersprachen wird das Zuordnen und Errechnen von Adressen für im
Hauptspeicher unterzubringende Daten dem der Sprache zugeordneten Compiler überlassen. In PL/I gibt es darüberhinaus die
Möglichkeit, Adressen als solche anzugeben, d.h. explizit zu
deklarieren und sie im Programm zu verwenden. Hiermit wollen
wir uns im folgenden Paragraphen beschäftigen.

1. Zeiger und Listen

Zum Definieren einer Hauptspeicheradresse benötigen wir einen neuen Variablentyp, den wir als <u>Zeigervariable</u> (engl.
pointer) bezeichnen. Eine Zeigervariable (oder ein Zeiger)
hat ihren Namen daher, daß ihr Wert (eine Adresse) auf eine
andere Variable zeigt, die auf dieser Adresse im Hauptspeicher beginnt. Zeigervariable erhalten als Wert stets die
Adresse einer bereits <u>zugewiesenen</u> Variablen zugeordnet (mit
einer Ausnahme, die wir bald kennenlernen werden), niemals
jedoch eine absolute Adresse in Form einer arithmetischen
Konstante. Hierin liegt der entscheidende Unterschied zu anderen Variablentypen wie arithmetischen oder Kettenvariablen.
Die Einschränkung ist verständlich, da einerseits der Pro-

grammierer die absoluten Adressengrenzen nicht kennt, zwischen denen seinem Programm Speicherplatz zugewiesen wurde, und andererseits damit Speicherbereiche, in denen Teile des Betriebssystems residieren, geschützt bleiben.
Wie aber können Zeigervariablen überhaupt Werte zugewiesen werden? Eine Möglichkeit besteht darin, daß man die <u>eingebaute Funktion ADDR</u> aufruft, der man als Argument den Namen einer Variablen beifügt, deren Adresse gesucht ist, z.B.

```
DCL   Z POINTER,
      KARTE CHAR(80);
      GET EDIT(KARTE) (A(80));
      Z = ADDR(KARTE);
```

Durch das Schlüsselwort <u>POINTER</u> (erlaubte Abkürzung ist PTR) ist Z explizit als Zeigervariable deklariert. Durch das Implizitkonzept erhält Z neben dem Attribut PTR noch die Attribute AUTOMATIC und ALIGNED. Eine Zeigervariable erhält einen Speicherplatz von 4 Bytes (1 Wort) zugewiesen, d.h. sie kann hexadezimal die Adressen 00000000 bis FFFFFFFF (dezimal von 0 bis 4,29 Mrd.) aufnehmen. Die Kernspeichergrößen heutiger Rechenanlagen sind mindestens um den Faktor 1000 kleiner. Durch die oben zuletztgenannte Anweisung zeigt Z auf die Adresse, bei der der Bereich KARTE beginnt. Eine Wertzuweisung über den vorhergehenden Eingabebefehl wäre für die Zulässigkeit des letzten Befehles nicht erforderlich, da der Variablen KARTE wegen des AUTOMATIC-Attributs bereits ein Speicherplatz am Beginn des diese Anweisungsfolge umfassenden Blocks zugewiesen wurde. (Diese Feststellung gilt erst recht für STATIC-Variable.) Vorsicht aber ist geboten bei CONTROLLED-Variablen: wenn einer solchen Variablen durch eine ALLOCATE-Anweisung noch kein Speicherplatz zugewiesen wurde, so definiert die Verbindung eines Zeigers mit dieser Variablen keine gültige Hauptspeicheradresse, vielmehr wird dem Zeiger der Wert "Null" zugewiesen. Um auch in anderen Fällen anzudeuten, daß einem Zeiger noch keine gültige Hauptspeicheradresse zugeordnet wurde, kann die <u>eingebaute Funktion NULL</u> aufgerufen werden, die kein Argument besitzt, etwa

Z = NULL;

Im weiteren Verlauf kann der Wert eines Zeigers gegen Null
getestet werden. Verständlicherweise sind hierbei die einzigen gültigen Vergleichsoperatoren die Operatoren = und
¬= . Die Abfrage

IF Z ¬= NULL THEN ...

bedeutet dann die Frage danach, ob dem Zeiger Z bereits eine gültige Hauptspeicheradresse zugewiesen wurde.

Im Zusammenhang mit der Verwendung von Zeigern ist das sogenannte <u>BASED-Attribut</u> für Variable von großer Wichtigkeit,
das eine solche Variable mit einem Zeiger verknüpft. Die Verwendung solcher Variablen "basiert" gewissermaßen auf der
Kenntnis des mit ihr verknüpften Zeigers. Die allgemeine Form
der Deklaration einer BASED-Variablen ist

DCL Variable BASED(Zeiger-Variable);

d.h. zusammen mit einer BASED-Variablen wird stets eine Zeigervariable deklariert, die durch das Auftreten in Klammern
hinter dem Schlüsselwort BASED implizit das Attribut POINTER
erhält. BASED ist ein <u>Speicherklassenattribut</u> wie STATIC,
AUTOMATIC oder CONTROLLED. Es hat gewisse Ähnlichkeit mit
dem CONTROLLED-Attribut, da die Kontrolle des Speichers (Zuweisung und Freigabe) über PL/I-Anweisungen erfolgt: in diesem Zusammenhang sind auch die bei CONTROLLED-Variablen möglichen Anweisungen ALLOCATE und FREE verwendbar, wie wir
noch sehen werden. Der entscheidende Unterschied zwischen
BASED und CONTROLLED ist folgender: während bei CONTROLLED-
Variablen immer nur die letzte "Generation", d.h. der über
die letzte ALLOCATE-Anweisung zugewiesene Speicher, verfügbar ist (die anderen Generationen einer solchen Variablen
sind wegen des Kellerprinzips nur durch FREE-Anweisungen er-
reichbar), kann bei einer BASED-Variablen über die zugeordneten aktuellen Zeigerwerte zu <u>allen</u> Generationen (ohne FREE-
Anweisungen) gleichzeitig zugegriffen werden. Die Freigabe

des Speichers einer bestimmten Generation einer BASED-Variablen kann - im Gegensatz zu CONTROLLED-Variablen - unabhängig
von der Reihenfolge der Speicherzuordnung über die Angabe des
mit dieser Generation verbundenen Zeigers erfolgen. Weiter
unten werden hierfür Beispiele angegeben.

Zunächst soll uns die Frage beschäftigen, welche Möglichkeiten der Speicherzuweisung für BASED-Variable existieren.
Eine Möglichkeit besteht in der Verwendung der ADDR-Funktion.
Hierzu brauchen wir den obigen Programmausschnitt nur leicht
zu modifizieren:

```
DCL    SATZ BASED(Z) CHAR( 100),
       KARTE CHAR( 80);
       Z = ADDR(KARTE);
LIES:  GET EDIT(KARTE) (A(80));
```

Der oben explizit deklarierte Zeiger Z wird hier implizit
mit der BASED-Variablen SATZ erklärt. Über die Nicht-BASED-
Variable KARTE ist der Zeiger Z der ersten Speicherzuweisung für SATZ an den Anfang des Speicherbereiches für KARTE
gebunden. Dadurch ist implizit ein überlagerndes Definieren
(ähnlich wie DEFINED) erreicht: die ersten 80 Zeichen der
ersten Generation von SATZ stimmen mit dem Inhalt von KARTE
überein.
Gäbe es nur diese Art der Speicherzuweisung für BASED-Variable, so würde jede weitere Generation von SATZ die vorhergehende überschreiben. Wir wollen uns daher mit dem folgenden
Programmbeispiel mit einer weiteren Möglichkeit der Speicherzuweisung befassen:

```
01    LOCMOD: PROC OPTIONS(MAIN);
02    DCL     (SYSIN INPUT, F OUTPUT) RECORD SEQL BUF,
03            KARTE CHAR( 80) BASED(P), Q PTR;
04            ON ENDFILE(SYSIN) STOP;
05    LIES:   READ FILE(SYSIN) SET(P);
06            LOCATE KARTE SET(Q) FILE(F);
07            Q->KARTE = KARTE;
08            GOTO LIES;
09    END;
```

In Zeile 2 haben wir zunächst das Standard-Eingabe-file

SYSIN explizit abweichend von den Implizitattributen
(SYSIN ist standardmäßig STREAM INPUT) und das Ausgabe-
file F als RECORD-files definiert, da in Zeile 5 und 6
RECORD-files für die dort angeführten E/A-Befehle vorge-
schrieben sind. Beide files haben darüberhinaus explizit
das im folgenden wichtige Attribut BUFFERED (abgekürzt: BUF).
In Zeile 3 wird KARTE als BASED-Variable zusammen mit dem
Zeiger P deklariert, außerdem für besondere Verwendung der
Zeiger Q.
Der STOP-Befehl in Zeile 4 beendet das Programm, sobald alle
Daten verarbeitet sind.
Die READ-Anweisung in Zeile 5 ist eine besondere Form, die
zusätzlich zu der bekannten Form mit dem Schlüsselwort INTO
für BASED-Variable möglich ist:

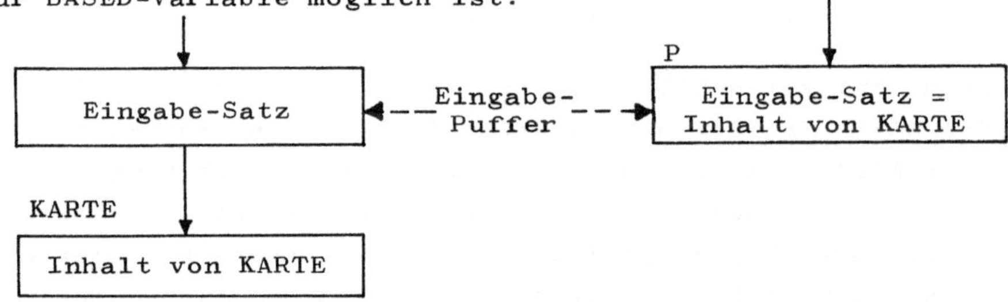

READ FILE(SYSIN) INTO(KARTE)   READ FILE(SYSIN) SET(P)

Das Bild zeigt links die Funktion einer READ-INTO-Anweisung:
Die Daten kommen vom Kartenleser zunächst in den Eingabe-
Puffer. Von dort werden sie - und das ist die Funktion von
INTO - in den für Karte reservierten Speicherbereich über-
tragen. Die READ-SET-Anweisung unterdrückt diesen letzten
Schritt: durch die SET-Klausel wird der mit der BASED-Varia-
blen KARTE verbundene Zeiger P auf den Anfang des Eingabe-
puffers gesetzt (engl. set). Dadurch ist es möglich, Daten
im Eingabepuffer zu definieren und sie dort zu verarbeiten.
Es entfällt der zusätzliche Datentransport in einen anderen
Teil des Hauptspeichers. Der nachfolgende Befehl LOCATE

(engl. locate = versetzen) ist das Analogon zum WRITE-FROM-
Befehl. Er reserviert Platz in einem Ausgabepuffer und setzt
einen Zeiger (hier: Q) an den Anfang des Ausgabepuffers. Dieses "Versetzen" ist aber nicht gekoppelt mit dem Transport
der Daten vom Eingabepuffer in den Ausgabepuffer, vielmehr
hat die LOCATE-SET-Operation (genau wie die READ-SET-Opera-
tion!) nur die Funktion einer Speicherplatz-Zuweisung für
eine weitere Generation einer BASED-Variablen. (Damit haben
wir über die Verwendung der ADDR-Funktion hinaus zwei weitere Möglichkeiten der Speicherplatz-Zuweisung für BASED-Variable kennengelernt.) Diese Generation ist mit dem Zeiger Q
verknüpft, während die voraufgegangene Generation an den Zeiger P gebunden war. Um nun zu erreichen, daß beide Generationen übereinstimmen, wird die zum Zeiger P gehörige Generation von KARTE zu der zum Zeiger Q gehörigen Generation
von KARTE transportiert. Dies geschieht im Befehl in Zeile 7.
Will man sich auf die letzte Generation der zum Zeiger P gehörigen Generation der BASED-Variablen KARTE beziehen, so
genügt es, die Variable KARTE in gewohnter Weise durch Angabe des Variablennamens anzusprechen, jede andere Generation
dagegen muß durch einen Zeiger qualifiziert werden, der gerade auf diese Generation zeigt. Die Benennung der durch den
Zeiger Q qualifizierten Generation von KARTE schreibt man

$$Q \longrightarrow KARTE$$

Das Pfeilsymbol ($\longrightarrow$) ist aus einem Minus- und einem Größer-
zeichen zusammengesetzt. Die Verwendung des Variablennamens
KARTE ist im obigen Fall identisch mit der Schreibweise

$$P \longrightarrow KARTE$$

Die Zeile 7 bedeutet also, daß die durch den aktuellen Zeiger P qualifizierte Generation von KARTE der durch den Zeiger Q qualifizierten Generation von KARTE zugewiesen wird.
Hier heißt das, daß der Inhalt des Eingabe-Puffers in den
Ausgabe-Puffer übertragen wird. Die Leerung des Ausgabe-Puf-
fers (d.h. die Übertragung zum Drucker) geschieht dann kurz

vor der nächsten LOCATE- oder WRITE-Anweisung oder bei einer
(expliziten oder impliziten) CLOSE-Anweisung für dieses file.
Die gezeigte Form der Ausgabe bezeichnet man englisch als
locate mode ("Versetzmodus").

Das folgende Programmbeispiel behandelt eine durch Zeiger
verbundene Kette aller Generationen einer BASED-Variablen
WORT: zu jeder Generation von WORT soll es einen Zeiger geben, der auf die nächste Generation von WORT zeigt, d.h. der
die Adresse dieser nächsten Generation enthält. Wir sprechen
dann von einer (linearen) Liste. Die Zeigerkette kann als
Feld von Zeigern deklariert werden oder (besser) ein Be-
standteil von WORT sein. Im letzten Fall ist WORT als Struktur zu schreiben. Besondere Bedeutung kommt jetzt der NULL-
Funktion zu (s.o.). Sie kann dazu verwendet werden, um das
letzte Element der Liste zu kennzeichnen: der Zeiger zum
nächsten Element (das es ja nicht gibt) wird dann "Null" gesetzt. Gleichzeitig zeigt ein positiver Vergleich mit Null
das letzte Element der Liste an. Im Programmbeispiel wird
zunächst eine Liste von Namen aufgebaut, die in der Einlese-
reihenfolge bereits alphabetisch sortiert sein soll:

```
01      ALIST: PROC OPTIONS(MAIN);
02      DCL     1 WORT BASED(P),
03              2 PT PTR,    /* ZEIGER ZUM NAECHSTEN WORT        */
04              2 NAME CHAR(20),
05              (N,P1,Q,R) PTR, NEU CHAR(20);
06              ON ENDFILE(SYSIN) GOTO ENDE;
07              Q,N=NULL;
08      LESEN: GET EDIT(NEU)(SKIP,A(20));
09              ALLOCATE WORT SET(P);
10              NAME=NEU;
11              IF Q=N THEN P1=P;
12                  ELSE Q->PT=P;
13              Q=P;
14              GOTO LESEN;
15      ENDE:  /* EINLESEN DER LISTE VON NAMEN BEENDET,
16                 ES WIRD VORAUSGESETZT, DASS DIE NAMEN IN DER
17                 EINLESEREIHENFOLGE ALPHABETISCH SORTIERT SIND  */
18              PT=N;
19              CALL DRUCK;
33      DRUCK: PROC;
34              P=P1;
35              PUT PAGE;
```

```
36    AUS:    PUT EDIT(NAME)(SKIP,A(20));
37            P=PT;
38            IF P¬=N THEN GOTO AUS;
39            END DRUCK;
40    END;
```

In den Zeilen 2 bis 4 ist die mit dem Zeiger P verbundene
BASED-Variable WORT als Struktur aufgebaut. Vier weitere Zeiger (N, P1, Q und R) werden im Programm benötigt (Zeile 5),
wobei der Zeiger N im Ablauf des Programms den Wert der NULL-
Funktion behält. Die anfängliche Nullsetzung des Zeigers Q
dient zur Kennzeichnung des Anfangs der Liste. Nach dem Einlesebefehl in Zeile 8 begegnet uns eine neue Form der
ALLOCATE-Anweisung (mit SET-Klausel), die eine weitere Möglichkeit der Speicherzuweisung für BASED-Variable darstellt.
Sie ähnelt der LOCATE-Anweisung, der Unterschied besteht jedoch darin, daß die Speicherzuweisung sich nicht auf den
Ausgabepuffer bezieht, sondern auf einen noch freien Bereich
im Kernspeicher. Dementsprechend erhält auch der zugehörige
Zeiger jeweils einen neuen Wert.
Das vom Kartenleser eingelesene neue Wort NEU wird jetzt in
den eben bereitgestellten Speicherbereich übertragen. Am Anfang ist Q = N , so daß dann in Zeile 11 der Zeiger des ersten Wortes der Liste in P1 festgehalten werden kann, andernfalls wird der Vorwärtszeiger des zuvor gespeicherten Wortes
(Q -> PT) gleich dem aktuell zu Wort gehörigen Zeiger P gesetzt. Dies bewirkt gerade die oben beschriebene Zeigerverkettung der Liste. Schließlich wird der aktuelle Zeiger von
Wort für die Verwendung in der nächsten Generation festgehalten (Zeile 13).
Nachdem die Liste aufgebaut ist, muß noch der Vorwärtszeiger
PT der letzten Generation auf Null gesetzt werden (Zeile 18).
In Zeile 19 erfolgt der Aufruf einer Prozedur zum Drucken
der Liste. Zwischen Zeile 19 und 33 wird später noch ein
Programmteil eingefügt.
Der Ausdruck beginnt mit dem Aufsuchen des Zeigers der er-
sten Generation (Zeile 34). Nach dem Druckbefehl in Zeile 36
wird der Zeiger PT zum nächsten Wort auf den Zeiger P zuge-

wiesen. Falls dieser nicht Null ist, das letzte Wort der
Liste also noch nicht gedruckt ist, kann wieder nach vorn
gesprungen werden.

Im folgenden soll nun an beliebiger Stelle der Liste ein
weiterer Name alphabetisch eingefügt werden. Hätten wir die
Liste nicht in der vorliegenden Form aufgebaut, sondern ein
Feld hinreichender Länge dafür bereitgestellt, so wäre das
Einfügen eines weiteren Namens ein recht aufwendiges Unter-
fangen, bei dem die Namensliste umgespeichert werden müßte.
Im Falle einer Liste mit Zeigern ist dieser Prozeß einfacher:
es braucht lediglich der Vorwärtszeiger des vor dem einzufü-
genden Wort stehenden Namens auf dieses gerichtet zu werden
und der Vorwärtszeiger des neuen Wortes auf den Nachfolger.
Ein Bild soll beide Aktionen veranschaulichen:

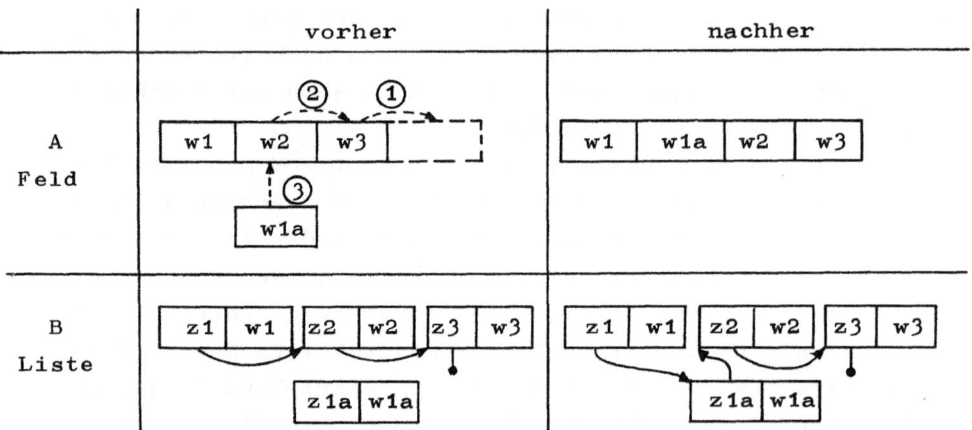

Bei einer Namensliste mit z.B. 1000 Eintragungen kann der
Prozeß A sehr langwierig werden, während bei B keine Um-
speicherung der Namen erfolgt und nur zwei Zeiger umge-
stellt werden. Wir wollen die dazu erforderliche Anweisungsfolge nun in das obige Programm einfügen:

```
20              /* ALPHABETISCHES EINFUEGEN EINES WEITEREN WORTES */
21              NEU='HANS';
22              P=P1; Q=N;
23     SUCHE: IF NAME < NEU THEN DO;
24                 Q=P; P=PT;
25                 IF P¬=N THEN GOTO SUCHE;
26              END;
27              /* STELLE GEFUNDEN, AN DER EINGEFUEGT WERDEN SOLL */
28              ALLOCATE WORT SET(R);
29              R->PT=P; R->NAME=NEU;
30              IF Q=N THEN P1=R;
31                    ELSE Q->PT=R;
32              CALL DRUCK;
```

In Zeile 22 wird der Zeiger P auf den Anfang der Liste gestellt. Der Zeiger Q soll auf die jeweils zuvor untersuchte
Generation deuten, er wird anfangs auf Null gesetzt. Der folgende Suchprozeß soll die Stelle ermitteln, an der das neue
Wort (NEU) eingefügt werden soll. Ist NAME < NEU , so ist
diese Stelle noch nicht gefunden. Dann wird der aktuelle
Zeiger P in Q gemerkt und ein neuer Zeiger vom Vorwärtszeiger PT abgelesen. Ist dieser Zeiger noch nicht Null, so kann
weitergesucht werden, andernfalls ist das Ende der Liste erreicht und das neue Wort ist dort einzufügen. Ist die Stelle
gefunden, an der eingefügt werden soll, so wird in Zeile 28
zunächst eine neue Generation von WORT zugewiesen mit dem
Zeiger R. Der Vorwärtszeiger dieser Generation (R -> PT)
wird nun auf P gesetzt (am Ende der Liste heißt das, daß
dieser Zeiger Null wird, da P Null ist). In die Variable
NAME der neuen Generation (R -> NAME) wird der neue Name
eingespeichert. Wir müssen nur noch den Vorwärtszeiger
Q -> PT der zuletzt betrachteten Generation auf R setzen
(Zeile 31). Dies entfällt sogar, wenn das neue Wort vor das
erste Wort der ursprünglichen Liste gehört (Q = N). In diesem Fall muß aber der Zeiger P1, der den Anfang der Liste
kennzeichnet, verändert werden (Zeile 30). Der Ausdruck der
neuen Liste in Zeile 32 ist nachfolgend für drei Sonderfälle dargestellt:

<u>ursprüngliche Liste:</u>

BERTRAM
ERIKA
HEINZ
STEFAN
UDO

<u>veränderte Liste:</u>

Einschub eines neuen Namens

davor	innerhalb	danach
ANNA		
BERTRAM	BERTRAM	BERTRAM
ERIKA	ERIKA	ERIKA
HEINZ	**HANS**	HEINZ
STEFAN	HEINZ	STEFAN
UDO	STEFAN	UDO
	UDO	**VERA**

Ein Beispiel für das Sortieren einer linearen Liste durch
Umordnung einer zugehörigen Zeigerkette findet sich im folgenden Kapitel. Von Interesse z.B. für Gemeindeverwaltungen,
die eine Kartei von Familien mit einem oder mehreren Kindern
aufbauen wollen, sind <u>vernetzte Listen</u> folgender Art:

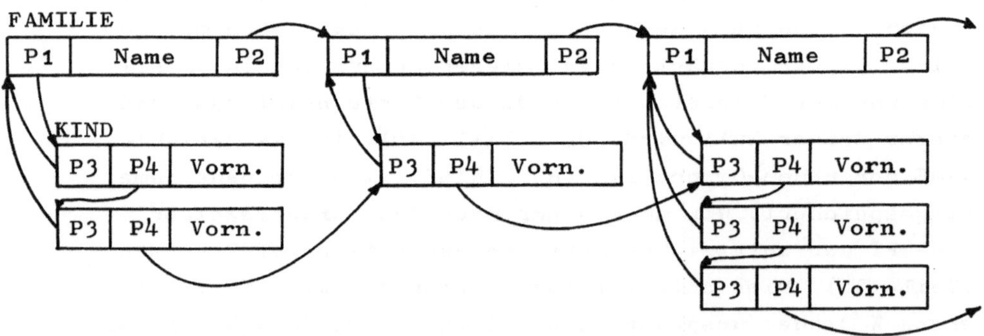

Der Deklarationsteil eines zugehörigen Programms hätte dann
folgendes Aussehen:

```
DCL   1 FAMILIE BASED(P),
      2 P1 PTR, /*ZEIGER ZUM 1. KIND*/
      2 NAME CHAR(20),
      2 P2 PTR, /*ZEIGER ZUR NAECHSTEN FAMILIE*/
    1 KIND BASED(Q),
      2 P3 PTR, /*ZEIGER ZU DEN ELTERN*/
      2 P4 PTR, /*ZEIGER ZUM NAECHSTEN KIND*/
      2 VORNAME CHAR(10);
```

Der Vorteil dieser Programmierung etwa gegenüber

```
DCL   1 FAMILIE(100),
      2 NAME CHAR(20),
      2 VORNAME_KIND(10) CHAR(10);
```

liegt auf der Hand. Die Reservierung einer oberen Grenze für
die Anzahl der Familien (hier 100) entfällt bei der Verwendung von BASED-Variablen. Gravierender (d.h. speicheraufwen-
diger) ist die Festlegung von Speicherplatz für die maximal
vorkommende Kinderzahl (hier 10) für _jede_ Familie. Schließlich bietet die angegebene Zeigerverkettung gegenüber dem
obigen Feld von Strukturen eine verbesserte Strukturierung
der genannten Datenmenge.

Die Speicherreservierung für BASED-Variable ist natürlich
durch die Größe des freien Platzes im Hauptspeicher begrenzt.
Diesen bekommt man besser in den Griff durch die Verwendung
von vorher deklarierten Bereichen (engl. AREA). In einer AREA
benutzt man eine besondere Art von Zeigern, die OFFSET-Variablen (deutsch vielleicht "Aufsetz"- oder "Startpunkt"-Varia-
ble), deren Inhalt die relativen Adressen vom Beginn der AREA
sind. Wenn ein solcher Bereich voll ist, was durch das Eintreten der AREA-Bedingung erkannt wird, so kann die AREA auf
externe Speicher ausgegeben und der Speicherplatz der AREA
freigegeben werden. Beim Wiedereinlesen und Abspeichern einer
AREA an möglicherweise anderer Stelle im Hauptspeicher wird
die Bedeutung der in der AREA deklarierten OFFSET-Variablen
deutlich: die absoluten Adressen (POINTER) mögen sich jetzt
verändert haben, während die relativen Adressen (OFFSET) die
gleichen geblieben sind. Für eine genauere Beschreibung der
Syntax von AREA- und OFFSET-Variablen sei auf die Handbücher
der PL/I-Compiler-Hersteller verwiesen.

2. Programmgenerierung während der Übersetzung

Hatten wir bisher Programme kennengelernt, die unmittelbar vom PL/I-Compiler in die Maschinensprache übersetzt werden konnten, so wollen wir jetzt Befehle besprechen, die in das Quellprogramm eingestreut werden können und so eine Modifikation des Programmtextes bewirken. Diese Befehle wollen wir Makrobefehle nennen. Sie ähneln den bisher bekannten PL/I-Befehlen, unterscheiden sich von diesen aber durch ein vorgestelltes Prozentzeichen (%). Programme mit Makrobefehlen können vom Compiler nicht unmittelbar übersetzt werden, es bedarf vorher des Aufrufs eines besonderen Verarbeitungsprogramms, des Makroprozessors. Der Makroprozessor wird nur dann aufgerufen, wenn an bestimmter Stelle der Kommandosprache das Schlüsselwort MACRO eingefügt wird. Er arbeitet dann als Teil des Übersetzungsvorgangs, indem er ein Quellprogramm ohne Makrobefehle erzeugt, das dann vom Compiler in gewohnter Weise in die Maschinensprache übertragen werden kann.

Als erstes Beispiel sei ein Programm angegeben, dessen Befehle nicht aus den in PL/I gebräuchlichen englischen Befehlsworten bestehen, sondern aus deutschen. Es soll den Ausdruck der Binomialkoeffizienten in Form des Pascalschen Dreiecks bewirken, kurz gesagt das Schema der Vorzahlen auf den rechten Seiten der folgenden Identitäten:

$$(a + b)^0 = \underline{1}$$

$$(a + b)^1 = \underline{1} \cdot a + \underline{1} \cdot b$$

$$(a + b)^2 = \underline{1} \cdot a^2 + \underline{2} \cdot ab + \underline{1} \cdot b^2$$

$$(a + b)^3 = \underline{1} \cdot a^3 + \underline{3} \cdot a^2 b + \underline{3} \cdot ab^2 + \underline{1} \cdot b^3$$

$$\vdots \qquad\qquad \vdots$$

Ordnet man nur die Vorzahlen zum "Pascalschen Dreieck", so ergeben sich die Vorzahlen der nächsten Zeile - abgesehen von den äußeren Einsen - durch Addition der links und rechts darüberstehenden Zahlen der vorigen Zeile:

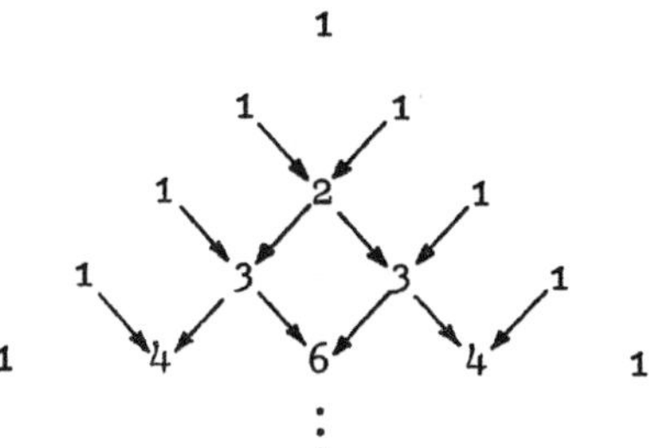

Dieser Additionsprozeß wird im folgenden Programm nachvoll-
zogen, wobei die Zahlen einer Zeile die Elemente eines Feldes A bilden. Das folgende Programm ist Eingabe für den Makroprozessor und wird von diesem zunächst unverändert, aber
mit Kommentar (letzte Zeile) ausgedruckt:

```
COMPILE-TIME MACRO PROCESSOR
MACRO SOURCE2 LISTING

   1     %DCL (BINAER,BIS,DRUCKE,ENDE,ERKLAERE,FESTKOMMA,FUER,
   2      HAUPTPROGRAMM,NEUE,SCHRITT,SEITE,SPALTE,SPRINGE) CHAR;
   3     %BINAER='BIN'; %BIS='TO'; %DRUCKE='PUT EDIT';
   4     %ENDE='END'; %ERKLAERE='DCL'; %FESTKOMMA='FIXED';
   5     %FUER='DO'; %HAUPTPROGRAMM='PROC OPTIONS(MAIN)';
   6     %NEUE=''; %SCHRITT='BY'; %SEITE='PAGE';
   7     %SPALTE='COL'; %SPRINGE='SKIP';
   8     PASCAL: HAUPTPROGRAMM;
   9     ERKLAERE A(6) BINAER FESTKOMMA;
  10     /* AUSDRUCK DER ERSTEN 6 ZEILEN DES PASCAL'SCHEN DREIECKS */
  11     DRUCKE('PASCAL''SCHES DREIECK', (20)'-', ' ')
  12          (NEUE SEITE, 2(SPRINGE, SPALTE(15), A), SPRINGE(3), A);
  13     FUER L=1 BIS 6;
  14        A(L)=1;
  15        FUER K=L-1 BIS 2 SCHRITT -1;
  16           A(K)=A(K)+A(K-1);
  17        ENDE;
  18        DRUCKE((A(K) FUER K=1 BIS L))
  19             (SPRINGE(2), SPALTE(20-3*L), (L)F(6));
  20     ENDE;
  21     ENDE PASCAL;

NO ERROR OR WARNING CONDITION HAS BEEN DETECTED FOR THIS MACRO PASS.
```

Hier lernen wir zunächst zwei Arten von Makrobefehlen kennen, die %DCL-Anweisung in Zeile 1 und 2 und die Makrozu-
weisung (Zeile 3-7). Die %DCL-Anweisung erklärt die in ihr
aufgeführten Variablen z.B. BINAER, FESTKOMMA u.s.w. als

<u>Makrovariable</u>. Diese können nur die Attribute CHARACTER und
FIXED (ohne Längen- oder Genauigkeitsangaben!) besitzen. Makrovariable sind in nachfolgenden Makrozuweisungen mit bestimmten aktuellen Werten zu versehen. Der Makroprozessor
prüft nun den gesamten Programmtext auf das Auftreten solcher Makrovariablen und tauscht deren aktuelle Belegungen,
z.B. 'FIXED' für die Variable FESTKOMMA, gegen diese aus.
Vor jedem Makrozuweisungsbefehl (Zeile 3-7) <u>muß</u> ein %-Zei-
chen stehen. Vor den übrigen Vorkommen der Makrovariablen
im Text ab Zeile 8 <u>darf kein</u> %-Zeichen stehen. Die Ausgabe
des Makroprozessors, die nunmehr ein gültiges PL/I-Programm
darstellt, hat folgendes Aussehen:

```
PASCAL: PROC OPTIONS(MAIN) ;
 DCL  A(6)  BIN   FIXED ;
/* AUSDRUCK DER ERSTEN 6 ZEILEN DES PASCAL'SCHEN DREIECKS */
 PUT FILE(SYSPRINT) EDIT ('PASCAL''SCHES DREIECK', (20)'-', ' ')
       (    PAGE , 2( SKIP , COL (15), A),   SKIP (3), A);
 DO  L=1  TO  6;
   A(L)=1;
    DO  K=L-1  TO  2  BY  -1;
     A(K)=A(K)+A(K-1);
    END ;
    PUT FILE(SYSPRINT) EDIT ((A(K)  DO  K=1  TO  L))
        ( SKIP (2),  COL (20-3*L), (L)F(6));
 END ;
 END  PASCAL;
```

Ausgabe:

<pre>
              PASCAL'SCHES DREIECK

                       1

                   1   1

                1   2   1

             1   3   3   1

          1   4   6   4   1

       1   5   10   10   5   1
</pre>

Anhand des folgenden Beispielprogramms sollen die folgenden
Möglichkeiten der PL/I-Makrosprache veranschaulicht werden:

```
% IF
% THEN          % ELSE
% GOTO
% Marke:
% ACTIVATE
% DEACTIVATE
```

Die ersten fünf Zeilen des Beispiels sind durch das bisher
Gesagte sofort zu verstehen:

```
01    MACCOM: PROC OPTIONS(MAIN);
02    %DCL     (BRING, HIER) CHAR, I FIXED;
03             %I=0;
04             %BRING='GET FILE(SYSIN) EDIT';
05             %HIER='IF K>I THEN';
06    %SCHL:   I=I+1;
07             BRING(K)(F(2));
08             HIER
09             PUT EDIT(K,I,K*I)(SKIP, 3 F(5));
10             %IF I<4 %THEN %GOTO SCHL;
11    %DEACTIVATE I;
12      BRING(I)(F(2)) COPY;
13      END;
```

Der Makroprozessor ersetzt die Größen I, BRING und HIER im
folgenden Teil des Programms durch die zugewiesenen aktuellen Werte. In Zeile 6 steht ein weiterer Makrobefehl: die
Marke % SCHL dient dem Makroprozessor als Sprungziel für den
Befehl in Zeile 10. Vor der Anweisung I = I+1 darf jetzt
kein % -Zeichen mehr stehen. Die Makrovariable I erhält hier
den Wert 1. In Zeile 8 wird die Größe HIER zunächst durch
den Text 'IF K > I THEN' ersetzt. Hier ist I selbst wieder
eine Makrogröße, die - wie man sich anhand der folgenden
Ausgabe des Makroprozessors überzeugen kann - von diesem
(in einem 2. Durchlauf) durch den aktuellen Wert 1 von I
ersetzt wird:

```
MACCOM: PROC OPTIONS(MAIN);
        GET FILE(SYSIN) EDIT (K)(F(2));
        IF K>         1   THEN
        PUT EDIT(K,         1 ,K*         1 )(SKIP, 3 F(5));
        GET FILE(SYSIN) EDIT (K)(F(2));
        IF K>         2   THEN
        PUT EDIT(K,         2 ,K*         2 )(SKIP, 3 F(5));
        GET FILE(SYSIN) .EDIT (K)(F(2));
        IF K>         3   THEN
        PUT EDIT(K,         3 ,K*         3 )(SKIP, 3 F(5));
        GET FILE(SYSIN) EDIT (K)(F(2));
        IF K>         4   THEN
        PUT EDIT(K,         4 ,K*         4 )(SKIP, 3 F(5));
  GET FILE(SYSIN) EDIT (I)(F(2)) COPY;
END;
```

Die Befehle in Zeile 10 müssen in der angegebenen Form nie-
dergeschrieben werden, um die Kontrolle wieder zur Zeile 6
zu übertragen (in diesem Zusammenhang ist auch die Verwendung einer %ELSE-Anweisung möglich). Die Befehle in den
Zeilen 7-9 werden so vom Makroprozessor 4 mal reproduziert,
wobei der jeweils aktuelle Wert der Makrovariablen I einge-
setzt wird. In Zeile 11 wird die Eigenschaft I, Makrovariable zu sein, durch die %DEACTIVATE-Anweisung unwirksam gemacht (engl. deactivate = unwirksam machen). Dadurch wird I
in der nachfolgenden Zeile als "normale" Variable aufgefaßt
und vom Makroprozessor ignoriert. Soll in einem weiteren
Programmteil I wieder als Makrovariable wirksam werden, so
kann dies durch ein

%ACTIVATE I;

geschehen. Dadurch wird auch die vorherige Makrodeklaration
für I wieder aktiv.
Eine Besonderheit des letzten GET EDIT-Befehls ist die Verwendung des Schlüsselwortes COPY. Seine Wirkung entspricht
der eines nachfolgenden PUT-Befehls mit der gleichen Datenliste. COPY sorgt also für eine Kopie der Eingabedaten auf
dem Drucker.
Im abschließenden Beispielprogramm lernen wir die Wirkung
von

```
%DO
%END
%INCLUDE   und
%Marke: PROC(Parameterliste)
```

kennen:

```
01     INTERN:   PROC OPTIONS(MAIN);
02     %DCL      A CHAR, N FIXED,
03               (NAME, DCLPROC) ENTRY(FIXED) RETURNS(CHAR);
04     %INCLUDE NRZ04S;
05     %DCLPROC:PROC(M) RETURNS(CHAR);
06     DCL       KETTE CHAR, (I, M) FIXED;
07               KETTE='';
08               DO I=1 TO M;
09                  KETTE=KETTE||NAME(I)||' B'||SUBSTR(I,8,1);
10                  IF I<M THEN KETTE=KETTE||', ';
11               END;
12               RETURN(KETTE);
13     %END;
14     %NAME:    PROC(M) RETURNS(CHAR);
15     DCL       NAM CHAR, M FIXED;
16               NAM='I'||SUBSTR(M,8,1);
17               RETURN(NAM);
18     %END;
19     DCL       DCLPROC(5);
20     %DO N=1 TO 5;
21        %A=NAME(N);
22        GET LIST(A); PUT SKIP DATA(A);
23        PUT SKIP LIST(UNSPEC(A));
24     %END;
25     END;
```

In diesem Programm stehen lediglich in den Zeilen 1, 19, 22,
23 und 25 PL/I-Anweisungen, die auch in der Ausgabe des Makroprozessors erscheinen. Die Befehle in den übrigen Zeilen
sind Makrobefehle. Zunächst wollen wir die Anweisungen in
den Zeilen 20-24 besprechen, die eine Makro- %DO-Schleife
bilden (%DO und korrespondierender %END-Befehl). Die Wirkung dieser Schleife entspricht genau der Befehlsfolge

```
           %N = 0;
%SCHL:     N = N+1;
             .
             .
             .
           %IF N<5   %THEN   %GOTO   SCHL;
```

die wir oben besprochen haben und ist dieser wegen des ge-
ringeren Schreibaufwandes vorzuziehen.
Der %INCLUDE-Befehl (engl. include = einschließen, einbeziehen) bewirkt, daß die Datenmenge NRZ04S aus einer auf
Magnetplatte befindlichen Programmbibliothek mit dem Namen
SYSLIB in den Makrotext mit einbezogen wird. Bei dieser Datenmenge kann es sich um eine Prozedur oder eine Anzahl von
PL/I-Befehlen handeln. Der Makroprozessor druckt die genannte Datei auf dem Drucker aus:

```
INCLUDED TEXT FOLLOWS FROM DD.MEMBER =   SYSLIB  .NRZ04S

  26     %DCL (B1,B2,B3,B4,B5) CHAR; %B1='BIN FIXED';
  27     %B2='BIN FIXED(31)'; %B3='BIN FIXED(15,5)';
  28     %B4='BIN FLOAT'; %B5='BIN FLOAT(30)';
```

Es handelt sich hierbei um eine Reihe weiterer Makrobefehle.
In Zeile 5-13 und 14-18 sind zwei Makroprozeduren angegeben.
Sie unterscheiden sich von "gewöhnlichen" Prozeduren durch
die %-Zeichen vor dem Prozedurnamen und dem korrespondierenden END. In einer Makroprozedur stehen nur Makro-Anwei-
sungen. Aus diesem Grund sind %-Zeichen innerhalb einer
Makroprozedur überflüssig, ja sie sind dort sogar verboten.
Die Prozedur NAME baut die Variablennamen I1,I2,...,I5 auf,
indem sie an den Buchstaben I eine der Ziffern 1-5 anfügt.
Der Aufruf von NAME geschieht in Zeile 21, wo etwa für N=1
an die Makrovariable A die Zeichenkette 'I1' übergeben wird.
In Zeile 22 und 23 wird dann überall für A die Variable I1
gesetzt. Wir wollen nun die Prozedur NAME selbst betrachten:
In Zeile 15 werden NAM und der Parameter M mit den zulässi-
gen Makrovariablenattributen CHAR bzw. FIXED verknüpft. In
Zeile 16 wird die Funktion SUBSTR aufgerufen, die als ein-
zige eingebaute Funktion auf Makrovariable bezogen werden
kann. Da die FIXED-Größe M intern in eine Zeichenkette der
Länge 8 umgewandelt wird, in der der Wert rechtsbündig
eingespeichert ist, liefert für M=2 der Ausdruck
SUBSTR(M,8,1) gerade die Zeichenkette '2'. In NAM ist dann

die Zeichenkette 'I2' gespeichert.

Analog baut die Prozedur DCLPROC eine Deklarationsliste auf,
die am Ende auf die Zeichenkette KETTE abgespeichert wird:
In Zeile 7 wird auf KETTE der Nullstring zugewiesen. Die
folgende DO-Schleife bezieht sich auf die Anzahl (M) der zu
deklarierenden Variablen. In ihr wird zunächst die Zeichenkette

$$\text{'I1 B1, I2 B2, I3 B3, I4 B4, I5 B5'}$$

aufgebaut, in der nach Übergabe an die Stelle des Aufrufs
(Zeile 19) vom Makroprozessor noch die Makrovariablen B1
bis B5 gegen die aktuellen Werte (vgl. Zeile 27 und 28) aus-
getauscht werden.

Bei Aufbau von KETTE werden die Variablen I1 bis I5 durch
Aufruf von NAME in Zeile 9 erzeugt. Der Makroprozessor übergibt nun das folgende Programm an den PL/I-Compiler:

```
INTERN:   PROC OPTIONS(MAIN);
  DCL       I1  BIN FIXED , I2  BIN FIXED(31) , I3  BIN FIXED(15.5) ,
  I4  BIN FLOAT , I5  BIN FLOAT(30)  ;
      GET LIST( I1 ); PUT SKIP DATA( I1 );
      PUT SKIP LIST(UNSPEC( I1 ));
      GET LIST( I2 ); PUT SKIP DATA( I2 );
      PUT SKIP LIST(UNSPEC( I2 ));
      GET LIST( I3 ); PUT SKIP DATA( I3 );
      PUT SKIP LIST(UNSPEC( I3 ));
      GET LIST( I4 ); PUT SKIP DATA( I4 );
      PUT SKIP LIST(UNSPEC( I4 ));
      GET LIST( I5 ); PUT SKIP DATA( I5 );
      PUT SKIP LIST(UNSPEC( I5 ));
    END;
```

Der Aufbau dieses Programms und die Ausgabe entspricht dem
am Ende von Kapitel I stehenden Beispiel.

3. PL/I-integriertes Sortier/Mischprogramm

Im letzten Kapitel haben wir unabhängig von PL/I den Gebrauch eines Sortier/Mischprogrammes kennengelernt und dessen Bedeutung für die Datenorganisation (Sortierung nach
aufsteigenden Satzschlüsseln) erwähnt. In vielen Bereichen
der (nichtnumerischen) Verarbeitung großer Datenmengen muß
man häufig Sortiervorgänge nach verschiedenen Kriterien und
gleichartige Verarbeitungsschritte abwechselnd abwickeln.
Ein Beispiel hierfür ist die Erstellung von Katalogen für
eine Bibliothek: Standortkataloge (nach Buchnummern sortiert), Verfasserkataloge und Schlagwortkataloge sind hier
die wichtigsten.

Nun besteht die Möglichkeit, das SORT/MERGE-Programm als
Unterprogramm unter dem Namen IHESRT in PL/I aufzurufen.
Dadurch lassen sich die oben erforderlichen 6 Einzelschritte in einem einzigen PL/I-Programm zusammenfassen. Der Vorteil dieser Technik besteht in der Vereinheitlichung und
Verkürzung der Programmierung, hauptsächlich aber in der
Zeitersparnis während der Ausführung durch Wegfall einiger
Programmeröffnungen und die häufig nicht mehr erforderliche Zwischenspeicherung der sortierten Dateien auf Extern-
speichern. Ein Nachteil soll jedoch nicht verschwiegen werden: der Hauptspeicherbedarf vergrößert sich durch die Notwendigkeit der gleichzeitigen Speicherung des PL/I-Haupt-
programms und des Sortierunterprogramms und die Bereitstellung eines Sortierarbeitsbereichs von mindestens 12000 Bytes,
so daß diese Programmiertechnik praktisch erst in Rechenanlagen mit mindestens 128 KB Kernspeichergröße praktikabel
ist.
Der einfachste Fall, das SORT/MERGE-Programm in PL/I aufzurufen, sei durch das folgende Programmbeispiel veranschaulicht:

```
01    PLSORT1: PROC OPTIONS(MAIN);
02    DCL       IHESRTA ENTRY(CHAR(30),CHAR(30),
03                            BIN FIXED(31), BIN FIXED(31)),
04              (SF INIT(' SORT FIELDS=(1,20,CH,A) '),
05               RF INIT(' RECORD TYPE=F,LENGTH=80 ')) CHAR(30),
06              CODE BIN FIXED(31), KT CHAR(80);
07              CALL IHESRTA(SF,RF,30000,CODE);
08              OPEN FILE(SORTOUT) INPUT;
09              ON ENDFILE(SORTOUT) STOP;
10    LIES:     GET FILE(SORTOUT) EDIT(KT)(A(80));
11              PUT EDIT(KT)(SKIP,A(80));
12              GOTO LIES;
13    END;
```

```
//SORTIN DD DSN=F,UNIT=2314,VOL=SER=ULIBO1,DISP=(OLD,PASS),
//    DCB=(RECFM=FB,LRECL=80,BLKSIZE=7200)
//SORTOUT DD DSN=F,UNIT=2314,VOL=SER=ULIBO1,DISP=(OLD,PASS),
//    DCB=(RECFM=FB,LRECL=80,BLKSIZE=7200)
```

Durch diese Anweisungen der Kommandosprache wird die sortierte Datei an die alte Stelle zurückgeschrieben. Die Ausgabe könnte folgendermaßen aussehen:

```
ARKTISEXPEDITION
DAMPFMASCHINE
DAMPFSCHIFF
DATENVERARBEITUNG
DATENVERARBEITUNG
KALAHARIWUESTE
KINDERGARTEN
KINDERGARTEN
KINDERGARTEN
NACHTSCHICHT
REDAKTIONSCHEF
REDAKTIONSCHEFSEKRETAERIN
STUTTGART-HAUPTBAHNHOF
```

Das Sortierprogramm wird hier mit dem ENTRY-Namen IHESRTA aufgerufen. Die 4 Argumente haben hierbei folgende Bedeutung: SF und RF sind Zeichenketten hinreichender Länge, die Kontrollanweisungen für das Sortierprogramm enthalten. Die uns von Kapitel IV,1 her bekannte SORT-Anweisung wird in der Zeichenkette SF übergeben. Beim Aufruf des Sortierprogramms aus einem PL/I-Programm ist darüber hinaus eine RECORD-Anweisung erforderlich, die mit TYPE=F den Satztyp (hier: feste Länge) und mit LENGTH=80 die aktuelle Satzlänge angibt. Die Konstante 30000 beim 3.Argument legt den

Arbeitsbereich in Bytes für das Sortierprogramm im Kernspeicher fest; das 4.Argument CODE enthält eine abfragbare ganze Zahl, die Auskunft über den normalen oder abnormalen Ablauf des Sortiervorgangs gibt: falls CODE=0 ist, konnte der Sortiervorgang normal beendet werden, CODE>0 deutet auf ein abnormales Ende. Die letzten beiden Parameter müssen BIN FIXED(31)-Größen sein (vgl. die DCL-Anweisung in Zeile 2 und 3). Dem Programm müssen durch die Kommandosprache SORTIN- und SORTOUT-DD-Anweisungen bereitgestellt werden. SORTOUT ist gleichzeitig der file-Name für die sortierte Datei, die im weiteren Verlauf des Programms ausgedruckt wird.

Das Einbeziehen von SORT/MERGE in PL/I wird erst dadurch interessant, daß die Ein- und/oder Ausgabedaten für das Sortierunterprogramm durch PL/I-Unterprogramme aufbereitet werden können. Diese PL/I-Unterprogramme werden vom Sortierprogramm aufgerufen und müssen als 5. bzw. 6. Parameter in der Deklaration des Sortierunterprogramms erscheinen. Für die drei Möglichkeiten sind drei verschieden benannte ENTRY-Punkte in das Sortierprogramm IHESRT vorgesehen mit den Namen IHESRTB, IHESRTC und IHESRTD. Deklarationen hierfür können wie folgt geschrieben werden:

```
DCL IHESRTB ENTRY (CHAR(80),CHAR(80),BIN FIXED(31),
    BIN FIXED(31),ENTRY); /* NUR EINGABE */
DCL IHESRTC ENTRY (CHAR(80),CHAR(80),BIN FIXED(31),
    BIN FIXED(31),ENTRY); /*NUR AUSGABE*/
DCL IHESRTD ENTRY (CHAR(80),CHAR(80),BIN FIXED(31),
    BIN FIXED(31),ENTRY,ENTRY); /*EIN- UND AUSGABE*/
```

Die ersten 4 Parameter haben jeweils dieselbe Bedeutung wie beim ENTRY-Punkt IHESRTA. Im Falle IHESRTB bezeichnet der 5. Parameter ein Unterprogramm, das die zu sortierenden Sätze dem Sortierprogramm zur Verfügung stellt. Bei IHESRTC benennt der 5. Parameter ein PL/I-Unterprogramm, das Datensätze vom Sortierprogramm empfängt und weiterverarbeiten kann. Bei IHESRTD schließlich bezieht sich der 5. Parameter auf ein Eingabe- und der 6. Parameter auf ein Ausgabeunterprogramm.

Beim Aufruf von IHESRTB kann in der Kommandosprache die
SORTIN-DD-Anweisung entfallen, da das Sortierprogramm jetzt
die Eingabedaten nicht von der so bezeichneten Datei empfängt, sondern über ein PL/I-Unterprogramm. Entsprechend
entfällt bei IHESRTC die SORTOUT-DD-Anweisung, und bei
IHESRTD sind beide genannten Anweisungen in der Kommandosprache fortzulassen. In der folgenden Tabelle bezeichnet
ein Kreuz die Notwendigkeit der jeweils benannten DD-Anweisung bzw. Prozedur:

ENTRY-Name	Zahl der Parameter	SORTIN	SORTOUT	Eingabe-prozedur	Ausgabe-prozedur	IHESARC Argumente
IHESRTA	4	x	x			-
IHESRTB	5		x	x		8,12
IHESRTC	5	x			x	4,8
IHESRTD	6			x	x	4,8,12

Die Bedeutung der letzten Spalte werden wir im Zusammenhang
mit dem folgenden Programm erklären:
Es ruft in Zeile 11 das Sortierprogramm unter dem Namen
IHESRTB auf. Im Moment des Aufrufs liegen die dem Sortierprogramm zu übergebenden Sätze noch nicht vor. Es ruft über
den 5. Parameter die PL/I-Prozedur EINGABE auf, die vom
Kartenleser Karten einliest, von denen einzelne Wörter abge-
griffen und als Sätze der Länge 80 an das Sortierprogramm
übergeben werden:

```
01    PLSORT2: PROC OPTIONS(MAIN);
02    DCL      IHESRTB ENTRY(CHAR(30),CHAR(30),BIN FIXED(31),
03                     BIN FIXED(31),ENTRY),
04             IHESARC ENTRY(BIN FIXED(31)),
05             EINGABE RETURNS(CHAR(80)),
06             (SF INIT(' SORT FIELDS=(1,20,CH,A) '),
07              RF INIT(' RECORD TYPE=F,LENGTH=80 ')) CHAR(30),
08             SYSIN FILE RECORD INPUT, (KT, SATZ) CHAR(80),
09             ALPHA CHAR(26) INIT('ABCDEFGHIJKLMNOPQRSTUVWXYZ'),
10             (SA,SE,WA,WE,CODE) BIN FIXED(31), SW BIT(1) INIT('0'B);
11             CALL IHESRTB(SF,RF,30000,CODE,EINGABE);
12    EINGABE: PROC RETURNS(CHAR(80));
13             ON ENDFILE(SYSIN) GOTO STOP;
14             IF SW THEN GOTO VOR;
15    EIN:     READ FILE(SYSIN) INTO(KT);
16             SW='1'B; SA=0;
```

```
17     VOR:        SE=VERIFY(SUBSTR(KT,SA+1),' ');
18                 IF SE=0 THEN GOTO EIN;
19                 WA=SA+SE;
20                 WE=VERIFY(SUBSTR(KT,WA+1),ALPHA);
21                 IF WE=0 THEN DO;
22                    WE=80-WA;
23                    SW='0'B;
24                 END;
25                 SATZ=SUBSTR(KT,WA,WE);
26                 CALL IHESARC(12); /* ES KOMMT NOCH EIN SATZ */
27                 RETURN(SATZ);
28     STOP:       CALL IHESARC(8); /* ES KOMMT KEIN SATZ MEHR */
29     END EINGABE;
30     END PLSORT2;
```

```
//SORTOUT DD SYSOUT=A,DCB=BLKSIZE=80
```

Die Angabe SYSOUT=A in dieser DD-Anweisung bedeutet, daß die
Ausgabe der sortierten Daten direkt auf den Schnelldrucker
erfolgen soll.

Das Unterprogramm EINGABE ist eine Vereinfachung eines im
2. Kapitel angegebenen Programms zur Speicherung von auf
Lochkarten hintereinander geschriebenen Wörtern. Ist ein
Satz aufgebaut (Zeile 25), so wird vor der Übergabe an
IHESRTB in Zeile 27 die (eingebaute) Prozedur IHESARC aufgerufen, deren Aufgabe darin besteht, dem Sortierprogramm
eine Kodezahl (hier die Zahl 12) mitzuteilen, die diesem
die Übergabe eines weiteren Satzes ankündigt. In Zeile 28
signalisiert die Kodezahl 8 dem Sortierprogramm das Ende
der Eingabedaten.

Ein abschließendes Beispiel möge die Verwendung des ENTRY-
Namen IHESRTC veranschaulichen. Das Sortierprogramm holt
sich die Eingabesätze von SORTIN, übergibt aber die Ausga-
besätze an das PL/I-Unterprogramm AUSGABE, das identische
Sätze nur einmal ausdruckt zusammen mit der Anzahl ihres
Auftretens:

```
01     PLSORT3: PROC OPTIONS(MAIN);
02     DCL        IHESRTC ENTRY(CHAR(30),CHAR(30),BIN FIXED(31),
03                        BIN FIXED(31),ENTRY);
04                IHESARC ENTRY(BIN FIXED(31)),
05                (SF INIT(' SORT FIELDS=(1,20,CH,A) '),
06                 RF INIT(' RECORD TYPE=F,LENGTH=80 ')) CHAR(30),
07                (J INIT(0), CODE) BIN FIXED(31), GABE CHAR(80);
08                CALL IHESRTC(SF,RF,30000,CODE,AUSGABE);
```

```
09      AUSGABE: PROC(AUS);
10      DCL      AUS CHAR(80), I BIN FIXED INIT(0) STATIC;
11               I=I+1;
12               IF I>1 THEN IF AUS=GABE THEN DO;
13                   J=J+1;
14                   GOTO WEITER;
15               END; ELSE;
16               ELSE GOTO NEU;
17               PUT EDIT(GABE, J)(SKIP,A(30),F(2));
18      NEU:     J=1; GABE=AUS;
19      WEITER:  IF I<101 THEN CALL IHESARC(4);
20                        ELSE CALL IHESARC(8);
21               END;
22               PUT EDIT(GABE, J)(SKIP,A(30),F(2));
23      END;
```

```
//SORTIN DD DSN=F,UNIT=2314,VOL=SER=ULIBO1,DISP=(OLD,KEEP),
//    DCB=(RECFM=FB,LRECL=80,BLKSIZE=7200)
```

Ausgabe:

```
ARKTISEXPEDITION                1
DAMPFMASCHINE                   1
DAMPFSCHIFF                     1
DATENVERARBEITUNG               2
KALAHARIWUESTE                  1
KINDERGARTEN                    3
NACHTSCHICHT                    1
REDAKTIONSCHEF                  1
REDAKTIONSCHEFSEKRETAERIN       1
STUTTGART-HAUPTBAHNHOF          1
```

Der Aufruf von IHESARC wird hier dazu verwendet, um dem Sortierprogramm mitzuteilen, daß es seine Aktivität nach der Übergabe der ersten 100 Ausgabesätze einstellen soll. Die Kodezahl 4 bedeutet: der letzte übergebene Satz ist von der Prozedur AUSGABE verarbeitet worden, ein weiterer kann nun folgen. Die Zahl 8 hat eine ähnliche Bedeutung wie oben: es sollen keine weiteren Sätze mehr übergeben werden.

Verwendet man oben die Prozedur EINGABE des vorhergehenden Programms zusätzlich für eine Aufbereitung der Eingabesätze, so kann man statt Zeile 8 die folgende Anweisung schreiben:

```
CALL IHESRTD(SF,RF,20000,CODE,EINGABE,AUSGABE);
```

Von dem so modifizierten letzten Beispielprogramm zu dem
Programm, mit dem das Stichwortverzeichnis am Ende des Buches hergestellt ist, ist es nun kein weiter Weg mehr: bei
der Eingabe ist die Groß- und Kleinschreibung eingearbei-
tet, wobei für den Sortiervorgang die Wörter einheitlich
groß geschrieben werden (Duplizierung des Wortes im Satz
unter Verwendung der TRANSLATE-Funktion); für die Ausgabe
geschieht eine besondere Aufbereitung und das gleichzeitige
Sammeln aller Stichwörter einer Ausgabeseite, um das zwei-
spaltige Druckbild zu erreichen.

4. Parallelverarbeitung

   Durch die Verwendung von Sprungbefehlen und Unterprogramm-
aufrufen sind wir in der Lage, Programme von hoher Komplexi-
tät zu schreiben. Je nach Art der Eingabedaten können dabei
verschiedene Wege durch das Programm beschritten werden.
Trotz der unterschiedlich vernetzten Struktur solcher Programme haben sie aber eines gemeinsam: der Arbeitsablauf
(engl. task) ist stets linear, dh. die einzelnen Befehle
werden stets zeitlich nacheinander abgearbeitet. Das zeit-
liche Nacheinander - wir sagen auch: der synchrone Ablauf -
der Verarbeitungsfolge erscheint aber künstlich, wenn
gewisse Teilabläufe des Programms relativ unabhängig voneinander sind und daher gleichzeitig ablaufen könnten, zB.
eine Folge von E/A-Operationen und eine umfangreichere
Rechnung. Im letzten Fall sprechen wir von einem asynchronen
Programmablauf; die einzelnen Arbeitsabläufe, die innerhalb
der Haupttask zeitlich parallel sind, wollen wir Untertasks
nennen. Das folgende Bild soll den synchronen Programmablauf
(eine Haupttask) und den asynchronen Programmablauf (eine
Haupttask und eventuell mehrere Untertasks) veranschaulichen:

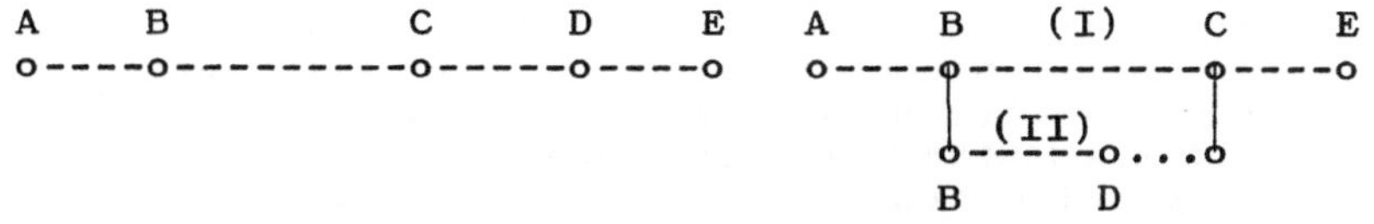

```
A    B              C     D     E    A    B   (I)    C     E
o----o--------------o-----o-----o    o----o----------o----o
                                          |          |
                                          | _(II)    |
                                          o----o...o
                                          B        D
```

        synchron   asynchron

Die Buchstaben A - E bezeichnen Zeitpunkte innerhalb der
jeweiligen Haupttask. Das rechte Bild macht zweierlei
deutlich:

1. Die Ausführungszeit des Programms kann bei Verwendung
   der Parallelverarbeitung (Tasks I und II) verkürzt
   werden.

2. Es muß möglich sein, die asynchronen Tasks I und II
   zum Zeitpunkt C zu <u>synchronisieren</u>, damit der Verar-
   beitungsteil DE Ergebnisse verwenden kann, die erst
   zum Zeitpunkt C vorliegen.

Die Möglichkeit der Parallelverarbeitung (engl. multitasking) ist nicht bei allen PL/I-Compilern gegeben. Sie
hängt außerdem von gewissen Möglichkeiten des umgebenden
Betriebssystems ab.

Im folgenden Programmbeispiel sollen nur die wichtigsten
syntaktischen Begriffe von PL/I erläutert werden, die die
Parallelverarbeitung betreffen. Es stellt eine Erweiterung
des ersten Programms im letzten Paragraphen dar, wobei das
Sortierunterprogramm als Untertask ablaufen soll, während
in der parallelen Task einige Ausgabebefehle ausgeführt
werden. Vorausgeschickt sei noch, daß dieses Programm nur
Demonstrationscharakter hat (in der Praxis wird man das
"multitasking" nur in schwerwiegenden Fällen einsetzen, da
der Mehraufwand an zusätzlichen Maschinenbefehlen und eine
kompliziertere Speicherverwaltung den geringen Zeitgewinn
hier wieder zunichte macht).

```
01    HAUPT: PROC OPTIONS(MAIN,TASK);
02    DCL     IHESRTA ENTRY(CHAR(30),CHAR(30),BIN FIXED(31),
03            BIN FIXED(31)),   ZEIT ENTRY RETURNS(CHAR(12)),
04            (S INIT(' SORT FIELDS=(1,20,CH,A) '),
05             R INIT(' RECORD TYPE=F,LENGTH=80 ')) CHAR(30),
06            (C, D INIT(30000)) BIN FIXED(31),
07            KARTE CHAR(80) BASED(P), Q PTR;
08            CALL IHESRTA(S,R,D,C) EVENT(E1) PRIORITY(1) TASK(T1);
09    AUS:    FORMAT(SKIP,3 A);
10            PUT EDIT('STARTZEIT: ',ZEIT)(PAGE,2 A);
11            PUT EDIT('LEXIKOGRAPHISCHE SORTIERUNG VON WOERTERN',
12               (40)'-','SORTIER-KRITERIEN:',S,R,' ')(SKIP,A);
13            PUT EDIT('PRIORITAET DER SORTIER-TASK:',PRIORITY(T1))
14               (SKIP,A,F(4));
15            IF COMPLETION(E1) THEN PUT EDIT
16               ('ZEIT NACH DIESER AUSGABE:')(R(AUS));
17            ELSE DO;
18               PUT EDIT('SORTIERVORGANG NOCH NICHT BEENDET '
19                  'UM ',ZEIT,'GEWARTET BIS ')(R(AUS));
20               WAIT(E1);
21            END;
22            PUT EDIT(ZEIT)(A);
23            /* AUSDRUCK DER SORTIERTEN DATEN */
24            CLOSE FILE(SORTOUT);
25            ON ENDFILE(SORTOUT) GOTO ENDE;
26    LIES:   READ  FILE(SORTOUT) SET(P);
27            LOCATE KARTE FILE(DRUCKER) SET(Q);
28            Q->KARTE=KARTE;
29            GOTO LIES;
30     ENDE: END;
```

Die Hauptprozedur trägt hier in der OPTIONS-Liste neben dem
Attribut MAIN das zusätzliche Attribut TASK. In Zeile 3 wird
die (externe) Prozedur ZEIT spezifiziert, die wir unverändert aus einem Programm in III,3 übernehmen und deren Aufruf
Aufschluß über den zeitlichen Ablauf der Untertasks geben
soll. Die Zeilen 2 und 4 bis 7 sind uns aus dem anfänglich
erwähnten Programmbeispiel bekannt. Durch den Befehl in
Zeile 8 wird eine Untertask angestoßen. Dies wird durch
jede der drei Klauseln

        TASK(T1)   EVENT(E1)   PRIORITY(1)

erreicht, die auch einzeln, zu zweit oder (wie hier) alle
drei dem bekannten Prozeduraufruf folgen können. Die Klausel
TASK(Task-Name) verbindet hier die angestoßene Task mit dem
Task-Namen T1. Unter Verwendung dieses Task-Namens kann man
sich weiter unten im Programm auf die durch den Ablauf des
Sortierprogramms definierte Untertask beziehen. Die Klausel
EVENT(Ereignis-Name) bezieht sich auf das "Ereignis" der

Beendigung der Untertask T1. Die Beendigung der Untertask
wird unten unter Verwendung des <u>Ereignis-Namens</u> E1 abgefragt. T1 und E1 sind durch das Auftreten in den genannten
Klauseln als Task- bzw. Ereignis-Namen implizit definiert.
Sie können auch <u>explizit</u> in einer DCL-Anweisung wie folgt
deklariert werden:

```
DCL   T1 TASK,
      E1 EVENT;
```

Die Begriffe <u>TASK</u> und <u>EVENT</u> können also auch als Attribute
von Namen verwendet werden.

Die Verbindung einer Task mit einer bestimmten <u>Priorität</u>
durch die Klausel PRIORITY(arith. Ausdruck) erhöht oder
erniedrigt die Priorität der Untertask gegenüber der umgebenden Task um den Wert des arithmetischen Ausdrucks (hier:
Erhöhung um den Wert 1), dh. bei gleichzeitiger Anforderung
zweier Tasks an Komponenten des Betriebssystems oder der
Rechenanlage wird die Task mit der höheren Priorität vor-
rangig bedient.

Die folgenden Befehle in den Zeilen 10 bis 20 werden nun
zeitlich parallel zur Untertask T1 ausgeführt: In Zeile 10
wird unter "Startzeit" der Zeitpunkt des Anbindens der Untertask an die Haupttask ausgedruckt. In Zeile 14 begegnet uns
die <u>PRIORITY-Funktion</u>, deren Argument ein Task-Name sein muß
(hier: T1); Sie liefert die Priorität der bezeichneten Task.
In Zeile 15 erscheint die <u>COMPLETION-Funktion</u>, deren Argument ein Ereignis-Name sein muß (hier: E1). Ihr Wert, eine
Bitkette der Länge 1, zeigt mit '1'B den Eintritt des Ereignisses E1 und damit die Beendigung (engl. completion) der
Untertask T1 an. Falls ihr Wert '0'B ist, so ist dieses Ereignis noch nicht eingetreten. Das Bit COMPLETION(E1) wird
in der IF-Anweisung in Zeile 15 abgefragt. Von besonderem
Interesse ist der sich auf das Nicht-beendet-sein der Untertask beziehende Programmteil in den Zeilen 18 - 20: In Zeile
20 steht der Warte-Befehl <u>WAIT</u>(E1), der besagt, daß die
Haupttask nun auf das Eintreten des Ereignisses E1 warten
soll. In Zeile 22 schließlich wird die Zeit genommen, wann
dies der Fall ist.

Der Programmteil in den Zeilen 24 - 29 ist uns wieder von
einem Beispielprogramm im ersten Paragraphen geläufig; auf
die Wiedergabe des Ausdruckens der sortierten Daten soll
deshalb verzichtet werden. Hier ist nur der Teil der Ausgabe
von Interesse, der sich auf die Kommentierung der beschriebenen Parallelverarbeitung bezieht:

```
STARTZEIT: 17.20'39,40"
LEXIKOGRAPHISCHE SORTIERUNG VON WOERTERN
----------------------------------------------
SORTIER-KRITERIEN:
 SORT FIELDS=(1,20,CH,A)
 RECORD TYPE=F,LENGTH=80

PRIORITAET DER SORTIER-TASK:    1
SORTIERVORGANG NOCH NICHT BEENDET UM 17.20'39,56"
GEWARTET BIS 17.20'40,30"
```

Abschließend sei erwähnt, daß die EVENT-Klausel, wie sie
oben in Zeile 8 verwendet wurde, und der WAIT-Befehl auch
im Zusammenhang mit READ- und WRITE-Operationen verwendet
werden können:

```
READ FILE(DATEN) INTO(SATZ) KEYTO(SCHL) EVENT(E2);
   :
   :
WAIT(E2);
```

Dies kann auch geschehen bei E/A-Operationen auf der Konsolschreibmaschine des Maschinenbedieners. Diese haben normalerweise folgendes Aussehen:

```
DISPLAY(Zeichenkette) REPLY(Zeichenkette);
```

Mit DISPLAY wird eine Meldung in Form einer Zeichenkette zur
Konsolschreibmaschine übertragen, während im REPLY eine Antwort vom Benutzer erwartet wird. Ohne die Verwendung der
EVENT-Klausel wird das Programm in den Wartezustand versetzt;
es wird erst nach Empfang der Antwort mit dem auf die DISPLAY-
REPLY-Anweisung folgenden Befehl fortgesetzt. Bei Verwendung
der EVENT-Klausel wird mit den folgenden Befehlen ohne Unterbrechung fortgefahren so lange, bis gegebenenfalls ein WAIT
für das REPLY im Programm abgesetzt ist.

VI Programmbeispiele

Im letzten Abschnitt wollen wir in lockerer Folge Programme wiedergeben, um dem Leser weiteres Beispielmaterial anzubieten, mit dessen Erarbeitung er die bisher gewonnenen Kenntnisse der Programmiersprache vertiefen kann. Wir verfolgen mit der Darbietung dieses Materials drei Ziele:

1. Es werden Programme angegeben, die an früherer Stelle erwähnt, aber dort aus praktischen und didaktischen Erwägungen nicht eingestreut werden konnten.
2. Ein Teil der Programme soll Eigenschaften der Sprache und des Compilers veranschaulichen, die früher nur angedeutet wurden.
3. Es werden Alternativen zu früheren Programmen angeboten, die zT. optimaler sind in Bezug auf die Geschwindigkeit und zT. optimaler sind in Bezug auf die Programmierung.

Als erstes Beispiel wird ein Programm angegeben, das Fehler enthält, die vom Compiler erkannt und berichtigt werden können. Es sei hier aber ausdrücklich davor gewarnt, beim Entwurf von Programmen zu sorglos vorzugehen in der Hoffnung, daß der Compiler Verstöße gegen die Syntax in vielen Fällen selbst korrigiert. Es gibt 4 Fehlerkategorien:

1. Fehler, die den Compiler zum Abbruch des Übersetzungsvorgangs zwingen ("terminal errors"),
2. Fehler, die eine spätere Ausführung des Programms unmöglich machen ("severe errors"),
3. Fehler, die der Compiler erkennt und zT. im Sinne des Programmierers korrigiert ("errors"),
4. Warnungen vor (möglichen) Fehlern, die im weiteren Verlauf der Übersetzung oder bei der Programmausführung auftreten können ("warnings").

Obwohl das Programm beim Auftreten von errors oder warnings noch die gewünschten Resultate liefern kann, sollte man dennoch versuchen, selbst die letztgenannte Fehlerkategorie nach Möglichkeit zu vermeiden.

```
STMT
  1      FEHLER: PROC OPTIONS(MAIN);
  2      DCL     ((D, A(5:1)) FIXED INIT(1) STATIC,
                  (D, N) PIC'(4)9') AUTO;
  3              ON ENDFILE GOTO ENDE;
  5      LIES    GET EDIT(N,D)(F(10.5));
  6              IF N<1|N>5 STOP;
  8              A(2)=A(1)+D;
  9              DO I=3 BY 1 WHILE I<N+1;
 10                  A(I)A(I-1)+A(I-2
 11              END;
 12              PUT SKIP DATA(N D,(A(I) DO I=1TO N);
 13              GOTO LIES;
 14      ENDE: END;
```

In der folgenden Fehlerliste sind der Fehlerkode und die
Anweisungsnummer fortgelassen. Die englischen Meldungen sind
kurz deutsch kommentiert, wobei im englischen Text der Begriff STATEMENT NUMBER (=Anweisungsnummer) zu SN gekürzt
wurde:

COMPILER DIAGNOSTICS.

ERRORS.

THEN INSERTED IN IF SN 6 (THEN wurde eingefügt)
EQUAL SYMBOL HAS BEEN INSERTED IN ASSIGNMENT SN 10
  (= eingefügt zwischen A(I) und A(I-1))
RIGHT PARENTHESIS INSERTED AT END OF SUBSCRIPT, ARGUMENT
  OR CHECK LIST IN SN 10 (rechte Klammer ergänzt)
SEMI-COLON NOT FOUND WHEN EXPECTED IN SN 10. ONE HAS
  BEEN INSERTED. (erwartetes Semikolon ergänzt)
RIGHT PARENTHESIS INSERTED AFTER SINGLE PARENTHESIZED
  EXPRESSION IN SN 9 (Ausdruck hinter WHILE muß geklam-
  mert sein, rechte Klammer ergänzt)
RIGHT PARENTHESIS INSERTED IN SN 12 (Klammer ergänzt)
MISSING COMMA INSERTED IN DATA LIST IN SN 12 (fehlendes
  Komma in Datenliste ergänzt)
LOWER BOUND GREATER THAN UPPER BOUND IN DECLARE OR
  ALLOCATE SN 2. THE BOUNDS ARE INTERCHANGED. (Index-
  grenzen im Feld A vertauscht)
THE I/O ON CONDITION IN SN 3 HAS NO FILENAME FOLLOWING
  IT. 'SYSIN' IS ASSUMED. (Ergänzung des file-Namen
  SYSIN bei der ON-Bedingung)
LABEL ON SN 5 HAS NO COLON. ONE IS ASSUMED. (Doppel-
  punkt ergänzt hinter Marke LIES)
LEFT PARENTHESIS INSERTED AFTER WHILE IN SN 9 (nach
  WHILE öffnende Klammer ergänzt)
THE MULTIPLE DECLARATION OF IDENTIFIER 'D' IN SN 2 HAS
  BEEN IGNORED. (Doppeldeklaration von 'D' ignoriert)
THE CONFLICTING ATTRIBUTE 'AUTOMATIC' HAS BEEN IGNORED
  IN THE DECLARATION OF IDENTIFIER 'D' IN SN 2 (Attribut-
  konflikt für den Namen 'D', AUTO wurde ignoriert)
THE CONFLICTING ATTRIBUTE 'AUTOMATIC' HAS BEEN IGNORED
  IN THE DECLARATION OF IDENTIFIER 'A' IN SN 2 (s. o.)

WARNINGS.

    A LETTER IMMEDIATELY FOLLOWS CONSTANT IN SN 12 . AN
    INTERVENING BLANK IS ASSUMED. (Leerstelle zwischen 1
    und TO eingefügt)
    INITIALIZATION SPECIFIED FOR TOO FEW ELEMENTS IN STATIC
    ARRAY A (Beim STATIC-Feld A wird eine vollständige
    Initialisierung erwartet)
    NO FILE/STRING OPTION SPECIFIED IN ONE ORE MORE GET/PUT
    STATEMENTS. SYSIN/SYSPRINT HAS BEEN ASSUMED IN EACH
    CASE. (Standardfiles SYSIN und SYSPRINT wurden bei
    GET- und PUT-Anweisungen eingesetzt)
END OF DIAGNOSTICS.

Die falsche Formatspezifikation F(10.5) wird später korrekt
als F(10) interpretiert. Der Leser schreibe zur Übung die
richtige Version des Programms auf.

Die im 1. Kapitel angegebenen Beispielprogramme zur Bestimmung aller Primzahlen zwischen 1 und einer vorgegebenen Zahl
dienten didaktischen Erwägungen. In der Praxis verwendet man
das viel schnellere Verfahren "Sieb des Eratosthenes" oder
Varianten davon. Die Methode sei kurz skizziert: Man schreibt
alle Zahlen etwa von 2 bis 20 auf und streicht zunächst alle
Vielfachen von 2, diese Zahl selbst ausgenommen:

  2 3 4̲ 5 6̲ 7 8̲ 9̲ 10̲ 11 12̲ 13 14̲ 15̲ 16̲ 17 18̲ 19 20̲ ...

Die erste nicht gestrichene Zahl nach der 2 ist die nächste
Primzahl (3). Mit dieser wiederholt man den Prozess und findet als nächste Primzahl 5 usw. Am Beispiel sind bereits nach
dem Streichen alle Vielfachen von 2 und 3 (ein- bzw. zweimal
unterstrichen) alle Primzahlen zwischen 1 und 20 gefunden.

```
01     PRIM: /* 4. PRIMZAHLPROGRAMM */ PROC OPTIONS(MAIN);
02           /* SIEB DES ERATOSTHENES */
03     DCL   (K(500) INIT(2), I, L, M, N, J INIT(1))
04            BIN FIXED(31) STATIC;
05           DO I=2 TO 500; K(I)=2*I-1; END;
06           DO I=2 TO 500;
07             N=K(I);
08             IF N=0 THEN GOTO NXT;
09             L=(499+I)/N;
10             DO M=I TO L;
11               K(M*N-I+1)=0;
12             END;
13             J=J+1;
14             K(J)=N;
15     NXT:  END;
16           PUT EDIT((K(I) DO I=1 TO J))(SKIP, 25 F(5));
17     END;
```

Das Programm findet die Primzahlen zwischen 1 und 1000.
Dabei werden nur die Zahlen 2, 3, 5, 7, 9, ... 999 gespeichert, und das Streichen von Nicht-Primzahlen geschieht
durch Nullsetzen.

Das folgende Programm gibt die auf Seite 36 wiedergegebene
Tabelle aus (Darstellung der Zahlen 1 bis 20 in verschiedenen Zahlensystemen). Hierbei wird der auf Seite 35 beschriebene Algorithmus verwendet(Zeile 10 bis 16):

```
01    TAB:/* ZAHLENDARSTELLUNGEN IM 2-, 4-, 8-, 16-SYSTEM */
02        PROC OPTIONS(MAIN);
03    DCL P(4,5) CHAR(1), Z CHAR(16) INIT('0123456789ABCDEF'),
04        (X,Q) BIN FIXED;
05        PUT EDIT(('|' DO I=1 TO 5), ' DEZIMAL |', (I,'-SYSTEM|'
06                DO I=2,4,8,16), ((9)'-', '+' DO I=1 TO 5))
07                (X(9),5 A(10),SKIP,A,4(F(2),A),SKIP,10 A);
08        DO I=1 TO 20;
09            P=' '; L=1;
10    INN:    DO J=1 TO 4;
11                X=I; Q=1; L=L*2;
12                DO K=5 TO 1 BY -1 WHILE(Q>0);
13                    Q=X/L;
14                    P(J,K)=SUBSTR(Z,X-L*Q+1,1);
15                    X=Q;
16            END INN;
17            PUT EDIT(I, ('|', P(J,*) DO J=1 TO 4), '|')
18                (SKIP,F(7),5(X(2),A,X(2),5 A),A);
19    END TAB;
```

Die auf Seite 45 stehende Tabelle der Binär-, Hexadizimal-
und Dezimalinterpretationen von 62 Locherzeichen wird durch
das folgende Programm erzeugt. Dabei wird das Zeichen ¢ zur
Erzeugung des leeren Raumes in der dritten Spalte der Tabelle
verwendet. Die Zeichen sind - so wie sie zeilenweise erscheinen - auf einer Lochkarte abgelocht. In Zeile 19 und 21
erscheinen erlaubte Konvertierungen von Bit- in arithmetische
Daten und von Bit- in Zeichenketten (vgl. Seite 121 f.):

```
01    BINHEX: /* BINAER- UND HEXADEZIMALDARSTELLUNG*/
02            PROC OPTIONS(MAIN);
03    DCL     1 W(3) STATIC,
04                2 C,
05                    3(Z CHAR(1), B CHAR(8), HD(2) CHAR(1)),
06                2 F PIC'999',
07            (A CHAR(1), (I, J) BIN FIXED, BI BIT(8) ALIGNED,
08            HEX CHAR(16) INIT('0123456789ABCDEF')) STATIC;
09            ON ENDFILE(SYSIN) STOP;
```

```
10                  PUT EDIT(('Z BINAER  HEX DEZ' DO I=1 TO 3), (59)'-')
11                      (SKIP, 3 A(21), SKIP, A);
12                  I=0;
13      R:          GET EDIT(A)(A(1)); I=I+1;
14                  IF A='¢' THEN DO;
15                     C(I)=' '; F(I)=0;
16                     GOTO P;
17                  END;
18                  BI=UNSPEC(A);
19                  Z(I)=A; F(I)=BI; B(I)=BI;
20                  DO J=1,2;
21                     HD(I,J)=SUBSTR(HEX,SUBSTR(BI,(J-1)*4+1,4)+1,1);
22                  END;
23                  IF I<3 THEN GOTO R;
24      P:          PUT EDIT(W)(SKIP,3(2(A,X(2)),2 A,X(2),P'ZZZ',X(6)));
25                  I=0; GOTO R;
26      END;
```

In Zeile 22 des folgenden Beispiels erfolgt ebenfalls eine
erlaubte Konvertierung von BIT nach BIN FIXED:

```
01      HEXA:       PROC OPTIONS(MAIN);
02      DCL         HEX GENERIC (
03                      CH ENTRY(CHAR(*)  ) RETURNS(CHAR(255) VAR),
04                      BF ENTRY(BIN FIXED) RETURNS(CHAR(255) VAR),
05                      DO ENTRY(DEC FLOAT) RETURNS(CHAR(255) VAR),
06                      BI ENTRY(BIT(*)   ) RETURNS(CHAR(255) VAR));
07
08      CH:         PROC(A) RETURNS(CHAR(255) VAR);
09                  DCL (U BIT(2040) VAR, (I, L) BIN FIXED,
10                  (V VAR, Z) CHAR(255), Y BIT(16) INIT((16)'0'B),
11                  X CHAR(16) INIT('0123456789ABCDEF')) STATIC;
12                  DCL A CHAR(*);    U=UNSPEC(A); GOTO W;
13      BF:         ENTRY(B) RETURNS(CHAR(255) VAR);
14                  DCL B BIN FIXED; U=UNSPEC(B); GOTO W;
15      DO:         ENTRY(C) RETURNS(CHAR(255) VAR);
16                  DCL C DEC FLOAT; U=UNSPEC(C); GOTO W;
17      BI:         ENTRY(D) RETURNS(CHAR(255) VAR);
18                  DCL D BIT(*);     U=D||'000'B;
19      W:          L=LENGTH(U)/4;
20                  DO I=1 TO L;
21                     SUBSTR(Y,13,4)=SUBSTR(U,(I-1)*4+1,4);
22                     SUBSTR(Z,I,1)=SUBSTR(X,Y+1,1);
23                  END;  V=SUBSTR(Z,1,L); RETURN(V);
24                  END CH;
25
26      DCL         I BIN FIXED INIT(17),    A CHAR(3) INIT('ABC'),
27                  J DEC FLOAT INIT(-2.0), B BIT(9) INIT('100110111'B);
28                  PUT EDIT(I,HEX(I),A,HEX(A),B,HEX(B),J,HEX(J))
29                    (SKIP,F(3),X(2),A,SKIP,A(5),A,SKIP,B(11),A,
30                     SKIP,E(15,6),X(2),A);
31      END HEXA;
```

Das Programm nennt eine Möglichkeit, durch <u>einen</u> Funktions-
aufruf die Hexadezimaldarstellung von vier verschiedenen
Variablentypen (CHAR, BIT, BIN FIXED und DEC FLOAT) zu erhalten. Die Möglichkeit verschiedener eingebauter Funktionen,
Argumente verschiedenen Typs zu verarbeiten, haben wir früher
schon angesprochen. Solche Funktionen haben das Attribut
<u>GENERIC</u>. Das GENERIC-Attribut kann auch direkt für eine <u>Funk-</u>
<u>tionsfamilie</u> deklariert werden (Zeile 2 bis 6). Dem Familien-
namen HEX folgt das Schlüsselwort GENERIC und dann in Klammern eine Liste von ENTRY-Spezifikationen für Funktionen
(hier für CH, BF, DO und BI, wobei die letzten drei Namen
drei Eingangspunkte in der in Zeile 8 bis 24 stehenden Funktionsprozedur CH bezeichnen; vgl. S. 144). Beim Aufruf von
HEX in Zeile 28 wählt der Compiler diejenigen Mitglieder der
Funktionsfamilie aus, deren Parameterattribute <u>genau</u> mit
denen der aktuellen Argumente übereinstimmen.
In Zeile 30 erscheint ein weiteres Format zur Ein- und Ausgabe von Gleitkommazahlen, der <u>E-Formatkode</u>: mit E(15,6)
wird die Zahl -2.0 ausgegeben als   -2.000000E+00, wobei 15
die Anzahl der Zeichen der übertragenen Zahl und 6 die Anzahl der Dezimalziffern nach dem Punkt angibt.

Es mag nützlich sein, bei der Untersuchung von Texten
als Teilaufgabe die Häufigkeit der Buchstaben des Alphabets
in diesem Text zu ermitteln:

```
01     BUCHST: PROC OPTIONS(MAIN);
02     DCL ZAEHLER(26) BIN FIXED(31) INIT((26)0),
03         ALPHA CHAR(26) INIT('ABCDEFGHIJKLMNOPQRSTUVWXYZ'),
04         ZEICHEN CHAR(1);
05            ON ENDFILE(SYSIN) GOTO DRUCK;
06     LESEN:  GET EDIT(ZEICHEN) (A(1));
07             I=INDEX(ALPHA,ZEICHEN);
08             IF I¬=0 THEN ZAEHLER(I)=ZAEHLER(I)+1;
09             GO TO LESEN;
10     DRUCK: PUT EDIT('HAEUFIGKEIT DER BUCHSTABEN',
11             (SUBSTR(ALPHA,I,1),ZAEHLER(I) DO I=1 TO 26))
12             (A,SKIP,26(SKIP,A,F(10)));
13             END;
```

Die Buchstabenzählung erfolgt durch Verwendung der INDEX-
Funktion, wobei der von INDEX ermittelte Wert als Index
eines Zahlenfeldes ZAEHLER verwendet wird.

Das folgende Programm sortiert bis zu 1000 Wörter der Länge
20 in alphabetischer Reihenfolge. Die erste Version speichert
die als Feld deklarierten Wörter nach sukzessivem Vergleich
um, während eine zweite Version des Programms diese Umspei-
cherung nur bei einer Zeigerkette durchführt, die den als
BASED gespeicherten Wörtern beigegeben ist. Dadurch ist diese
Version des Programms erheblich schneller.

1. Version:

```
01     SORT: PROC OPTIONS(MAIN);
02     DCL   (Z, WORT(1000)) CHAR(20), N INIT(0);
03           ON ENDFILE(SYSIN) GOTO NUN;
04     LIES: GET EDIT(Z)(A(20)); N=N+1; WORT(N)=Z;
05           IF N<1000 THEN GOTO LIES;
06     NUN:  DO I=1 TO N;
07              K=I;
08              DO J=I+1 TO N;
09                 IF WORT(J)<WORT(K) THEN K=J;
10                 /* MERKE INDEX DES LEXIKOGRAPHISCH
11                    NAECHSTEN WORTES */
12              END;
13              IF K¬=I THEN DO;
14                 /* VERTAUSCHEN ZWEIER SPEICHERINHALTE */
15                 Z      =WORT(I);
16                 WORT(I)=WORT(K);
17                 WORT(K)=Z;
18              END;
19              PUT SKIP EDIT(WORT(I))(A);
20     END SORT;
```

2. Version:

```
01     SORT: PROC OPTIONS(MAIN);
02     DCL   (A, WORT BASED(P)) CHAR(20), (PT(1000), X, Z) PTR,
03           N BIN FIXED INIT(0);
04           ON ENDFILE(SYSIN) GOTO NUN;
05     LIES: GET EDIT(A)(A(20)); N=N+1; ALLOCATE WORT;
06           WORT=A; PT(N)=P; IF N<1000 THEN GOTO LIES;
07     NUN:  DO I=1 TO N;
08              X=PT(I);
09     TAUSCH:  DO J=I+1 TO N;
10                 Z=PT(J);
11                 IF X->WORT > Z->WORT THEN DO;
12                    X=PT(J);
13                    PT(J)=PT(I);
14                    PT(I)=Z;
15                 /* UMSETZEN ZWEIER ZEIGER */
16              END TAUSCH;
17              PUT SKIP EDIT(X->WORT)(A);
18     END SORT;
```

Das Beispiel hat gezeigt, daß der verfeinerte Gebrauch der
Sprache sowohl programmiertechnisch als auch in Bezug auf
die Ausführungsgeschwindigkeit von Vorteil sein kann. Daß
man höhere Programmiertechniken nicht unkritisch anwenden
sollte, wird durch die folgende Gegenüberstellung deutlich:

Die bekannte rekursive Definition der Determinante einer
quadratischen Matrix war im folgenden Beispiel Anlaß dazu,
die Berechnung der Determinante als rekursive Prozedur zu
formulieren.

```
01    DETR:    PROC(A,N) RETURNS(FLOAT) RECURSIVE;
02    DCL      (I,J,K,L INIT(-1),M,N) FIXED BIN(31),
03             (A(*,*), B(MAX(N-1,1),MAX(N-1,1)), X) FLOAT;
04                IF N=1 THEN RETURN(A(1,1));
05                DO I=1 TO N;
06                   M=0;
07    LOOP:          DO J=1 TO I-1, I+1 TO N;
08                      M=M+1;
09                      DO K=1 TO N-1;
10                         B(M,K)=A(J,K+1);
11                   END LOOP;
12                   L=-L;
13                   X=X+L*A(I,1)*DETR(B,N-1);
14                END;
15                RETURN(X);
16             END DETR;
```

Mit dem folgenden numerischen Verfahren zur Berechnung
einer Determinante nach Gauß-Banachiewicz wird die Lösung
des Problems durch elementare Operationen mit der Ausgangs-
matrix auf direktem Wege erhalten. Diese Methode erfordert
zwar größeren Programmieraufwand, ist aber in der Ausführung schneller als das obige rekursive Verfahren:

```
01    DET:    PROC(B,N) RETURNS(FLOAT);
02    DCL     (A(N,N), B(*,*), X) FLOAT,
03            (I,J,K,L INIT(1),M,N) FIXED BIN(31);
04               A=B;
05    ZEIL:      DO K=1 TO N-1;
06                  M=K; X=0;
07    SPALT:         DO I=K TO N;
08                      IF X<=ABS(A(I,K)) THEN DO;
09                         X =ABS(A(I,K));
10                         M =I;
11                   END SPALT;
12                   IF M=K THEN GOTO GLEICH;
13                   L=-L;
```

```
14                      DO I=K TO N;
15                          X    =A(K,I);
16                          A(K,I)=A(M,I);
17                          A(M,I)=X      ;
18                      END;
19      GLEICH:         IF ABS(A(K,K))<1.E-50 THEN RETURN(0.E0);
20                      DO I=K+1 TO N;
21                          X=A(I,K)/A(K,K);
22                          DO J=K+1 TO N;
23                              A(I,J)=A(I,J)-X*A(K,J);
24                  END ZEIL;
25                  X=L;
26                  DO I=1 TO N;
27                      X=X*A(I,I);
28                  END;
29                  RETURN(X);
30              END DET;
```

Das folgende Beispiel zeigt die Erzeugung einer Patientendatei, die in der Art REGIONAL(2) organisiert ist. Der
Satzschlüssel enthält als gespeicherten Schlüssel die Patientennummer; aus dieser wird mit einer Abbildungsfunktion
in Zeile 24 die Regionsnummer errechnet. Man wird die Abbildungsfunktion in Abhängigkeit von der jeweiligen Struktur der Datei auswählen; in unserem Fall verwenden wir die
für diese Zwecke oft gebrauchte Modulo-Funktion. Für die
Speicherung der Datei wird dadurch folgender Effekt erzielt:
die Sätze werden sukzessiv in die betreffenden Regionen
gespeichert, nach Erreichen der im Programm als Maximum
angegebenen Regionsnummer wird die Speicherung bei der
ersten Region fortgesetzt. Da inzwischen von den zu Anfang
aufgenommenen Patienten viele wieder gelöscht wurden,
können die dadurch frei gewordenen Regionen wieder von den
neu aufzunehmenden Patienten besetzt werden. Es wird jedoch
nicht notwendig die durch die Abbildungsfunktion errechnete
Region besetzt, sondern die erste leere Region auf der zugehörigen Spur.

```
01     REGION2: PROC OPTIONS(MAIN);
02     DCL KLINIK FILE RECORD KEYED ENV(F(47) REGIONAL(2)),
03         MAX_REGIONS BIN FIXED(31) INIT(3600),
04         1 SCHLUESSEL,
05          2 PAT_NR PIC'(6)9', /* GESPEICHERTER SCHLUESSEL */
06          2 REGIONS_NR PIC'(8)9',
07         KEY CHAR(14) DEFINED SCHLUESSEL;
08     DCL 1 PATIENT,
09          2 PERSON,
10           3 GESCHLECHT CHAR(1),
11           3 NAME CHAR(25),
12           3 (GEB_DATUM, EINW_DATUM) PIC'999999',
13          2 LABOR,
14           3 BLUTGRUPPE CHAR(3),
15           3 BLUTDRUCK PIC '999999';
16         ON ENDFILE(SYSIN) BEGIN;
17          PUT EDIT(I, ' PATIENTENKARTEN VERARBEITET')(F(6),A);
18          STOP;
19         END;
20         OPEN FILE(KLINIK) DIRECT OUTPUT;
21         DO I=0 BY 1  ;
22          GET FILE(SYSIN) EDIT(PAT_NR,PATIENT)
23           (COL(1),F(6),A(1),A(25),2 P'(6)9',A(3),P'(6)9');
24          REGIONS_NR= MOD (PAT_NR,MAX_REGIONS);
25          WRITE FILE(KLINIK) FROM(PATIENT) KEYFROM (KEY);
26         END;
27        END;
```

Die Veränderung der Datei kann ähnlich dem bei REGIONAL(1)
gegebenen Beispiel erfolgen, wobei hier jedoch leere Sätze
vom Betriebssystem automatisch erkannt werden.

STICHWÖRTER

STICHWÖRTER

STICHWÖRTER

STICHWÖRTER

STICHWÖRTER

STICHWÖRTER

uni—texte

Studienbücher

K. Brinkmann, Einführung in die elektrische Energiewirtschaft
für Elektrotechniker, Maschinenbauer, Verfahrenstechniker, Wirtschaftsingenieure
und Betriebswirtschaftler (im 2. Studienabschnitt)

G. Frühauf, Praktikum Elektrische Meßtechnik
für Elektrotechniker (3. und 4. Semester)

H. Gräser, Biochemisches Praktikum
für Biologen, Chemiker, Pharmazeuten und Mediziner (im 2. Studienabschnitt)

E. Henze / H. H. Homuth, Einführung in die Informationstheorie
für Mathematiker, Physiker und Elektrotechniker (3. Semester)

E. Henze / H. H. Homuth, Einführung in die Codierungstheorie
für Mathematiker, Informatiker, Naturwissenschaftler und Ingenieure (ab 3. Semester)

R. Jötten / H. Zürneck, Einführung in die Elektrotechnik I, II
für Elektrotechniker, Maschinenbauer und Wirtschaftsingenieure (1. bis 3. Semester)

K. F. Knoche, Technische Thermodynamik
für Studenten des Maschinenbaus und der Elektrotechnik (ab 1. Semester)

G. Kempter, Organisch-chemisches Praktikum
für Chemiker, Biologen und Mediziner (3. Semester)

L. D. Landau / E. M. Lifschitz, Mechanik
für Mathematiker und Physiker (2. und 3. Semester)

W. Leonhard, Wechselströme und Netzwerke
für Elektrotechniker (3. Semester)

W. Leonhard, Einführung in die Regelungstechnik, Lineare Regelvorgänge
für Elektrotechniker, Physiker und Maschinenbauer (5. Semester)

W. Leonhard, Einführung in die Regelungstechnik, Nichtlineare Regelvorgänge
für Elektrotechniker, Physiker und Maschinenbauer (6. Semester)

K. Mathiak / P. Stingl, Gruppentheorie
für Chemiker, Physiko-Chemiker und Mineralogen (ab 5. Semester)

K.-A. Reckling, Mechanik I, II, III
für Studenten der Ingenieurwissenschaften (1. und 2. Semester)

K. Torkar / H. Krischner, Rechenseminar in Physikalischer Chemie
für Chemiker, Verfahrenstechniker und Physiker (ab 3. Semester)

**M. Toussaint / K. Rudolph, Programmierte Aufgaben zur linearen Algebra
und analytischen Geometrie**
für Mathematiker und Physiker (ab 1. Semester)

O. P. Spandl, Die Organisation der wissenschaftlichen Arbeit
für Studenten aller Fachrichtungen (ab 1. Semester)

H. Seiffert, Einführung in das wissenschaftliche Arbeiten
für Studenten aller geisteswissenschaftlichen, wirtschaftswissenschaftlichen,
naturwissenschaftlichen und technischen Fachrichtungen (ab 1. Semester)